FiNALEonline.de

FiNALEonline ist die digitale Ergänzung zu deinem Abiturband. Hier findest du eine Vielzahl an Angeboten, die dich bei deiner Prüfungsvorbereitung zusätzlich unterstützen.

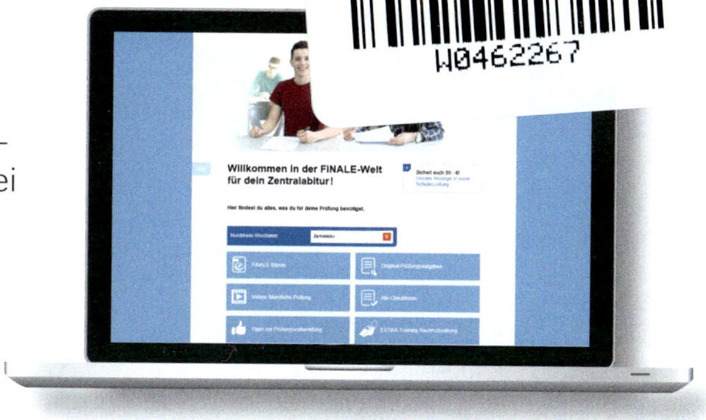

Das Plus für deine Vorbereitung:

- Original-Prüfungsaufgaben mit Lösungen (bitte Code von Seite 2 eingeben!)
- EXTRA-Training Rechtschreibung
  So kannst du einem möglichen Punktabzug bei deinen Abi-Klausuren vorbeugen.
- Videos zur mündlichen Prüfung
- Tipps zur stressfreien Prüfungsvorbereitung
- Abi-Checklisten mit allen prüfungsrelevanten Themen

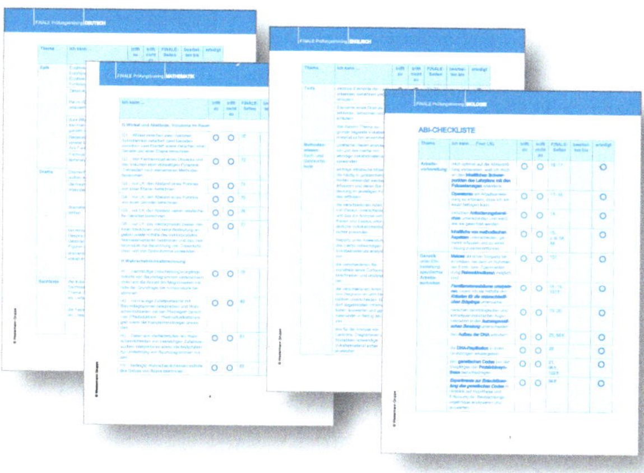

Abi-Checklisten

Sie helfen dir, den Überblick über den Prüfungsstoff zu behalten.

FiNALEonline.de

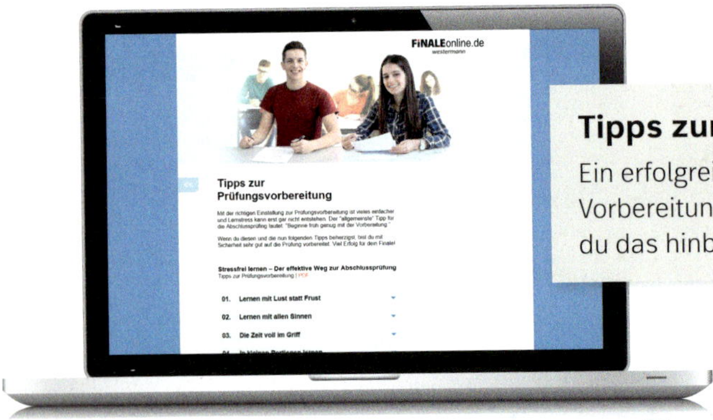

Tipps zur Prüfungsvorbereitung

Ein erfolgreiches Abitur erfordert eine gezielte Vorbereitung ohne unnötigen Lernstress. Wie du das hinbekommst, erfährst du hier!

Videos zur mündlichen Prüfung

Nur wenige Abiturienten wissen genau, wie sie abläuft, die „Mündliche". Die Videos geben dir Einblick in den Ablauf der Prüfung und Tipps für die richtige Vorbereitung.

Die Kombination aus FiNALE-Buch und FiNALEonline bietet dir die optimale Vorbereitung für deine Prüfung und begleitet dich sicher zu einem erfolgreichen Abitur 2021!

www.finaleonline.de

westermann

FiNALE Prüfungstraining

Niedersachsen

Zentralabitur 2021

Biologie

Anja Kristin Klein

sowie
Dieter Feldermann
Dr. Rüdiger Lutz Klein
Philipp Klein
Dr. Karl Pollmann
Dr. Heiner Schäfer
Dr. Ursula Wollring

FiNALEonline.de

Liebe Abiturientin, lieber Abiturient,

FiNALEonline.de ist die optimale Ergänzung zu diesem Abiturtrainer. Hier finden Sie:

- die Original-Prüfungsaufgaben 2019 nach Eingabe des Codes: **BI7L9W5**
- eine Abi-Checkliste für die effektive Zeitplanung
- allgemeine Tipps zur Prüfungsvorbereitung

Einfach mal reinschauen: www.finaleonline.de

Bildquellenverzeichnis:
|OKAPIA KG - Michael Grzimek & Co., Frankfurt/M.: NAS/Bjornberg, Chris 160.1; Scharf/Arnold 166.1

westermann GRUPPE

Druck A[1]/Jahr 2020
Alle Drucke der Serie A sind im Unterricht parallel verwendbar.

Redaktion: Sabine Klonk
Kontakt: finale@westermanngruppe.de
Layout: Druckreif! Sandra Grünberg, Braunschweig
Umschlaggestaltung: Janssen Kahlert Design & Kommunikation, Hannover
Umschlagfoto: Peter Wirtz, Dormagen
Illustrationen: Karin Mall, Brigitte Karnath, newVISION! GmbH, Bernhard A. Peter
Druck und Bindung: westermann druck GmbH, Braunschweig

ISBN 978-3-7426-**2139**-9

1 Arbeiten mit *Finale*

2 Operatoren und Anforderungsbereiche

3 Inhaltliche Vorgaben zu den Unterrichtsvoraussetzungen

4 Basiswissen

Genetische Grundlagen von Lebensprozessen

Ökologische Verflechtungen und nachhaltige Nutzung

Steuerungs- und Regulationsmechanismen im Organismus

Evolution der Vielfalt des Lebens in Struktur und Verhalten

Energiestoffwechsel

5 Überprüfung der Methoden- und Kommunikationskompetenz

6 Übungsaufgaben

7 Original-Prüfungsaufgaben

Original-Prüfungsaufgaben: Kurse auf grundlegendem Anforderungsnivau

Original-Prüfungsaufgaben: Kurse auf erhöhtem Anforderungsnivau

1 Arbeiten mit *Finale*

Liebe Abiturientin, lieber Abiturient,

Vor dem Hintergrund der Erfahrungen aus den vorausgegangenen Jahren sowie unter Beachtung der offiziellen Vorgaben für die Abiturprüfungen des Jahres 2021 in Biologie wurde Finale passgenau für die Vorbereitung auf diese Prüfung entwickelt.

Zur gezielten Vorbereitung auf das Zentralabitur bietet Ihnen *Finale* Biologie:

- präzise und übersichtlich angeordnete Informationen zu den Vorgaben für das Abitur 2021 im Fach Biologie sowie zum Aufbau, zur Gestaltung und zu den Bewertungskriterien der schriftlichen Abiturprüfungsaufgaben;
- zahlreiche Aufgabenbeispiele mit vielfältigen, unterschiedlich gestalteten Materialien und Aufgabenformulierungen, die nur die Operatoren enthalten, die in den einheitlichen Prüfungsanforderungen für das Abitur definiert und vorgeschrieben sind, sowie die dazugehörigen ausformulierten Musterlösungen;
- Selbstdiagnosebögen am Ende jeder Übungsaufgabe, die Ihre individuellen Stärken und Schwächen aufdecken, sodass Sie eine direkte Hilfe zum passgenauen Lernen der biologischen Inhalte und Methoden erhalten und diese wiederholen und vertiefen können;
- Hinweise zum strukturierten Umgang mit den Abituraufgaben und ihren Materialien, sodass Sie zusätzliche Sicherheit beim Lösen der Aufgaben erwerben;
- übersichtliche Zusammenfassungen des Basiswissens, das für die Abiturprüfung besonders relevant ist;
- Original-Prüfungsaufgaben aus dem Jahr 2019 (auf **www.finaleonline.de**, siehe Hinweis S. 2) zu Kursen mit grundlegendem und erhöhtem Anforderungsniveau mit ausformulierten Lösungen und zusätzlichen Lösungstipps,
- eine Checkliste auf **www.finaleonline.de** zur eigenen Bearbeitung und Absicherung ihres Kenntnisstandes.

Finale ermöglicht eine individuelle Vorbereitung. Je nach persönlichen Stärken und Schwächen in den verschiedenen Kompetenzbereichen (z.B. Fachwissen/FW, Erkenntnisgewinn/EG, Kommunikation/K und Bewertung/BW), aber auch in Methoden wie Planung und Auswerten von Experimenten sowie Umgang mit Grafiken können einzelne Kapitel und Teilkapitel nachgeschlagen und gezielt durchgearbeitet werden. Zahlreiche Querverweise erleichtern dabei die Orientierung. Der systematische Aufbau und die komprimierte Form fördern eine zeitökonomische und effektive Abiturvorbereitung, auch in Ergänzung des Fachunterrichts.

Tipps zum Umgang mit *Finale*

Verschaffen Sie sich zunächst einen Überblick über die Inhalte der Abiturprüfung in Kapitel 3 und vergleichen Sie diese parallel dazu mit dem ausgewählten Basiswissen in Kapitel 4. Bei diesem Vorgehen können Sie leicht feststellen, in welchen inhaltlichen

Lernbereichen Sie noch Defizite aufweisen. Sodann suchen Sie sich passend zu diesem Lernbereich eine Übungsaufgabe heraus und bearbeiten diese. So arbeiten Sie inhaltliche Defizite auf und trainieren gleichzeitig die geforderten Kompetenzen.
Gemäß dem ausführlichen Lösungsschlüssel notieren Sie sich dann im Selbstdiagnosebogen, den Sie am Ende einer jeden Übungsaufgabe finden, die entsprechende Punktzahl zu den Teilaufgaben. Der Umgang mit dem Selbstdiagnosebogen wird Ihnen ausführlich im nächsten Abschnitt vorgestellt.
Beim Vergleich ihrer erreichten Punktzahl mit der Höchstpunktzahl ergeben sich möglicherweise größere Abweichungen. Dies kann verschiedene Ursachen haben. Danach richtet sich Ihr weiteres Vorgehen:

- Haben Sie die Teilaufgabe aufgrund des Operators (im Aufgabentext fett hervorgehoben) nicht verstanden, so schlagen Sie im Kapitel 2 „Die Operatoren laut EPA" die Definition für den entsprechenden Operator nach, prägen sie sich ein und wenden sie an.
- Liegen Ihre Schwierigkeiten im methodischen oder inhaltlichen Bereich, so finden Sie in der Spalte Förderung im Selbstdiagnosebogen Stichworte und Verweise zu Kapitel 4 Basiswissen oder Kapitel 5 Methoden. Dort arbeiten Sie dann die entsprechenden Abschnitte durch, um so Ihre Lücken zu füllen.

Nachdem Sie auf diese Weise möglichst ökonomisch gelernt haben, beschäftigen Sie sich nach Möglichkeit mit den Originalarbeiten 2019 (www.finaleonline.de) und den dazugehörenden Tipps. Vor allem das Kapitel 5 „Überprüfung der Methoden- und Kommunikationskompetenz" sollten Sie am Ende ganz durchgearbeitet haben, weil Sie hier wertvolle Informationen erhalten, um möglichst viele Punkte sammeln zu können.

Beschreibung der verschiedenen Kapitel

1 **Arbeiten mit Finale:** Hier erhalten Sie Tipps, wie Sie aufgrund Ihrer persönlichen Stärken und Schwächen möglichst ökonomisch mit dem Buch arbeiten können.
In diesem Kapitel wird Ihnen auch der Selbstdiagnosebogen vorgestellt, der bei der Bearbeitung der Übungsaufgaben nicht nur Ihre Stärken und Schwächen diagnostiziert, sondern Ihnen auch gleichzeitig zielgenaue Hilfen für die Auswahl weiterer Teilkapitel und Abschnitte zur Verfügung stellt.

2 **Operatoren und Anforderungsbereiche:** Die Bedeutung der Operatoren wird Ihnen in Erinnerung gerufen, damit keine Fehldeutungen der Aufgabenstellung unterlaufen und dadurch Punktverlust droht.

3 **Inhaltliche Vorgaben zu den Unterrichtsvoraussetzungen:** An der strukturierten Übersicht der Schwerpunkte können Sie sich beim Wiederholen des Basiswissens orientieren.

4 **Basiswissen:** Hier finden Sie in einer Kurzfassung die im Biologieunterricht für das Abitur vermittelten Inhalte, z. T. mit Definitionen wichtiger Fachbegriffe. Die Inhalte werden miteinander vernetzt und sind durch dieses Ordnungsprinzip leichter zu lernen.

5 **Überprüfung der Methoden- und Kommunikationskompetenz:** Abituraufgaben enthalten unterschiedliche Materialien. Neben den Texten sind auch Abbildungen, Diagramme, Schemata, Stammbäume und Experimente enthalten. In diesem Kapitel

erhalten Sie Tipps, wie Sie möglichst schnell die Aussagen der Materialien erfassen und zu einer Lösung führen.

6 **Übungsaufgaben:** Die Übungsaufgaben mit ihren Musterlösungen ermöglichen Ihnen aufgrund der beigefügten Selbstdiagnosebögen die Einschätzung Ihrer Stärken und Schwächen und leiten Sie dazu an, mit den für Sie relevanten Aufgaben und Kapitelabschnitten weiterzuarbeiten. So lernen Sie individuell und zielgenau.

Die Kompetenzbereiche nach EPA

Die „einheitlichen Prüfungsanforderungen in der Abiturprüfung" (kurz: EPA) der Kultusministerkonferenz der Länder legen fest, welche Kompetenzen Schülerinnen und Schüler bis zum Abitur erlernt haben sollten. Die EPA sind die rechtliche Grundlage aller Zentralabiturprüfungen und sollten auch Grundlage aller durch Lehrkräfte gestellten Aufgaben in der Qualifikationsphase sein. Daher ist es sinnvoll, sich mit dem Anforderungskatalog der EPA auseinanderzusetzen, um sich bestmöglich auf die Abiturprüfung im Fach Biologie vorbereiten zu können.
Die EPA formulieren dazu Kompetenzen in verschiedenen Bereichen. Unter Kompetenz wird die Fähigkeit verstanden, Aufgaben und Probleme selbstständig zu lösen, unter Verwendung allgemeiner naturwissenschaftlicher und fachspezifisch biologischer Methoden und Arbeitstechniken. Das biologische Fachwissen ist dabei eine der Grundlagen für eine erfolgreiche Abiturprüfung. Ihr Fachwissen müssen Sie verknüpfen und in anderen Zusammenhängen als den gelernten einordnen. So werden Sie vermutlich nicht die Proteinbiosynthese in allen Einzelheiten beschreiben müssen, sondern eine Aufgabe lösen, in denen Ihr Fachwissen Ihnen hilft z. B. zu erklären, warum Antibiotika eine bestimmte Wirkung auf einen prokaryotischen Organismus haben; ohne Fachwissen ist diese Aufgabe nicht zu lösen, ohne Vernetzung ihrer Grundlagen, genaue Analyse der Materialien und gute Hypothesenbildung ebenfalls nicht. Finale bereitet Sie genau darauf vor: Komprimiertes Fachwissen wird verzahnt mit einem durchdachten Methodentraining im Hinblick auf die geforderten Kompetenzen.

In Niedersachsen wird von Ihnen erwartet, dass Sie in der Abiturprüfung sowohl **prozessbezogene** Kompetenzen wie auch **inhaltsbezogene** Kompetenzen nachweisen. Während sich die prozessbezogenen Kompetenzen auf die Bereiche Erkenntnisgewinn, Kommunikation und Bewertung beziehen, werden Sie beim Nachweis inhaltsbezogener Kompetenzen Fachkenntnisse zeigen, die nach den **Basiskonzepten** der Biologie als Fachwissenschaft gegliedert sind und die Sie mithilfe der prozessbezogenen Kompetenzen (Erkenntnisgewinn, Kommunikation und Bewertung) erworben haben.
In der Einführungsphase (Jg.11) und teilweise in den Jahrgängen 7 – 10 haben Sie diese zwei Gruppen von Kompetenzen im Prinzip kennengelernt und angewandt.

A. Prozessbezogene Kompetenzen (Methoden):
Für den Erwerb des **Kompetenzbereichs Erkenntnisgewinn** haben Sie z. B.
- verschiedene biologische Phänomene beobachtet, beschrieben und verglichen,
- Experimente geplant, untersucht und ausgewertet sowie
- mit Modellen und mit Quellen gearbeitet.

Für den Erwerb des **Kompetenzbereichs Kommunikation** haben Sie
- die Beiträge anderer reflektiert und dazu Stellung genommen,
- vieles in Gruppen organisiert und bearbeitet sowie
- ihre Ergebnisse angemessen präsentiert.

Der **Kompetenzbereich Bewertung** wurde dadurch geübt, dass Sie
- Werte, Normen und Fakten unterschieden haben,
- die Standpunkte anderer erläutert sowie
- Wertentscheidungen reflektiert haben.

Diese prozessbezogenen Kompetenzen haben Sie in der Qualifikationsstufe vertieft und erweitert. So haben Sie z. B.
- biologische Präparate mikroskopiert und gezeichnet,
- verschiedene Trennungsverfahren wie z. B. Chromatografie kennengelernt,
- Hypothesen entwickelt, Experimente geplant und durchgeführt und die Ergebnisse hypothesengeleitet ausgewertet,
- Kosten-Nutzen-Analysen im Bereich der Ökologie oder Evolution durchgeführt,
- Prinzipien verschiedener biologischer Arbeitstechniken beschrieben,
- zwischen proximaten und ultimaten Erklärungen zu unterscheiden gelernt,
- angemessen recherchiert und
- mögliche kurz- und langfristige Folgen eigenen und gesellschaftlichen Handelns bewertet.

B. Inhaltsbezogene Kompetenzen (Fachwissen):
Die inhaltsbezogenen Kompetenzen in Form von Fachwissen sind Ihnen ebenfalls bekannt, denn Sie haben an unterschiedlichsten Beispielen biologische Prinzipien, die sogenannten acht **Basiskonzepte** (vgl. S. 17), kennengelernt. Es handelt sich um die Konzepte:
1. Struktur und Funktion
2. Kompartimentierung
3. Steuerung und Regelung
4. Stoff- und Energieumwandlung
5. Information und Kommunikation
6. Reproduktion
7. Variabilität und Angepasstheit
8. Geschichte und Verwandtschaft

Im Unterricht (Angaben in Klammern: Zuordnung der Beispiele zu konkreten Anforderungen aus den EPA) haben Sie z. B.
- Struktur- Funktionsbeziehungen bei Chloroplasten und Mitochondrien erläutert (FW 1.2),
- verschiedene Arten von Stofftransport zwischen Kompartimenten (durch die biologische Membran) erklärt (FW 2.1),

- Konkurrenz, Parasitismus und Symbiose als Wechselbeziehungen zwischen Organismen erläutert (FW 3.3),
- die Umwandlung von Lichtenergie in chemische Energie in der Fotosynthese erläutert (FW 4.2),
- das Prinzip der Signaltransduktion als Übertragung von extrazellulären Signalen in intrazelluläre Signale erläutert (FW 5.1) sowie
- Angepasstheit als Ergebnis von Evolution (aufgrund von Mutation, Selektion, Rekombination, Gendrift) erläutert (FW 7.5).

Das Hauptgewicht der Abiturprüfungen 2021 liegt auf der Überprüfung von an Inhalten gebundenen Kompetenzen gemäß EPA und des niedersächsischen Kerncurriculums. Diese Vorgaben finden Sie in Kapitel 3. Beachten Sie, dass zwar in allen niedersächsischen Schulen die Kerncurricula verbindlich sind, dass aber die konkreten Inhalte, an denen diese trainiert werden, je nach schuleigenem Lehrplan variieren können.
Neben dem Fachwissen als solider Grundlage ist das Einüben der verschiedenen fachwissenschaftlichen, methodischen und allgemeinen Kompetenzen ein wichtiger Baustein Ihrer Abiturvorbereitung. Kapitel 5 stellt Ihnen vor allem für die zentralen Bereiche der Methoden- und Kommunikationskompetenz Übungen zur Verfügung. Die Übungsaufgaben in Kapitel 6 erfordern verschiedene Kompetenzen, die im **Selbstdiagnosebogen** aufgegriffen werden.

Umgang mit dem Selbstdiagnosebogen

Am Ende jeder Übungsaufgabe im Kapitel 6 finden Sie einen Selbstdiagnosebogen. Dieser Bogen hilft Ihnen, Ihre ganz persönlichen Stärken und Schwächen zu identifizieren, um sich so zielgerichtet und effizient auf das Zentralabitur im Fach Biologie vorbereiten zu können. Neben dem Wissen, in welchen Bereichen Sie besonders stark sind, ist es wichtig herauszufinden, ob und warum Sie einzelne Aufgaben nur teilweise gelöst haben. Liegt es eher daran, dass Ihnen das Fachwissen fehlt, dann lesen Sie die entsprechenden Abschnitte in Kapitel 4 (Basiswissen) oder Ihrem Biologie-Buch nach. Vielleicht erkennen Sie aber auch, dass Sie bei der Lösung einer Aufgabe Schwierigkeiten im methodischen Bereich hatten. In diesem Fall hilft Ihnen das Kapitel 5 (Überprüfung der Methodenkompetenz), Ihre Fähigkeiten auszubauen. Wo auch immer Ihr Förderbedarf liegt, mit dem Selbstdiagnosebogen finden Sie es heraus. Die folgende Abbildung zeigt den Selbstdiagnosebogen einer Aufgabe zur Signaltransduktion (Übungsaufgabe 8):

Selbstdiagnosebogen (Ausschnitt)

Aufgabe Nr.	Kernkompetenzen	AFB	Punkte	erreicht	Förderung
1	Beschreibung der Signaltransduktion bei Riechsinneszellen unter Berücksichtigung der Fachsprache Hypothesenbildung über die Depolarisation der Riechsinneszelle	I II	10 5		Signalwirkketten und differenziertes Beschreiben von Schemata Erregungsbildung (S. 55 ff.) und Hypothesenbildung (S. 98)
2	differenzierte Beschreibung der Grafik M3	I	5		Methodenschwerpunkt: Beschreiben von Tabellen und Grafiken (S. 90 ff.)

Nachdem Sie die Übungsaufgaben in Kapitel 6 gelöst haben, vergleichen Sie oder Ihr Arbeitspartner Ihre Ausführungen mit der Musterlösung. Sie können direkt in die fünfte Spalte im Diagnosebogen Ihre erreichte Punktzahl eintragen. In der zweiten Spalte finden Sie die Kernkompetenz der entsprechenden Aufgabe. Die Aufgaben sind noch einmal in kleinere Bausteine zerlegt, sodass für Sie erkennbar ist, welche Kernkompetenzen zur Lösung der gesamten Aufgabe nachgewiesen werden müssen. Anhand der Kernkompetenzen können Sie auch nachvollziehen, ob die Aufgabe eher einen fachwissenschaftlichen oder methodischen Schwerpunkt hat. In der dritten Spalte des Diagnosebogens sehen Sie, welchem Anforderungsbereich die Lösung der Teilaufgaben zugeordnet werden kann; in der vierten Spalte finden Sie die maximale Punktzahl, die für die korrekte Lösung einer Teilaufgabe erreicht werden kann. Nachdem Sie die Punkte, die Sie in den verschiedenen Teilaufgaben gesammelt haben, in die fünfte Spalte des Diagnosebogens eingetragen haben, können Sie Ihre Stärken und Schwächen analysieren und damit beginnen, ausgehend von Ihren Stärken, die Lücken systematisch aufzuarbeiten.
Haben Sie zum Beispiel in der ersten Aufgabe der 8. Übungsaufgabe 10 Punkte für die Beschreibung der Signaltransduktion erhalten, so können Sie daraus folgendes in Bezug auf Fördermöglichkeiten ableiten: Sie beherrschen bereits die Kompetenz, einfache grafische Darstellungen zu beschreiben. Im zweiten Teil dieser Aufgabe wird im Bereich des Fachwissens gefordert, Kenntnisse über die Vorgänge der Depolarisation nachzuweisen. Falls Sie Schwierigkeiten mit dem zweiten Teil dieser Aufgabe hatten, sollten Sie zunächst für sich klären, ob Sie die Aufgabe mit dem nötigen Fachwissen hätten lösen können oder ob es noch methodische Schwierigkeiten bei der Verbindung der Beschreibung eines Schemas und Fachwissen (Vorgänge bei der Depolarisation) gibt. Um methodische Defizite gezielt aufzuarbeiten, empfiehlt es sich, Kapitel 5 (Methoden) dieses Buches durchzuarbeiten. Sind die Lücken eher auf der fachwissenschaftlichen Ebene zu finden, arbeiten Sie die entsprechenden Abschnitte in Kapitel 4 (Basiswissen) dieses Abi-Trainers oder Ihres Biologie-Buchs durch. Durch die Analyse Ihrer ganz persönlichen Stärken und Schwächen können Sie sich viel effizienter auf die Abiturprüfungen vorbereiten.

2 Operatoren und Anforderungsbereiche

Die Operatoren laut EPA

In den Klausuren der Oberstufe werden nach den einheitlichen Prüfungsanforderungen für das Abitur definierte Arbeitsvorschriften, sogenannte Operatoren, verwendet. Schon während der Qualifikationsphase werden Sie mit diesen Operatoren vertraut gemacht und somit auf das Abitur vorbereitet. Da diese schon im Unterricht in ihrer Bedeutung an verschiedenen Beispielen geübt werden, können Fehldeutungen von Aufgabenstellungen im Zentralabitur vermieden werden. So erfolgen Bewertung und Beurteilung Ihrer Abiturklausuren und ggf. mündlichen Prüfung möglichst objektiv, gerecht und landesweit vergleichbar. Bei der Formulierung der Arbeitsanweisungen von Prüfungsaufgaben werden im Wesentlichen nur die folgenden vom Kultusministerium festgelegten Operatoren benutzt, die Ihnen in dieser Übersicht in Erinnerung gerufen werden. Je nach Schwierigkeitsgrad der Aufgabe kann ein Operator verschiedenen Anforderungsbereichen zugeordnet sein. Dennoch wurden hier die Anforderungsbereiche (AFB I – III) grob zugeordnet und unter der Tabelle definiert.

Operator	AFB	Beschreibung der erwarteten Leistung	Beispiele
ableiten	II	auf der Grundlage wesentlicher Merkmale sachgerechte Schlüsse ziehen	Leiten Sie alle variablen STRs im DNA-Abschnitt D75280 für die amerikanische Bevölkerung ab.
analysieren	II	wichtige Bestandteile oder Eigenschaften auf eine bestimmte Fragestellung hin herausarbeiten	Analysieren Sie die Abbildung zur Cytoplasma-Hypothese.
anwenden	II–III	einen bekannten Sachverhalt oder eine bekannte Methode auf etwas Neues beziehen	Wenden Sie das Schema der Lichtreaktion auf den Energiestoffwechsel bei Halobium an.
aufstellen einer Hypothese	I–III	eine begründete Vermutung auf der Grundlage von Beobachtungen, Untersuchungen, Experimenten oder Aussagen formulieren	Formulieren Sie eine Hypothese, die die Beobachtung in M3 erklärt.
auswerten	II	Daten, Einzelergebnisse oder andere Elemente in einen Zusammenhang stellen und ggf. zu einer Gesamtaussage zusammenführen	Werten Sie die Befunde in M3 aus.
begründen	II–III	Sachverhalte auf Regeln und Gesetzmäßigkeiten bzw. kausale Beziehungen von Ursachen und Wirkung zurückführen	Begründen Sie sinnvolle Pflegemaßnahmen für den in M2 beschriebenen Gartenteich.

Operator	AFB	Beschreibung der erwarteten Leistung	Beispiele
beschreiben	I–II	Strukturen, Sachverhalte oder Zusammenhänge strukturiert und fachsprachlich richtig mit eigenen Worten wiedergeben	Beschreiben Sie das Diagramm in M1.
beurteilen	II–III	zu einem Sachverhalt ein selbstständiges Urteil unter Verwendung von Fachwissen und Fachmethoden formulieren und begründen	Beurteilen Sie den Sachverhalt in M5.
bewerten	II–III	einen Gegenstand an erkennbaren Wertkategorien oder an bekannten Beurteilungskriterien messen	Bewerten Sie die Entscheidung der Landschaftspfleger, den Golfplatz zu renaturieren.
darstellen	I–II	Sachverhalte, Zusammenhänge, Methoden etc. strukturiert und ggf. fachsprachlich wiedergeben	Stellen Sie den Einfluss der Fließgeschwindigkeit auf Lebewesen im Bach dar.
deuten	II	Sachverhalte in einen Erklärungszusammenhang bringen	Deuten Sie die Beobachtungen in M4.
entwickeln	I–III	Sachverhalte und Methoden zielgerichtet miteinander verknüpfen.	Entwickeln Sie ein Verfahren zur Auftrennung von Bodenbestandteilen.
erklären	II	einen Sachverhalt nachvollziehbar und verständlich zum Ausdruck bringen mit Bezug auf Regeln, Gesetzmäßigkeiten und Ursachen	Erklären Sie die Befunde in M5.
erläutern	I–II	einen Sachverhalt durch zusätzliche Informationen veranschaulichen und verständlich machen	Erläutern Sie das Stoffwechselschema in M4.
erörtern	II	Argumente, Sachverhalte und Beispiele zu einer Aussage oder These einander gegenüberstellen und abwägen	Erörtern Sie die Positionen DARWINS und LAMARCKS zur Evolution der Giraffen.
nennen	I	Elemente, Sachverhalte, Begriffe, Daten ohne Erläuterungen aufzählen	Nennen Sie drei Selektionsfaktoren.
skizzieren	I–II	Sachverhalte, Strukturen oder Ergebnisse auf das Wesentliche reduziert grafisch übersichtlich darstellen	Skizzieren Sie den Stickstoffkreislauf im Ökosystem Reisfeld.
Stellung nehmen	II	zu einem Gegenstand, der an sich nicht eindeutig ist, nach kritischer Prüfung und sorgfältiger Abwägung ein begründetes Urteil abgeben.	Nehmen Sie Stellung zur Aussage des Hobby-Forschers Meier in M5.
überprüfen / prüfen	II–III	Sachverhalte oder Aussagen an Fakten oder innerer Logik messen und eventuelle Widersprüche aufdecken	Prüfen Sie die von Ihnen formulierte Hypothese mithilfe der Angaben in M4.
vergleichen	II	Gemeinsamkeiten, Ähnlichkeiten und Unterschiede feststellen	Vergleichen Sie die Formen der Kohlenstofffixierung bei C_3- und C_4-Pflanzen.

Tipp

Das Verständnis von Operatoren ist nicht bei allen Lehrern gleich. Sprechen Sie daher mit Ihren Lehrern über die Bedeutung der Operatoren und vergewissern Sie sich, dass Sie unter einem Operator die gleiche Tätigkeit wie Ihr Lehrer verstehen. So ist z. B. das Gegenüberstellen eine spezielle Form des Beschreibens. Das Vergleichen dagegen findet auf einer höheren Abstraktionsstufe statt, da das Ergebnis dieser Tätigkeit in der Erkenntnis von Unterschieden und Gemeinsamkeiten besteht.

Die Anforderungsbereiche

Die Anforderungsbereiche werden in den Prüfungen des Zentralabiturs so gewichtet, dass das Schwergewicht der zu erbringenden Leistungen im Anforderungsbereich II liegt und daneben die Anforderungsbereiche I und III berücksichtigt werden, und zwar Anforderungsbereich I in höherem Maße als Anforderungsbereich III. Jede Aufgabe soll Anforderungen in allen drei Anforderungsbereichen umfassen:

AFB I 30 %, AFB II 50 %, AFB III 20 %.

Der **Anforderungsbereich I** umfasst:
- das Wiedergeben von Daten, Fakten, Regeln, Formeln, mathematischen Sätzen usw. aus einem begrenzten Gebiet im gelernten Zusammenhang
- das Beschreiben und Verwenden erlernter und eingeübter Arbeitstechniken und Verfahrensweisen in einem begrenzten Gebiet und in einem wiederholenden Zusammenhang.

Im Fach Biologie gehören dazu:
- die Wiedergabe von Basiswissen (Kenntnisse von Fakten, Zusammenhängen und Methoden)
- die Nutzung bekannter Methoden und Modellvorstellungen in vergleichbaren Beispielen
- das Entnehmen von Informationen aus Fachtexten und das Umsetzen der Informationen in einfache Schemata (z. B. Stammbäume, Flussdiagramme)
- die schriftliche Darstellung von Daten, Tabellen, Diagrammen, Abbildungen mithilfe der Fachsprache
- das Beschreiben und Wiedergeben makroskopischer und mikroskopischer Beobachtungen
- das Beschreiben und Protokollieren von Experimenten
- das Experimentieren nach Anleitung und die Erstellung mikroskopischer Präparate
- die sachgerechte Benutzung bekannter Software.

Der **Anforderungsbereich II** umfasst
- selbstständiges Auswählen, Anordnen, Verarbeiten und Darstellen bekannter Sachverhalte unter vorgegebenen Gesichtspunkten in einem durch Übung bekannten Zusammenhang
- selbstständiges Übertragen des Gelernten auf vergleichbare neuartige Fragestellungen, veränderte Sachzusammenhänge oder abgewandelte Verfahrensweisen.

Im Fach Biologie gehören dazu:
- das Anwenden der Basiskonzepte in neuartigen Zusammenhängen
- das Übertragen und Anpassen von Modellvorstellungen
- die sachgerechte, eigenständig strukturierte und Aufgaben bezogene Darstellung komplexer biologischer Abläufe im Zusammenhang einer Aufgabenstellung
- das Auswählen bekannter Daten, Fakten und Methoden zur Herstellung neuer Zusammenhänge
- die gezielte Entnahme von Informationen aus vielschichtigen Materialien oder einer wissenschaftlichen Veröffentlichung unter einem vorgegebenen Aspekt
- die abstrahierende Darstellung biologischer Phänomene wie die zeichnerische Darstellung und Interpretation eines nicht bekannten mikroskopischen Präparats
- das Anwenden bekannter Experimente und Untersuchungsmethoden in neuartigen Zusammenhängen
- das Auswerten von unbekannten Untersuchungsergebnissen unter bekannten Aspekten
- das Beurteilen und Bewerten eines bekannten biologischen Sachverhalts
- das Unterscheiden von Alltagsvorstellungen und wissenschaftlichen Erkenntnissen.

Der **Anforderungsbereich III** umfasst
- planmäßiges und kreatives Bearbeiten vielschichtiger Problemstellungen mit dem Ziel, selbstständig zu Lösungen, Deutungen, Wertungen und Folgerungen zu gelangen
- bewusstes und selbstständiges Auswählen und Anpassen geeigneter erlernter Methoden und Verfahren in neuartigen Situationen.

Im Fach Biologie gehören dazu
- die Entwicklung eines eigenständigen Zugangs zu einem biologischen Phänomen, z. B. die Planung eines geeigneten Experimentes oder Gedankenexperimentes
- die selbstständige, zusammenhängende Verarbeitung verschiedener Materialien unter einer selbstständig entwickelten Fragestellung
- die Entwicklung eines komplexen gedanklichen Modells bzw. eigenständige Modifizierung einer bestehenden Modellvorstellung
- die Entwicklung fundierter Hypothesen auf der Basis verschiedener Fakten, experimenteller Ergebnisse, Materialien und Modelle
- das Reflektieren biologischer Sachverhalte in Bezug auf das Menschenbild
- das materialbezogene und differenzierte Beurteilen und Bewerten biologischer Anwendungen
- das Argumentieren auf der Basis nicht eindeutiger Rohdaten: Aufbereiten der Daten, Fehleranalyse und das Herstellen von Zusammenhängen
- die kritische Reflexion biologischer Fachbegriffe vor dem Hintergrund komplexer und widersprüchlicher Informationen und Beobachtungen.

3 Inhaltliche Vorgaben zu den Unterrichtsvoraussetzungen

Inhaltliche Vorgaben beachten

Die Prüfungsaufgabe für die Abiturprüfung Biologie steht immer unter einem zusammenfassenden Thema und ist an Material gebunden. Experimente und Untersuchungsverfahren können Gegenstand einer Prüfungsaufgabe sein. Ebenso sind Basiskonzepte (s. Kap. 1, S. 8) Bestandteil der Prüfungsaufgaben.
Für den Erfolg Ihrer Prüfung ist es wichtig, dass Sie sich Folgendes klar machen: Nicht nur Ihre fachspezifischen Kenntnisse, auch die Art und Weise, wie Sie mit diesen Inhalten umgehen, wird bewertet. Das wird in den Kompetenzen über die Verknüpfung von Inhalt und Operator beschrieben.

Pflichtthemen für die Abiturprüfung Biologie 2021 in Niedersachsen lt. Hinweisen des Niedersächsichen Kultusministeriums (Kerncurriculum Biologie Niedersachsen 2017)

In Tab. 1 sind die Kompetenzbereiche „Erkenntnisgewinn“ und „Fachwissen“ und je ein Beispiel aus den Aufgaben angegeben. Diese Bereiche sind neben den hier nicht erwähnten Kompetenzbereichen „Kommunikation“ und „Bewertung“ im Kerncurriculum weiter differenziert und können im Internet unter „Kerncurriculum 2017 Niedersachsen“ als pdf-Datei abgerufen werden. In Tab. 2 sind Stichworte zu den verpflichtenden Inhalten (Sp.2) angegeben, ihre Zuordnung zu einem Kompetenzbereich (Sp.1) und Fundort des Inhalts in Finale (Sp.3).
Der Bereich Kommunikation wird im Methodenteil (Kap. 5) bearbeitet. Der Bereich Bewertung wird im Kapitel Basiswissen (Ökologie, angewandte Genetik) und in verschiedenen Übungsaufgaben bearbeitet, aber nicht tabellarisch dargestellt.

Tab. 1: Untergliederung der Kompetenzbereiche

Kompetenzbereich		Beispiel
EG1	Beobachten, beschreiben, vergleichen	EM-Fotos von Chloroplasten und Mitochondrien abzeichnen und Unterschiede und Ähnlichkeiten in ihrem Bau und ihrer Funktion feststellen
EG2	Experimentieren	Mit Lösungsmitteln die Löslichkeit von Blattfarbstoffen feststellen
EG3	Mit Modellen arbeiten	Verschiedene Synapsen-Modelle miteinander vergleichen
EG4	Fachgemäße Arbeitsweisen und Methoden	Eine Vegetationsaufnahme durchführen
FW1	Struktur und Funktion	Aufbau und Funktion des Blattes eines Laubbaums beschreiben und erläutern
FW2	Kompartimentierung	Den biologischen Sinn von biologischen Membranen an Beispielen erläutern
FW3	Steuerung und Regelung	Die Regulation der Aktivität bei Bakterien beschreiben
FW4	Stoff- und Energieumwandlung	Den Energiestoffwechsel eines Fuchses beschreiben
FW5	Information und Kommunikation	Neurophysiologische Abläufe bei der Jagd eines Uhus auf Mäuse beschreiben
FW6	Reproduktion	Die Bildung von Keimzellen bei einem Dachs erläutern
FW7	Variabilität und Angepasstheit	Die Bildung eines Nadelblattes evolutionsbiologisch erläutern
FW8	Geschichte und Verwandtschaft	Einen Stammbaum der Säugetiere konstruieren und erläutern

Tab. 2: Stichworte zu den verpflichtenden Fähigkeiten im Bereich Erkenntnisgewinn und im Bereich Fachwissen für das Zentralabitur Biologie Niedersachsen 2021 (*Kursiv:* nur EAN):

Kompetenzbereich	Stichwort zum Inhalt	Fundort in Finale (Startseite)
EG 1.1	Beschreiben und erklären durch Beobachtung und Vergleich	90, 101, 103
EG 1.2	Mikroskopieren und skizzieren	94, 97, 118
EG 1.3	Bau von Organellen vergleichen	118
EG 1.4	Durchführung und Auswertung einer Dünnschichtchromatografie	82, 96
EG 1.5	Freilanduntersuchungen durchführen und auswerten	52
EG 2.1	Hypothesen entwickeln; Experimente planen, durchführen, auswerten	98, 137
EG 2.2	Fehlerquellenanalyse: fehlender Kontrollansatz	93, 98, 126
EG 3.1	Sachverhalte mit Modellen erläutern	99, 165

Kompetenzbereich	Stichwort zum Inhalt	Fundort in Finale (Startseite)
EG 3.2	Modelle anwenden, erweitern und ihre Aussagekraft beurteilen	99
EG 3.3	*Kosten-Nutzen-Analysen durchführen*	112, 118
EG 4.1	Art des Erkenntnisgewinns auf neue Probleme anwenden	101, 159
EG 4.2	Biologische Arbeitstechniken erläutern (Autoradiografie, PCR, Gel-Elektrophorese; *DNA-Chip-Technologie*. Befunde auswerten	28, 96
EG 4.3	Naturwissenschaftliche Texte analysieren	118, 126
EG 4.4	Abbildungen, Tabellen, Diagramme sowie grafische Darstellungen unter Beachtung der untersuchten Größen und Einheiten beschreiben, analysieren und deuten.	90
Basiskonzept Struktur und Funktion (FW1)		
FW 1.1	Struktur und Funktion auf Molekül-Ebene: Schlüssel-Schloss-Prinzip, Enzyme, Rezeptormoleküle; *Aktin/Myosin*	20
FW 1.2	Organell-Ebene: Chloroplasten, Mitochondrien	79, 87
FW 1.3	Organ-Ebene: Sonnen- und Schattenblatt	79, 80
Basiskonzept Kompartimentierung (FW2)		
FW 2.1	passiver und aktiver Transport	25, 29, 55
FW 2.2	Ruhepotenzial, chemiosmotische ATP-Bildung	55, 83
FW 2.3	Kompartimentierung auf verschiedenen Ebenen	79
Basiskonzept Steuerung und Regelung (FW3)		
FW 3.1	Enzymaktivität, kompetitive und allosterische Wirkungen	79, 87
FW 3.2	Homöostase als Ergebnis von Regelungsvorgängen erläutern (Regulation Zellatmung, Thermoregulierer und Thermokonformer)	31, 89
FW 3.3	Konkurrenz, Räuber-Beute-Beziehung, Parasitismus und Symbiose	34, 112, 118
FW 3.4	Regulation der Populationsdichte	34, 112
FW 3.5	Vergleich von physiologischen und ökologischen Potenzen (Toleranzkurven) unter Bezug auf biotische und abiotische Faktoren der Ökosysteme Wald und Wiese	30, 43, 47
FW 3.6	*Regulation der Genaktivität bei Eukaryoten (Genom, Proteom, An- und Abschalten von Genen, Transkriptionsfaktoren, alternatives Spleißen, RNA-Interferenz, Methylierung und Demethylierung)*	24
Basiskonzept Stoff- und Energieumwandlung (FW4)		
FW 4.1	Grundprinzipien von Stoffwechselwegen: Redoxreaktion, Energieumwandlung, Energieentwertung, ATP/ADP-System, Reduktionsäquivalente	79
FW 4.2	Fotosynthese: Abhängigkeit von Außenfaktoren, Fotosynthesepigmente, Absorptions- und Wirkungsspektrum, Primärreaktion, energetisches und chemiosmotisches Modell der ATP-Bildung, Sekundärreaktionen, C-Körper-Schema	79

Kompetenz-bereich	Stichwort zum Inhalt	Fundort in Finale (Startseite)
FW 4.3	Enzyme als Katalysatoren, Substrat- und Wirkungsspezifität	84, 152
FW 4.4	Abhängigkeit der Enzymaktivität von Temperatur, pH, Substratkonzentration	30, 118
FW 4.5	Erläuterung der Bereitstellung von Energie am Beispiel Zellatmung (C-Körper-Schema, *energetisches Modell der ATP-Bildung*, chemiosmotisches Modell der ATP- Bildung, Stoff- und Energie-Bilanzen)	87
FW 4.6	energetische und stoffliche Beziehungen zwischen Organismen im Ökosystem Wald und *Wiese* (Nahrungskette und -netz unter Einbezug der Trophieebenen	37
FW 4.7	Stoffkreisläufe auf der Ebene der Ökosysteme Wald und *Wiese* und der Biosphäre (Kohlenstoffkreislauf, *Stickstoffkreislauf*)	43
Basiskonzept Information und Kommunikation (FW5)		
FW 5.1	Signaltransduktion (Geruchssinn, *Lichtsinn, Hormone*)	55, 159
FW 5.2	*Aufbau und die Funktion der Netzhaut unter dem Aspekt der Kontrastwahrnehmung (laterale Inhibition)*	
FW 5.3	Nervenzellen: Entstehung und Weiterleitung elektrischer Potenziale, chemische Synapsen, Beeinflussung der Synapsen durch einen neuroaktiven Stoff, *hemmende Synapse, räumliche und zeitliche Summation*	55
FW 5.4	*hormonelle und neuronale Informationsübertragung (Hypothalamus, Kampf-oder-Flucht-Reaktion)*	60
Basiskonzept Reproduktion (FW6)		
FW 6.1	*Vielfalt der Zellen eines Organismus (differenzielle Genaktivität)*	116, 137
Basiskonzept Variabilität und Angepasstheit (FW7)		
FW 7.1	*Angepasstheit auf der Ebene von Molekülen (Hämoglobin)*	
FW 7.2	Angepasstheit auf der Ebene von Organen (xeromorphes Blatt)	79
FW 7.3	*Angepasstheit auf der Ebene von Organismen (CAM-Pflanzen: ökologische und stoffwechselbiologische Aspekte)*	82
FW 7.4	Prozess der Evolution (Isolation, Mutation, Rekombination, Selektion, allopatrische und sympatrische Artbildung, *adaptive Radiation, Gendrift*	65, 165, 175
FW 7.5	Angepasstheit als Ergebnis von Evolution (ökologische Nische)	65
FW 7.6	Evolutionstheorien: Lamarck, Darwin, Synthet. Ev.theorie	68
FW 7.7	Biodiversität auf verschiedenen Systemebenen (genetische Variabilität, Artenvielfalt, Ökosystemvielfalt).	43, 137, 175

Kompetenzbereich	Stichwort zum Inhalt	Fundort in Finale (Startseite)
Basiskonzept Geschichte und Verwandtschaft (FW8)		
FW 8.1	Stammbäume anhand anatomisch-morphologischer Befunde (ursprüngliche und abgeleitete Merkmale) erläutern und entwickeln	66, 175
FW 8.2	molekularbiologische Homologien zur Untersuchung phylogenetischer Verwandtschaft bei Wirbeltieren auswerten und einfache Stammbäume (DNA-Sequenz, Aminosäuresequenz) entwickeln	70, 72
FW 8.3	Analogie, Homologie, Konvergenz, Divergenz	69
FW 8.4	*wissenschaftliche Befunde und Hypothesen zur Humanevolution erörtern (evolutive Trends, Zusammenspiel biologischer und kultureller Evolution*	76
FW 8.5	*Endosymbiontentheorie (Chloroplasten, Mitochondrien)*	79

4 Basiswissen

Einleitung

Eine Reduktion des biologischen Wissens auf ca. 60 Seiten, wie es im folgenden Kapitel versucht wird, kann nicht die gleiche Vollständigkeit haben wie ein 500-seitiges Schulbuch für die Oberstufe. Einige Themen und Kenntnisse, die nicht unbedingt für die Bearbeitung der Abiturvorschläge notwendig sind, werden in dieser komprimierten Form nicht berücksichtigt. Da die Inhalte für die Abiturprüfungen in Niedersachsen von Jahr zu Jahr im Bereich Ökologie leichten Änderungen unterliegen, tauchen im Basiswissen auch Themen auf, die in der Tabelle „Pflichtthemen" (Kap. 3) nicht enthalten sind, aber für Wiederholer u. U. von Bedeutung sind oder so bedeutsam sind, dass sie in Grundzügen bekannt sein sollten. Diese Form eines Basiswissens ist auch weniger geeignet, Lücken zu schließen, als eher Lücken aufzuspüren. Die Leser, die das folgende Kapitel Basiswissen verstehen und die hier verwendeten Abbildungen erläutern können, dürfen sicher sein, die wesentlichen Schwerpunkte des für das schriftliche Abitur notwendigen Wissens zu beherrschen. Wer an einigen Stellen Schwierigkeiten hat, sei es, dass der Text nicht verstanden wird oder die Abbildungen nicht erfasst werden, sollte mithilfe aktueller Schulbücher versuchen, diese Lücken zu schließen und anschließend den Erfolg wieder mithilfe des hier vorliegenden Basiswissens zu überprüfen.

Genetische Grundlagen von Lebensprozessen

Die Genetik wird traditionell in zwei Teilbereiche gegliedert:

1. Klassische Genetik, in der auf Basis von Beobachtungen und gezielten Kreuzungsexperimenten Regelmäßigkeiten bei der Vererbung von Merkmalen aufgedeckt und für Vorhersagen des Auftretens dieser Merkmale genutzt werden. Im Zentralabitur spielt sie meist nur noch bei der Analyse von menschlichen Stammbäumen mit dem Ziel einer humangenetischen Beratung eine Rolle.
2. Molekulargenetik, die den molekularen Aufbau der an der Vererbung beteiligten Stoffe und deren Wirkungsabläufe zum Thema hat.

Molekulare Grundlagen der Vererbung und Entwicklungssteuerung

a. Replikation, Proteinbiosynthese (vgl. Aufg. 1, 2)

Die Nukleotide in der DNA sind zweifach miteinander verbunden, zum einen über die Phosphatgruppen zu einem Strang (hier sind die Bausteine frei kombinierbar und gewährleisten somit die Fähigkeit, Informationen zu speichern), zum anderen über Wasserstoffbrücken zwischen den Basen. Hier gibt es nur zwei Kombinationen (zwischen A und T mit zwei, zwischen G und C mit drei Wasserstoffbrücken).

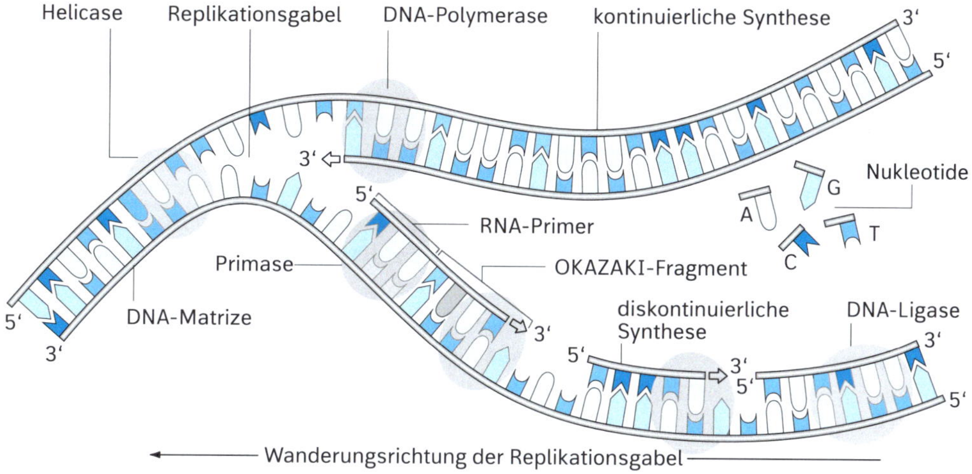

Schema der DNA-Replikation

Name	Funktion
Helicase	löst die Wasserstoffbrückenbindungen zwischen den komplementären Basenpaaren und nutzt dabei die Energie aus der Hydrolyse von ATP. Helicasen sind an der DNA-Replikation und auch an der Reparatur von DNA beteiligt.
DNA-Polymerase	verbindet die Nukleotide eines DNA-Einzelstranges vom 3´-Ende her mit energiereichen Nukleotidtriphosphaten (ATP, CTP, GTP, TTP) unter Abspaltung eines Diphosphats und der Bildung von Wasserstoffbrücken zwischen den komplementären Basen.
Primase	Auch RNA-Polymerase; erzeugt ein kurzes RNA-Molekül, das sich an den DNA-Strang anlagert, der nicht kontinuierlich mithilfe der DNA-Polymerase ergänzt werden kann. An das erzeugte RNA-Molekül, den RNA-Primer, kann sich die DNA-Polymerase anlagern und kurze Stücke des Einzelstranges zu einem Doppelstrang vervollständigen.
DNA-Ligase	verbindet die kurzen OKAZAKI-Fragmente miteinander.

Namen und Funktionen von Enzymen, die an der DNA-Replikation beteiligt sind

Nach Öffnung des DNA-Strangs lagern sich an beide offenen Einzelstränge die passenden Nukleotide an. Somit enthält jeder Doppelstrang einen „elterlichen Strang" und einen Strang aus Nukleotiden, die im Plasma vorliegen (semikonservative Replikation). Da die Synthese des neuen Einzelstrangs nur in 5′→3′ Richtung möglich ist, kann nur der Einzelstrang kontinuierlich gebildet werden, bei dem die DNA-Polymerase an das 3′-Ende des alternativen Strangs ankoppeln kann. Die Teilstücke des anderen Stranges werden OKAZAKI-Fragmente genannt und durch das Enzym Ligase zusammengefügt.

Die Umsetzung der Information der DNA in Proteine (z. B. Enzyme, Carrier, Tunnelproteine, Myofibrillen usw.) erfolgt in der **Proteinbiosynthese**. In diesem Prozess werden Aminosäuren zu einer Kette verknüpft. Dabei entspricht ein bestimmtes Basentriplett (eine Folge dreier Basen) einer bestimmten Aminosäure in der zu bildenden Kette. Dieser Zusammenhang wird **genetischer Code** genannt. Da bei vier verschiedenen Basen und einer Informationseinheit aus insgesamt drei Basen insgesamt $4^3 = 64$ Kombinationsmöglichkeiten bei nur 20 existierenden Aminosäuren zur Verfügung stehen, codieren teilweise mehrere Tripletts für die gleiche Aminosäure: Der Code ist „degeneriert“. Die Darstellung erfolgt mittels der von innen nach außen zu lesenden Code-Sonne.

Bei den **Prokaryoten** geschieht die Umsetzung der Information der DNA in den Aufbau von Proteinen in zwei Schritten: der Transkription, also dem Überschreiben der Information von der DNA in die der mRNA und der Translation, d. h. der „Übersetzung“ der mRNA-Information in die entsprechende Aminosäuresequenz, die dann z. B. als Katalysator (Enzym) oder als Baustein für Zell- und Gewebestrukturen fungiert.

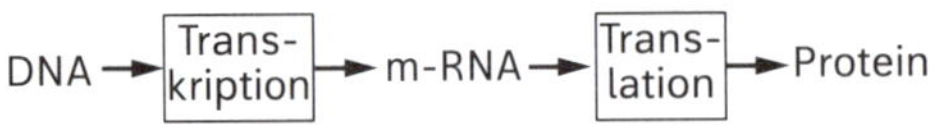

Schematische Darstellung der Proteinbiosynthese bei Prokaryoten

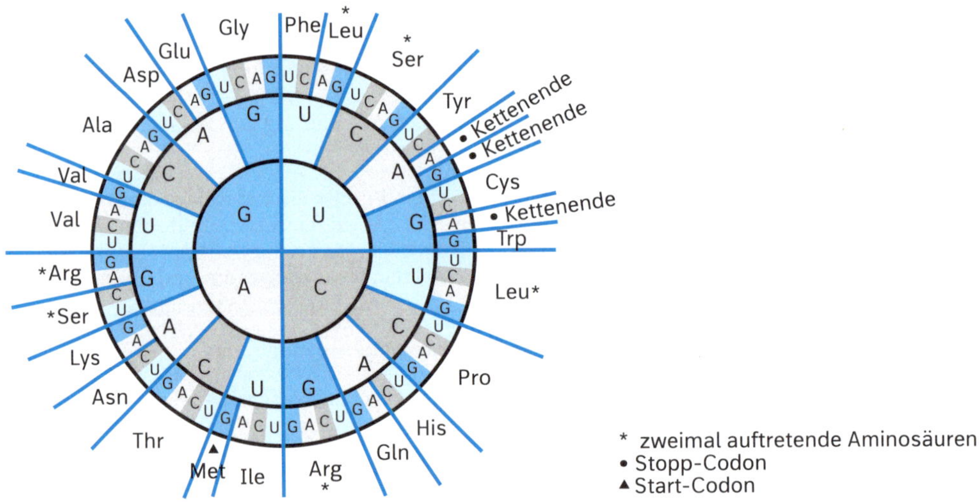

Code-Sonne

Transkription

Die DNA öffnet sich nach Bindung der RNA-Polymerase an dem Promotor (Abschnitt mit einer spezifischen Nukleotidsequenz), die Doppelhelixstränge liegen jetzt getrennt vor. An einem der beiden Stränge (codogener Strang) werden die zu diesem Strang komplementären Nukleotide in 5´→3´ Richtung angelagert. Danach löst sich der neugebildete Nukleotidstrang (mRNA) von der DNA und wandert zu den Ribosomen.

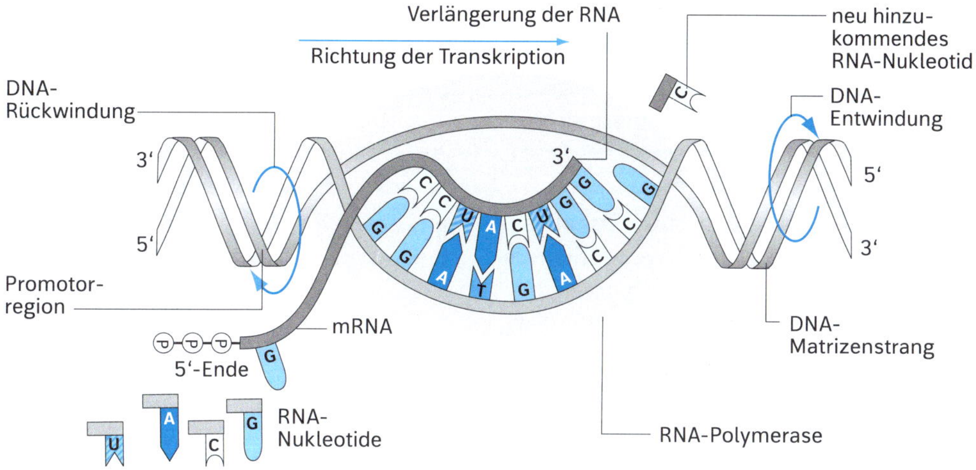

Transkription

Translation (vgl. Aufg. 9)

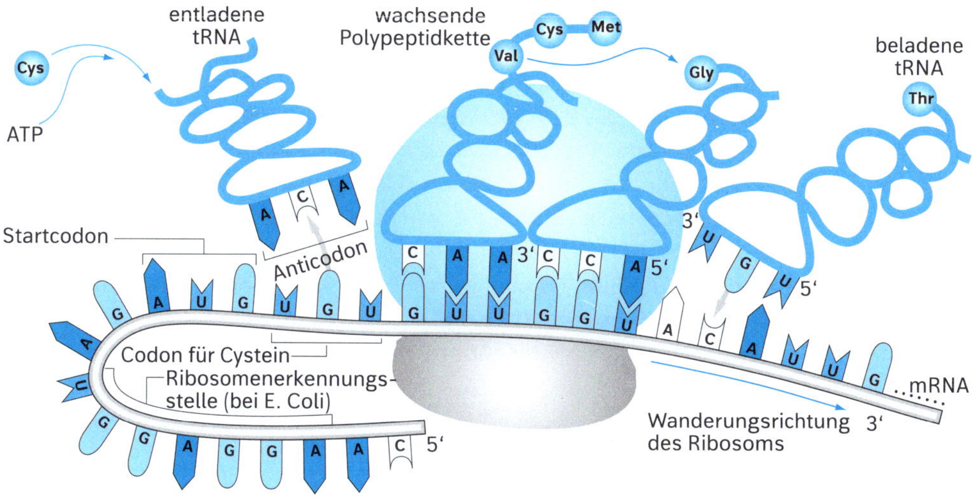

Translation

Die Translation findet an den aus einer kleineren und einer größeren Einheit bestehenden Ribosomen statt. Nachdem durch eine Erkennungssequenz die Anlagerung der mRNA gesichert wurde, wandert die kleinere Einheit des Ribosoms in Richtung 3´- Ende der mRNA. Am Startcodon (AUG) beginnt die Synthese des Proteins (stets mit der Aminosäure Methionin), hier kommt die größere Einheit des Ribosoms hinzu. Als Lieferanten der Aminosäuren dienen aktivierte tRNA-Moleküle. Diese besitzen an einer Stelle ein spezifisches Basentriplett (Anticodon) und auf der gegenüberliegenden Seite des Moleküls eine Bindestelle für eine spezifische Aminosäure. Enzyme des Ribosoms bewirken die Bindung des Anticodons mit dem entsprechenden Triplett der mRNA

(Codon), die Ablösung der Aminosäure von der tRNA sowie die Verknüpfung der Aminosäure mit der vorherigen Aminosäure entsprechend der Codierung auf der DNA.

Die Proteinbiosynthese bei **Eukaryoten** unterscheidet sich im Wesentlichen von der bei Prokaryoten durch einen zusätzlichen Prozess im Zellkern, nämlich den des Spleißens, der zwischen der Transkription im Zellkern und der Translation im Cytoplasma abläuft.

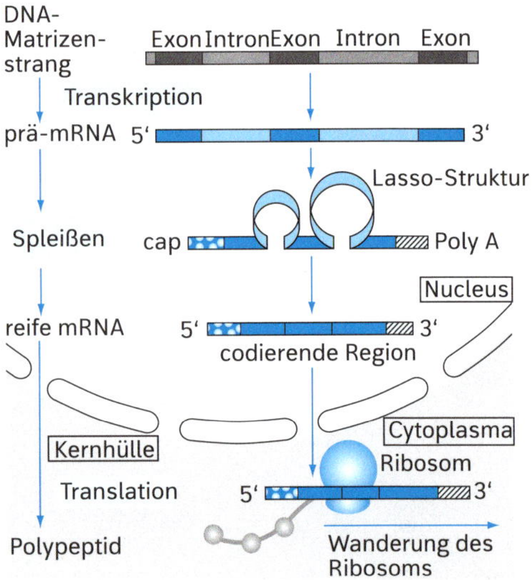

Proteinbiosynthese bei Eukaryoten

Die DNA der Eukaryoten enthält wesentlich längere Nukleotidketten, als sie für die Codierung der benötigten Proteine eigentlich notwendig wären. Die transkribierte Gesamtkopie eines DNA-Abschnittes wird als prä-mRNA bezeichnet. Diese prä-mRNA enthält nicht nur die Information für die Realisierung des Proteins, sondern zusätzlich eine Reihe von mRNA-Abschnitten, die z. B. für Regulierungsvorgänge verwendet werden. Nach der Transkription folgt der Prozess des Spleißens, bei dem die für die Translation nicht benötigten Abschnitte (Introns) durch Bildung von Schleifen (Lasso-Struktur) herausgeschnitten werden. Nur die Exons verlassen als reife mRNA den Zellkern. Wenn beim Spleißen verschiedene Abschnitte herausgeschnitten werden, bezeichnet man dies als alternatives Spleißen. So können bei Eukaryoten unterschiedliche Proteine vom gleichen DNA-Abschnitt gebildet werden. Daneben ergeben sich zusätzliche Möglichkeiten für die Bildung von RNA-Abschnitten, die für Regulationsprozesse verwendet werden können.

b. Mutagene und Mutationen

Sprunghafte Veränderungen des Erbgutes werden Mutationen genannt. Chemische oder physikalische Faktoren, die diese Veränderungen verursachen, werden Mutagene genannt. Es handelt sich z. B. um radioaktive oder auch UV-Strahlen und um Stoffe, die mit den Nukleotiden reagieren und sie verändern.

- Genommutationen sind Veränderungen des Genoms, also z. B. der Chromosomenzahl in einer Zelle.
- Chromosomenmutationen sind Veränderungen des Chromosoms.
- Genmutationen sind Veränderungen eines Gens

Bei den Genmutationen kann man wie bei den Chromosomenmutationen Inversion (ein DNA-Abschnitt wird nach Schlaufenbildung in umgekehrter Reihenfolge wieder

eingebaut), Insertion (Hinzufügen eines Nukleotids) und Deletion (Entfernen von Nukleotiden) unterscheiden.
Häufigste Form der Genmutationen ist die Punktmutation, bei der in der DNA nur ein Nukleotid eines Gens verändert, entfernt oder hinzugefügt wird. Wegen ihrer Folgen für den Organismus werden Punktmutationen als stumm bzw. neutral oder als Missense- oder als Nonsense-Mutationen bezeichnet.
Bei einer stummen Mutation kann aufgrund des degenerierten Codes die gleiche Aminosäure eingebaut werden oder der Einbau einer anderen Aminosäure in ein Protein findet nicht am aktiven Zentrum statt und bleibt für die Funktion des Proteins folgenlos. Missense-Mutationen führen immer zum Einbau einer anderen Aminosäure. Diese Mutationen haben je nach Lage der Aminosäure im Protein und Unterschied der neuen Aminosäure zur vorher eingebauten negative oder positive Folgen für das Individuum. Nonsense-Mutationen sind solche, die z. B. zum Abbruch der Aminosäurekette führen, indem sich ein Triplett zum Stopp-Codon wandelt. Auch sie haben fast immer weitreichende Folgen für den Organismus. Mutationen spielen als Evolutionsfaktoren eine bedeutende Rolle in der Evolution.

c. Regulation der Genaktivität bei Prokaryoten (Operon-Modell) und Eukaryoten (vgl. Aufg. 90)

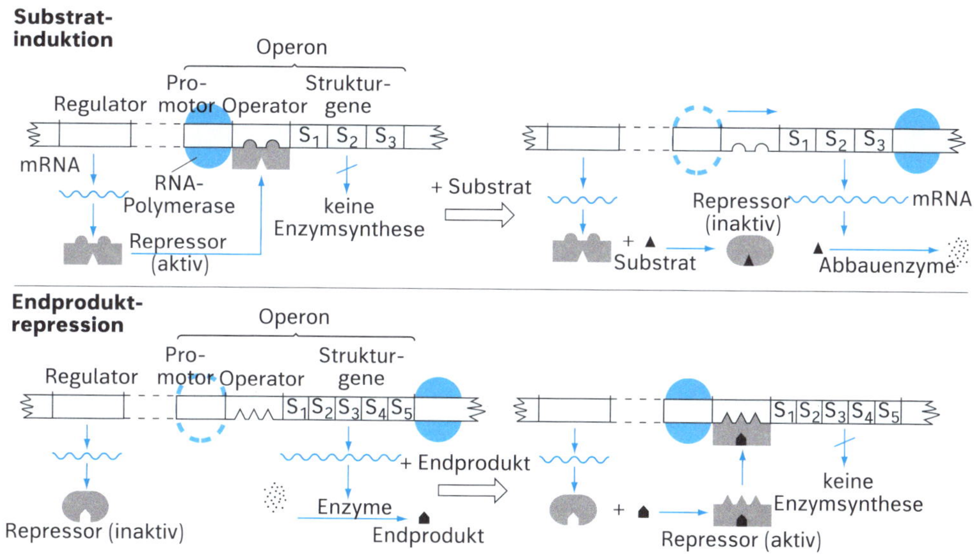

Operon-Modell

Die Regulation der Genaktivität in der Zelle wird derzeit intensiv erforscht. Für die Genregulation bei Prokaryoten (z. B. Bakterien) existiert seit vielen Jahren ein Modell von JAKOB und MONOD, das diese Regulation erklärt. Im Operon-Modell wird ein Abschnitt der DNA, der die Information für eine Stoffwechselkette enthält, als Operon bezeichnet. Es besteht zum einen aus Strukturgenen, die die Aminosäureketten der für den Stoffwechselvorgang benötigten Enzyme codieren sowie dem Promotor und

dem Operatorgen. Bei diesem handelt es sich um Abschnitte aus DNA verbunden mit einem Protein (Operatorgen mit Repressor-Protein), der wie ein Schloss funktioniert und mithilfe dieses Repressors (Schlüssel) die Gentätigkeit ein- oder ausschaltet. Der Repressor wird als Protein an einer anderen Stelle der DNA, dem Regulatorgen codiert. Die Produktion dieses Repressors unterliegt einer vom Operon unabhängigen Steuerung. Der Promotor ist dem Operator-Gen vorgelagert und dient der RNA-Polymerase als Startpunkt.
Das Operon-Modell erklärt bei Bakterien zwei Typen von Genregulation, die **Substratinduktion** und die **Endproduktrepression**. Bei der Substratinduktion löst der räumliche Kontakt des Substrats zum Repressor die Inaktivierung des Repressors und damit die Produktion der zum Abbau notwendigen Enzyme aus. Bei der Endproduktrepression stoppt der Kontakt des Endproduktes mit dem Repressor dessen aktiven Zustand und stoppt so die Produktion der Enzyme.

Eukaryoten-DNA enthält keine Operons. Die eukaryotische Zelle kann jedoch auf vielfältige Weise die Synthese von unnötigen oder schädlich wirkenden Proteinen vermeiden bzw. regulieren. Dies geschieht durch Transkriptionsfaktoren, Hormone oder Mechanismen der sogenannten Epigenetik.
Transkriptionsfaktoren: An DNA-Sequenzen, die nicht selbst transkribiert werden, können sich bestimmte Proteine anlagern und damit die Transkription aktivieren. Andere regulatorische Proteine lagern sich direkt an die RNA-Polymerase, was zu einer Bindung an den Promotor führt (vgl. die folgende Abbildung Aktivierung der RNA-Polymerase).

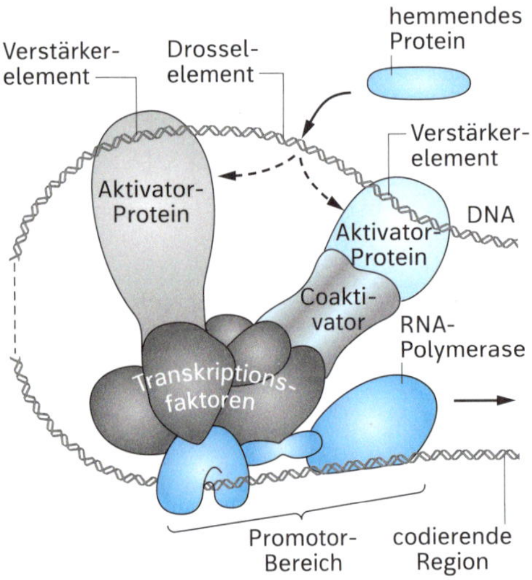

Aktivierung der RNA-Polymerase

Hormone: Fettlösliche Hormone durchdringen die Zellmembran und lagern sich an ein passendes Rezeptorprotein im Cytoplasma. Dieser Komplex gelangt durch die Kernmembran, lagert sich nach dem Schlüssel-Schloss-Prinzip an die DNA und führt zur Genaktivierung. Wasserlösliche Hormone lagern sich außen an die Zellmembran an einen dort befindlichen Rezeptor. Der membrangebundene Komplex löst im Cytoplasma

eine Aktivierungskaskade aus, bei der verschiedene Proteine und Enzyme einen Transkriptionsfaktor im Zellkern aktivieren und so eine Genaktivierung auslösen.
Epigenetik: Eine Transkription ist nur im gelockerten Zustand des Chromatins (Euchromatin) möglich. Dicht gepacktes Heterochromatin verhindert die Transkription. Eine Transkription kann verhindert werden, wenn der Zugang zur DNA blockiert wird, indem die Packungsdichte des DNA-Protein-Komplexes, aus dem die Chromosomen bestehen, verändert wird.
Die Packungsdichte wird durch Hinzufügen an bzw. Entfernen bestimmter Substanzen von den Histonproteinen des Chromatins bestimmt. So können auch Umwelteinflusse die Genaktivitat bestimmen.
Aber auch wenn Chromatin im gelockerten Zustand vorliegt, lässt sich durch die Anlagerung von Methylgruppen verhindern, dass die Basensequenz abgelesen werden kann (s. Aufgabe 9). Ein weiteres epigenetisches Phänomen sind sogenannte Transposonen („springende Gene"), deren Auswirkungen erstmalig bei frühen gentechnischen Experimenten in den 80er-Jahren des letzten Jahrhunderts bei Petunien und anderen Nutzpflanzen beobachtet wurden. Viele DNA-Abschnitte können kopiert werden und die Kopien an entfernt liegenden Stellen der DNA wieder eingebaut werden. Durch den Einbau an anderer Stelle kann die Aktivierung der Gene dort behindert oder gefördert werden.
Auch mithilfe kurzer RNA-Abschnitte wie microRNA, Antisense-RNA oder Riboswitch-RNA (s. Aufgabe 9) kann die genetische Aktivität beeinflusst werden.
Von besonderer Bedeutung sind epigenetische Mechanismen deshalb, weil durch bestimmte Einflüsse, auch Umwelteinflüsse, die Packungsdichte nicht nur auf der Zellebene des Individuums beeinflusst wird, sondern auch eine einmalige Änderung der Packungsdichte, z. B. durch bestimmte Umwelteinflüsse, einerseits vererbt, andererseits aber auch rückgängig gemacht werden kann.
Die bisher angenommene Stabilität des Erbmaterials in einer Generationenfolge, wie sie z. B. Mendel für seine Kreuzungsversuche annehmen musste, wird also nicht nur durch das Auftreten von Mutationen verändert, die die Basensequenz der DNA ändern können, sondern auch durch Umweltfaktoren, denen ein Individuum z.B. in seiner Embryonalentwicklung ausgesetzt ist, und die die Aktivität von Genomabschnitten ändern können, ohne die Basensequenz zu ändern.
Damit spielen epigenetische Mechanismen nicht nur eine große Rolle bei der Regulation der Genaktivität, sondern sind auch evolutionsbiologisch von Bedeutung (vgl. Aufgabe 9). Die lange Zeit vertretene Annahme, dass Einflüsse der Umwelt nur in Form von mutagenen Substanzen und Strahlen die Basensequenz der DNA verändern und damit in der Generationenfolge evolutive Bedeutung haben, gilt zwar auch weiterhin. Aber die Aktivität bzw. die Aktivierung von Genomabschnitten kann über die Generationen hinweg, also vererbbar, verändert werden, und damit evolutionsbiologisch wirksam sein, ohne die Basensequenz zu verändern.
Auch Menschen unterliegen diesen Einflüssen, sodass in bestimmten Fällen nur schwer geklärt werden kann, ob Änderungen im Laufe von Generationen, zum Beispiel im Verhalten, auf epigenetischen Phänomenen, individuellen Lernprozessen oder Traditionen beruhen.

Angewandte Genetik

a. Werkzeuge und Verfahrensschritte der Gentechnik am Beispiel der PCR und des genetischen Fingerabdrucks (vgl. Aufg. 1)

Unter Gentechnik versteht man Verfahren, bei denen DNA-Abschnitte mithilfe von Enzymen zerschnitten bzw. verknüpft werden. Die Nukleotidsequenzen können aus unterschiedlichen Zellen bzw. Lebewesen oder aus künstlicher Produktion stammen.

Mit der **PCR-Methode** können geringe Mengen DNA vervielfältigt werden. Dazu wird die DNA zusammen mit einer hitzestabilen Polymerase, zwei DNA-Primern und DNA-Nukleotiden inkubiert. Die DNA-Polymerasen stammen aus Organismen. Beispielweise stammt die *Taq*-DNA-Polymerase vom Bakterium *Thermus aquaticus*, das in heißen Quellen lebt. Durch die Wahl der Primer (für jede Syntheserichtung einer) wird der DNA-Bereich bestimmt, der vervielfältigt werden soll.
Die Vervielfältigung von DNA-Abschnitten mithilfe der PCR-Methode erfolgt in drei Schritten: Durch Erwärmen der DNA auf über 94 °C werden die Wasserstoffbrücken zwischen den Basen gelöst, dadurch wird die Doppelhelix in zwei Einzelstränge getrennt (Denaturierung). Danach wird auf 56 °C abgekühlt. Die Primer lagern sich an den beiden entstandenen DNA-Einzelsträngen an (Primer-Anlagerung). Nun wird auf 72 °C (Optimum der Taq-DNA-Polymerase) erwärmt, sodass die DNA-Synthese mithilfe der Polymerase erfolgen kann (DNA-Synthese). Die drei Schritte der PCR werden im Thermocycler zyklisch wiederholt. Um zum Beispiel 1 Million gleiche DNA-Abschnitte (ca. 2^{20} Kopien) zu erhalten, muss das Verfahren 20 Mal hintereinander ablaufen.

Der **genetische Fingerabdruck** aller Lebewesen, z. B. von Pferden oder von Menschen, dient der Identifizierung mit einer Sicherheit von nahezu 100 %. Dazu verwendet man beim Menschen die Introns, also die Abschnitte der DNA, die Sequenzunterschiede bei vielen Individuen aufweisen. Introns werden die Abschnitte der DNA genannt, die beim Spleißen herausgeschnitten werden. Diese Abschnitte stellen die nicht codierenden Teile der DNA dar und bestimmen somit kein einziges äußeres Merkmal oder gar eine Charaktereigenschaft. In diesen Abschnitten der DNA kommt es häufig zu Wiederholungen von bestimmten Nukleotidsequenzen. Solche Abschnitte werden STRs (short tandem repeats) genannt. Die Anzahl dieser Wiederholungen von je 2 bis 7 Basen sind sehr individuell und daher als genetischer Fingerabdruck sehr gut verwendbar. Zur Verdeutlichung dieser Unterschiede werden die entsprechenden DNA-Abschnitte zuerst durch die oben beschriebene PCR-Methode angereichert, dann durch das Gelelektro- bzw. Kapillarelektrophoreseverfahren entsprechend ihrer Größe getrennt und z. B. in einem Autoradiogramm sichtbar gemacht. Das dann entstehende Muster der unterschiedlichen STRs ist bei jedem Menschen anders. Die Sicherheit der Identifizierung wird dadurch erhöht, dass nicht nur ein einzelner DNA-Abschnitt untersucht wird, sondern viele; z. B. untersucht das FBI stets 13 definierte Intron-Abschnitte.
Genomanalysen in Verbindung mit einer künstlichen Befruchtung (In-vitro-Fertilisation) führen zur ethisch problematischen **Präimplantationsdiagnostik** (PID), bei der zunächst „im Reagenzglas“ (= in vitro) menschliche Eizellen durch menschliche

Spermien besamt werden und es zur Bildung mehrerer Zygoten kommt. Nach wenigen Teilungen der Zygote lassen sich einzelne embryonale Stammzellen von den Embryonen entnehmen und einer Genomanalyse unterziehen. Je nach Ergebnis der Analyse muss dann entschieden werden, ob der betroffene Embryo in die Gebärmutter der Eizellenspenderin (= biologische Mutter) eingesetzt wird oder nicht. In Deutschland ist die PID nur erlaubt, wenn die zukünftigen Eltern einen schweren genetisch bedingten Schaden des Kindes befürchten müssen.

b. Biomedizinische Aspekte der Genetik (Stammzellen, therapeutisches Klonen)

Die Erkenntnisse der Molekulargenetik und der Gentechnik finden verstärkt Anwendung in der Stammzellforschung. **Stammzellen** sind undifferenzierte Zellen, die sich nach Teilung unterschiedlich differenzieren können. Totipotente Stammzellen sind in der Lage, einen kompletten vielzelligen Organismus zu bilden. Man findet sie nur in sehr frühen embryonalen Stadien (4- bis 8-Zellen-Stadium; Bildung von eineiigen Zwillingen). Pluripotente Stammzellen (embryonale Zellen aus der Blastocyste, vor der Keimblattbildung) sind in der Lage, alle Zelltypen eines Organismus zu differenzieren. Sie können aber keinen kompletten Organismus mehr bilden. Pluripotente **embryonale** Stammzellen können z. B. aus überzähligen Embryonen gewonnen werden, die aus einer künstlichen Befruchtung hervorgehen und für eine Schwangerschaft nicht mehr benötigt werden. In einer Zellkultur lassen sie sich durch Zugabe unterschiedlicher Signalstoffe (Wachstumsfaktoren) zu verschiedenen Geweben züchten. Die Forschung mit embryonalen Stammzellen unterliegt strengen rechtlichen Auflagen und gibt Anlass zu ethischen Bedenken. **Adulte** Stammzellen sind Zellen aus dem Körper Erwachsener. Sie können unipotent (nur ein Zelltyp wird differenziert), oder auch multipotent sein (mehrere verschiedene Zelltypen können differenziert werden, etwa Blutzellen). Ihre Aufgabe ist, fehlende oder abgestorbene Zellen zu ersetzen.

Aus adulten Stammzellen lassen sich durch Reprogrammierung pluripotente Stammzellen gewinnen. Dies erfolgt entweder über therapeutisches Klonen oder über induzierte Reprogrammierung. Beim **therapeutischen Klonen** wird der Kern etwa einer Hautzelle in eine entkernte Eizelle übertragen. In vitro kann diese neu zusammengesetzte Eizelle zu einem mehrzelligen Embryo heranwachsen, d. h. der Zellkern wird durch Faktoren des Eizellplasmas reprogrammiert. Diesem Embryo können dann wieder pluripotente Zellen entnommen werden. Bei der **induzierten Reprogrammierung** wird z. B. eine isolierte Hautzelle über Viren mit speziellen Transkriptionsfaktoren versetzt. Dadurch werden Entwicklungskontrollgene angeschaltet, die die Bildung pluripotenter Stammzellen induzieren.

c. Ethische Bewertung angewandter Genetik

Für die **Bewertung** eines Sachverhalts, eines Dilemmas oder zur ethischen Einordnung von Alternativen bei einer Entscheidungssituation gibt es gängige Verfahren, die unterschiedlich intensiv angewendet werden. Stammbaumanalyse wie humangenetische Beratung dienen der Abschätzung von Risiken und Chancen für alle Beteiligten. Dabei ist eine rein utilitaristische Kalkulation in ihrer Argumentation wenig geeignet, denn handlungsorientierte Versionen des Utilitarismus unterscheiden nicht zwischen negativen und positiven Pflichten, zwischen Tun und Lassen. Wenn nur die Folgen

und die Gesamtnutzensteigerung zählen, dann ist einzig die Nutzenmaximierung maßgeblich. KANTische Ansätze und Ansätze der Tugendethik differenzieren dagegen. Bei der Bewertung eines Sachverhaltes sollten deontologische Ansätze und konsequenzialistische Argumentationen unterschieden werden. Während deontologische Begründungsmuster und Argumentationsreihen „letzte Wahrheiten", also tiefste Überzeugungen und Glaubenssätze, absolut gesetzte Werte und Normen eine Handlung unabhängig von ihren Folgen beurteilen (Gesinnungsethik), orientiert sich eine konsequenzialistische Argumentation an den Folgen einer Handlung. Sie entspricht einer sogenannten „Verantwortungsethik" wie sie von dem Philosophen HANS JONAS insbesondere für die Gentechnologie und die Informations- und Kommunikationstechnologien entworfen wurde.
Für die ethische Bewertung wird häufig eine Abfolge von sechs methodischen Schritten empfohlen:

1. Definieren des Dilemmas oder der Problematik
2. Aufzählen möglicher Handlungsoptionen
3. Sammeln von Pro- und Contra-Argumenten zu den Handlungsoptionen
4. Zuordnen von Werten, die hinter den jeweiligen Argumenten stehen
5. Formulieren eines persönlichen und begründeten Urteils; ggf. Diskussion andersartiger Urteile
6. Feststellen der Folgen, die das eigene Urteil und andere Urteile nach sich ziehen; ggf. Revision des eigenen Urteils.

Ökologische Verflechtungen und nachhaltige Nutzung

Umweltfaktoren, ökologische Nische

a. Toleranzkurven und ökologische Potenz

Einen Lebensraum, der durch charakteristische Umweltfaktoren gekennzeichnet ist, bezeichnet man als **Biotop**, die in ihm vorkommende Lebensgemeinschaft von Organismen als **Biozönose**. Biotop und Biozönose bilden zusammen ein **Ökosystem**.
Die Gesamtheit aller Ökosysteme auf der Erde ist die **Biosphäre**. Die Lebewesen eines Ökosystems sind einerseits abhängig von biotischen (belebten, z. B. Nahrung, Konkurrenten, Krankheitserreger usw.) und abiotischen Umweltfaktoren (unbelebten, z. B. Temperatur, Wasser, Licht, pH-Wert usw.), andererseits verändern sie diese Faktoren auch. Wird ein Umweltfaktor experimentell variiert und die Lebensaktivität der Individuen einer Art in Abhängigkeit des Umweltfaktors gemessen, erhält man eine sogenannte Toleranzkurve, deren Gestalt als physiologische Potenz einer Art bezeichnet wird.

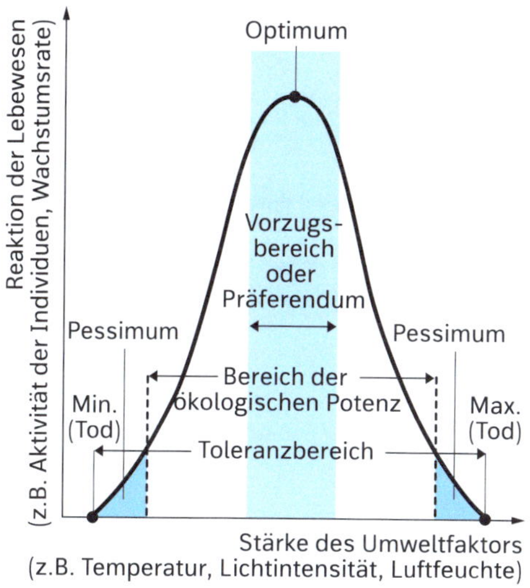

Reaktionen der Lebewesen auf einen Umweltfaktor: Toleranzbereich mit ökologischer Potenz und Vorzugsbereich.

Erträgt eine Art große Schwankungen eines Umweltfaktors, bezeichnet man sie hinsichtlich dieses Faktors als euryök. Erträgt sie nur geringe Schwankungen, ist sie stenök. Innerhalb des Toleranzbereichs nennt man den Bereich, in dem Organismen einer Art gedeihen, also auch Nachkommen haben, ökologische Potenz. Den Bereich, den Lebewesen ohne den Einfluss von Konkurrenten auswählen, nennt man **Vorzugsbereich** (Präferendum), im Pessimum kann ein Lebewesen nur überdauern. Hat man die physiologische Potenz und das Präferendum einer Art unter Laborbedingungen und unter Ausschluss von Konkurrenz bestimmt, trifft man Individuen dieser Art in der Natur häufig nicht dort an, wo man sie aufgrund ihres Vorzugsbereichs vermutet. Denn an ihrem natürlichen Standort stehen sie mit den Individuen anderer Arten in Konkurrenz. So findet man Kiefern häufig an trockenen oder auch nassen Stellen, obwohl sie mittelfeuchten Untergrund bevorzugen. Den machen ihr aber andere Bäume streitig, die dort besser wachsen. Lebewesen sind nicht nur von einem Umweltfaktor abhängig, sondern von vielen, die sich in ihrer Wirkung gegenseitig beeinflussen können. Die **ökologische Nische** (s. u.) besteht nicht nur aus der Gesamtheit aller Umweltfaktoren, die auf die Individuen einer Art einwirken. Vielmehr beschreibt dieser Begriff sowohl den Einfluss der Umweltfaktoren auf die Individuen einer Art wie auch den Einfluss der Individuen auf bestimmte Umweltfaktoren sowie die Art der Beziehung zwischen Umweltfaktoren und Individuen.

b. Temperatur als abiotischer Faktor bei Tieren

Hinsichtlich der Temperatur unterscheiden sich die Toleranzkurven wechselwarmer Tiere von denen gleichwarmer Tiere, also Vögeln und Säugern. Diese können so viel eigene Körperwärme produzieren und ihre Körpertemperatur auf einer bestimmten Höhe einregeln, dass man von homoiothermen Tieren spricht. Alle anderen Eukaryoten (Reptilien, Amphibien, Fische, wirbellose Tiere, Pflanzen, Pilze) sowie Prokaryoten

(Bakterien, Schleimpilze) und Viren sind nicht in der Lage, dauerhaft Körperwärme zu erzeugen und diese zu halten. Sie gelten als poikilotherm.

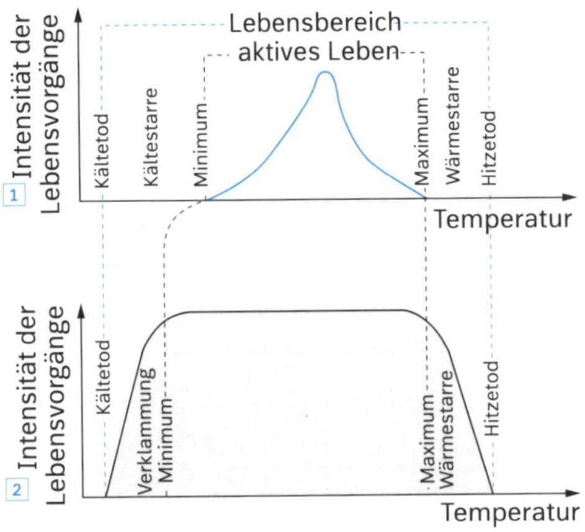

Temperatur-Toleranzkurven von 1 poikilothermen, 2 homoiothermen Tieren (Die Begriffe „Kältestarre", „Wärmestarre" und „Verklammung" beziehen sich auf tierische Organismen.)

Bei homoiothermen Tieren kann man die Beobachtung machen, dass die in kalten Gebieten lebenden Individuen einer Art oder nahe verwandter Arten größer und voluminöser sind als die in warmen Gebieten lebenden Individuen (BERGMANNsche Regel). Dies lässt sich einerseits physikalisch (proximat, also im Sinn einer Ursache-Wirkung-Beziehung) erklären: Die Oberfläche nimmt mit zunehmender Körpergröße in der zweiten (a^2), das Volumen in der dritten Potenz (a^3) zu. Große kompakte Tiere mit einer im Verhältnis zu ihrem Volumen kleinen, Wärme abgebenden Oberfläche verlieren also relativ weniger Wärme als kleine Tiere. Eine weitere Erklärungsmöglichkeit besteht in der Darstellung des evolutionsbiologischen Prozesses (Wechselwirkungen von Variabilität und Selektion), der zu den genannten Unterschieden führt (ultimate Erklärung).

Tipp: Ausnahmen

Es gibt aber auch Ausnahmen von der BERGMANNschen Regel, wenn z. B. verwandte Fledermausarten im gleichen Habitat vorkommen und sich aufgrund der Größe ihrer Nahrung in ihrer Körpergröße unterscheiden (Kontrastbetonung).

Eine zweite ökologische Regel, die ebenfalls nur für gleichwarme Tiere gilt, ist die ALLENsche Regel: Bei verwandten Arten sind Körperanhänge (z. B. Ohren oder Schwänze) in kalten Gebieten kleiner als in warmen. Die Wärme abgebende Oberfläche von Körperanhängen ist recht groß. Die Elefanten nutzen diesen Umstand, wenn sie in der Hitze mit ihren Ohren wedeln und sich so Kühlung verschaffen. Auch diese Phänomene lassen sich sowohl ultimat wie proximat erklären.

c. Wasser als abiotischer Faktor bei Pflanzen (vgl. Aufg. 5, 6)

Pflanzen zeigen deutliche Angepasstheiten an den unterschiedlichen Wassergehalt ihrer Lebensräume. An sehr trockenen Standorten wird der für die Fotosynthese notwendige Wasserstrom durch möglichst geringe Wasserabgabe (Transpiration) geregelt. Eine kleine Oberfläche des Pflanzenkörpers, eine dicke Cuticula, eine verringerte Anzahl von Stomata (Spaltöffnungen), die zusätzlich in den Blattkörper eingesenkt sein können, der teilweise Verschluss dieser Einsenkungen mit Haaren zur Herabsetzung der Luftbewegung in der Senke sowie die Ausbildung später absterbender Haare auf den Blättern, die die Einstrahlung reflektieren, sind Merkmale der Xerophyten. Für Hygrophyten an sehr feuchten Standorten ist es vorteilhaft, die Transpiration heraufzusetzen, sodass mithilfe des Transpirationssogs Nährsalze aus dem Boden aufgenommen werden können. Im Wasser untergetaucht lebende Hydrophyten transpirieren nicht. Sie nehmen die Nährsalze mit dem Wasser direkt über die Blätter, die keine Cuticula besitzen, auf.

d. Ökologische Nische (vgl. Aufg. 3–6)

Die Struktur der Wechselbeziehungen zwischen abiotischen und biotischen Umweltfaktoren einerseits und der diesen Faktoren ausgesetzten Individuen einer Art andererseits wird als ökologische Nische bezeichnet. Die ökologische Nische besteht also nicht allein aus der Gesamtheit der Umweltfaktoren, die auf einen Organismus einwirkt, sondern wird durch die Wechselwirkungen zwischen Organismus und Umwelt definiert. Es handelt sich um die Beschreibung einer Funktion zwischen Umwelt und Art, ähnlich die einer Stellenbeschreibung für eine Funktionsstelle in einem Betrieb. Die Stelle funktioniert nur mit dem Stelleninhaber und der Ausübung definierter Aufgaben.

Leben Organismen gemeinsam in einem Biotop, ist ihre Konkurrenz um Nahrung, Licht, Feuchtigkeit usw. umso stärker, je ähnlicher ihre ökologischen Nischen sind. Bei Umweltfaktoren, die gleich auf die Individuen verschiedener Arten wirken, setzt sich immer eine Art gegenüber einer anderen durch.

Dauerhaft können zwei verschiedene Arten mit identischen ökologischen Nischen nicht koexistieren (Konkurrenzausschlussprinzip).

Beispiel: Unter Laborbedingungen lassen sich die Pantoffeltierchen *Paramecium aurelia* und *P. caudatum* in getrennten Gefäßen gut kultivieren. Beide Arten werden mit Bakterien gefüttert. Gibt man sie allerdings zusammen in ein Gefäß, erweist sich *P. aurelia* als konkurrenzüberlegen und *P. caudatum* stirbt aus, weil es die Nahrung schlechter als *P. aurelia* nutzen kann. *P. aurelia* und *P. bursaria* lassen sich dagegen in einem Gefäß über lange Zeit halten, weil *aurelia* sich von den Bakterien an der Wasseroberfläche ernährt und *bursaria* die nach unten sinkenden Bakterien frisst. Zusätzlich verfügt *bursaria* noch über endosymbiontische Grünalgen.

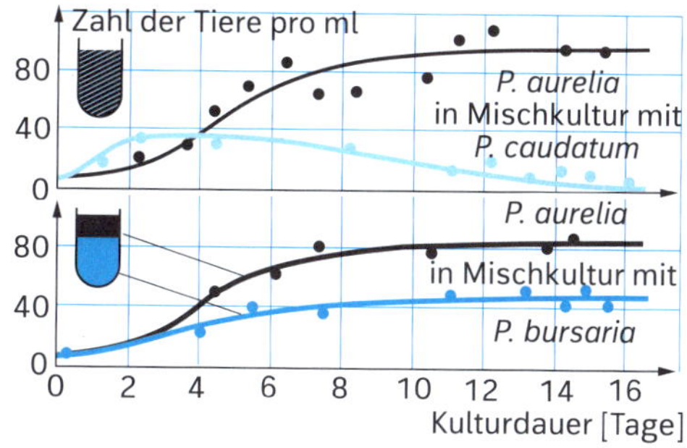

Pantoffeltierchen-Arten in Mischkultur

P. aurelia und *P. bursaria* können folglich aufgrund von Konkurrenzvermeidung zusammen leben, d. h. die Individuen der betreffenden Arten verändern die Beziehung zu ihrer Umwelt so, dass sich ihre ökologischen Nischen unterscheiden. So können in der Natur z. B. Sturmmöwenarten dadurch koexistieren, dass sie dieselben Nistplätze zu unterschiedlichen Zeiten nutzen.
In ähnlichen Biotopen wurden auf unterschiedlichen Kontinenten oder in abgegrenzten Gebieten wie Wüsten oder auf Inseln von unterschiedlichen Arten ähnliche ökologische Nischen ausgebildet. Beispielsweise erbeuten der Maulwurf in Europa, der Goldmull in Afrika, der Beutelmull in Australien und die Taschenratte in Nordamerika in unterirdischen Gängen u. a. Insektenlarven und Würmer. Grabehände, walzenförmiger Körper und verkümmerte Augen sind als Angepasstheiten an diese Lebensweise bei ihnen in gleicher Weise entwickelt, obwohl sie nicht näher miteinander verwandt sind.
Die stammesgeschichtliche Entwicklung unter ähnlichem Umwelteinfluss von nicht verwandten Arten, die zu ähnlichen Ergebnissen führt, bezeichnet man als **Konvergenz**. Die Kakteen Amerikas zeigen eine ähnliche Stammsukkulenz wie einige Wolfsmilchgewächse Afrikas. Pinguine, Haie, Robben, Tintenschnecken und Makrelen zeigen beim schnellen Schwimmen, dass sich der Körper ihrer Vorfahren im Zuge einer konvergenten Entwicklung zu einer Spindelform umgeformt hat, die bei der Fortbewegung im Wasser einen sehr geringen Strömungswiderstand aufweist und so durch Energieeinsparung und Vorteile bei der Flucht und der Jagd die Fitness der Art (s. Abschnitt „Evolution") erhöht. Alle Beispiele gehören sehr unterschiedlichen Gruppen an (Vögel, Knorpelfische, Säugetiere, Weichtiere, Knochenfische).

Wechselbeziehungen, Populationsdynamik

a. Räuber-Beute-Beziehung (vgl. Aufg. 3, 6)

Zwischen Räuber und Beute (z. B. Mäusebussard und Feldmaus) oder zwischen Pflanzen und Pflanzenfressern (z. B. Schirmakazien und Giraffen) bestehen wechselseitige Beziehungen, die sich als negative Rückkopplungsmechanismen mathematisch beschreiben lassen. Die Grafik dieses Algorithmus zeigt sinusförmige, versetzte Kurven, die um einen Mittelwert schwanken (Lotka-Volterra-Regeln). In der Natur allerdings folgen die tatsächlich erhobenen Daten in Räuber-Beute-Beziehungen selten diesem Algorithmus, weil Räuber und Beute häufig in ein komplexes Nahrungsnetz eingebunden sind. Auch schwankt die Populationsdichte häufig um einen Mittelwert, ohne dass ein einseitiger Einfluss durch einen Fressfeind bzw. durch Futter/Beute erkennbar wäre. Regulationsmechanismen lassen sich als top-down- Kontrolle (der Räuber kontrolliert die Beute), oder als bottom-up-Kontrolle (die Anzahl von Beutetieren bestimmt die Anzahl der Räuber) verstehen.

b. Parasitismus und Symbiose (vgl. Aufg. 3, 6)

Unter Parasitismus wird eine Wechselbeziehung zwischen zwei artverschiedenen Organismen verstanden, in der ein Parasit auf Kosten des Wirts lebt (Ähnlichkeiten mit der Räuber-Beute-Beziehung). In einer Symbiose geschieht die Beziehung zu wechselseitigem Nutzen. Hierbei wird der Partner i. d. R. nicht beschädigt, oft herrscht aber auch nur ein „Kampfgleichgewicht" (z. B. bei Formen der Mykorrhiza).

c. Änderungen in den Wechselbeziehungen: Neobiota (vgl. Aufg. 3)

In einer sich durch geologische Ereignisse (Kontinentaldrift, Gebirgsbildung, Vulkanausbrüche) und klimatische Prozesse (Warmzeiten, Kaltzeiten) wandelnden Umwelt passen sich Lebewesen den Verhältnissen an. Mit Wanderungen, Änderungen des Genpools und anderen evolutionsbiologisch bedeutsamen Fähigkeiten und damit verbundenen Strategien (r- und K-Strategie), Mutation und Rekombination reagieren Lebewesen auf individueller bzw. populationsbiologischer Ebene auf den Einfluss sich ändernder abiotischer und biotischer Faktoren. So erschließen sie sich veränderte Biotope und unterliegen gemeinsam mit Lebewesen, die sich in einer ähnlichen ökologischen Nische befinden, der zwischenartlichen und innerartlichen Konkurrenz.
Beispiele sind die Wanderungen ganzer Ökosysteme bei Beginn und nach dem Ende der Eiszeit, die Einführung von Kastanie, Fasan und Damhirsch nach Europa, die Einschleppung des Kaninchens nach Australien und die Ausbreitung der Wanderratte.
Wenn aufgrund der gegebenen Konkurrenzverhältnisse einwandernde Arten erfolgreich sind, spricht man von Neobiota. Pro- und Eukaryonten, Pflanzen, Tiere, Pilze und auch der Mensch zählen dazu.
Die zunehmende Mobilität des Menschen führt seit dem 15. Jahrhundert zu einer verstärkten Verteilung gebietsfremder Arten in neue Lebensräume. Barrieren in Form von Gebirgen, Meeren und Wüsten sind kein Hindernis mehr. Die aus dem nördlichen Ostasien stammende Wanderratte wurde durch den zunehmenden Schiffsverkehr auf der ganzen Welt verteilt. Mit ihr wurde besonders im 15. und 16. Jahrhundert auch der Pestfloh, der als Überträger der Beulenpest gilt, transportiert. Viele durch den Klimawandel einwandernde, wie z. B. die Asiatische Tigermücke, bzw. eingeschleppte Arten sind Überträger (Vektoren) gefährlicher Krankheiten.
Sobald Neobiota den Konkurrenzdruck auf einheimische Arten erhöhen, die Biodiversität eines Ökosystems verringern oder wirtschaftlichen Schaden hervorrufen, werden die eingewanderten Arten als invasiv (eindringend) bezeichnet. Beispiele sind der Japanische Knöterich, die Kanadische Wasserpest, das aus Amerika eingeschleppte „Franzosenkraut“ und der Waschbär.
Die Änderungen im Konkurrenzdruck durch Neobiota können aber auch wechselseitig wirken. Die vor einigen hundert Jahren eingeführte Rosskastanie wird zunehmend von der Rosskastanienminiermotte befallen, die am Ende des 19. Jahrhunderts nach Europa gelangte. Damit gerät die Rosskastanie als Neophyt unter verstärkten Konkurrenzdruck, da die Fotosyntheseleistung und damit ihr Wachstum stark eingeschränkt werden.
Häufig gelangen gleich mehrere von in Wechselbeziehung stehende Arten wie z. B. Wirt und Parasit, Räuber und Beute in ein neues Gebiet. Dadurch können unterschiedliche Entwicklungen ausgelöst werden (s. Übungsaufgabe 3), die ein ganzes Ökosystem beeinflussen können.

d. Probleme der Schädlingsbekämpfung (vgl. Aufg. 3, 4)

Wenn Organismen durch ihre Lebensäußerungen in Konkurrenz zum Menschen geraten, indem sie eine für den Menschen nachteilige Entwicklung seiner Nutzpflanzen, -tiere und -pilze verursachen, bezeichnet der Mensch sie als Schädling. Er versucht dann, die von ihm genutzten Organismen vor den Schadorganismen zu schützen. Dies geschieht auf mechanischem, chemischem, genetischem oder biologischem Wege.

Alle Formen der Schädlingsbekämpfung können nur durchgeführt werden, wenn nicht nur der Schädling und seine ökologische Nische bekannt sind. Auch die Folgen einer Bekämpfung müssen für ein wirkungsvolles Vorgehen möglichst bekannt sein oder genau abgeschätzt werden.

Beispiele für Schädlingsbekämpfung

mechanisch	chemisch	genetisch	biologisch
Unkraut jäten	DDT als Insektentötungsmittel (Insektizid)	Einsatz der „Sterile-Insekten-Technologie" (SIT) mit sterilen Insektenmännchen der Fruchtfliege Ceratitis	Aussetzen von Nützlingen (Viren, Bakterien, Fadenwürmer, Insekten, Vögel)
Kartoffelkäfer absammeln	Glyphosat als Herbizid (Pflanzentötungsmittel)		Ausbringen von hoch spezialisierten Pilzen, die Schädlinge befallen
	Lockstoff- (Hormon-) fallen		Aussetzen von Nützlingen in geschlossenen Systemen (Gewächshauskulturen)

Besondere Probleme ergeben sich bei der Schädlingsbekämpfung dann, wenn neben der beabsichtigten Wirkung unbeabsichtigte Folgen auftreten. Diese Nebenwirkungen (z. B. Anreicherung einer gefährlichen und/oder schwer abbaubaren Substanz in anderen Organismen, im Grundwasser) können in ihrer Bedeutung die ursprüngliche Absicht zunichtemachen, weil solche Nebenwirkungen schwerer wiegen können als die Erfolge bei der Bekämpfung des Schädlings. So musste DDT wegen seiner verheerenden Wirkung nicht nur auf alle Insekten, sondern auch auf Menschen, wenige Jahre nach dem Beginn seiner Anwendung vom Markt genommen werden.
Krebs erzeugende Wirkungen des Totalherbizids Glyphosat auf den Menschen sind bisher nicht ausgeschlossen. Totalherbizide verringern auch die Menge und Artzusammensetzung von Pflanzen, sodass die Konsumenten, die von diesen Pflanzen leben, ebenfalls in Menge und Artenzusammensetzung geschädigt werden.
Der verstärkte Einsatz von Antibiotika nicht nur bei Infektionen des Menschen oder seiner Nutztiere, sondern auch zur Leistungssteigerung bei der Nutztierhaltung (z. B. Schweine- und Fischmast), führt zur Ausbildung von Resistenzen, die für Menschen mit geschwächtem Immunsystem lebensbedrohlich sind. Problematisch sind besonders genetische Maßnahmen zur Schädlingsbekämpfung, wenn ihre Folgen nicht hinreichend überprüft sind. Gelangen gentechnisch veränderte Organismen in die Umwelt, muss sichergestellt sein, dass diese keine Schäden an artfremden Organismen hervorrufen, da die transgenen Organismen in der Regel nicht mehr aus der Umwelt entnommen werden können. Vor dem Einsatz solcher Organismen ist daher zu prüfen, ob ein vertikaler Gentransfer von einer Generation zur nächsten erfolgen kann oder vielleicht sogar ein horizontaler Gentransfer (Übertragung des gentechnisch eingeführten Gens vom transgenen Organismus in einen artfremden Organismus) möglich ist.

Verflechtungen in Lebensgemeinschaften

a. Biomasseproduktion, Trophieebenen, Energiefluss (vgl. Aufg. 7)

Lebewesen eines Ökosystems lassen sich unterschiedlichen Nahrungsstufen (Trophieebnen) zuordnen:

Produzenten ➔ Primärkonsumenten ➔ Sekundärkonsumenten ➔ Tertiärkonsumenten

Sekundär- oder Tertiärkonsumenten sind oft schon Endkonsumenten.
Die Beziehungen der unterschiedlichen Trophieebenen untereinander sind in einem Ökosystem selten linear (Nahrungskette), sondern vielfach verzweigt (Nahrungsnetz). Dennoch können aus den Verknüpfungen lineare Abhängigkeiten gesondert betrachtet werden. Zwischen diesen Ebenen variieren die Individuenzahl, die Biomasse oder die Energieproduktion. Die Verhältnisse werden aufgrund von Freilanduntersuchungen häufig in sogenannten Pyramiden dargestellt. Sie unterscheiden sich je nach Ökosystem.

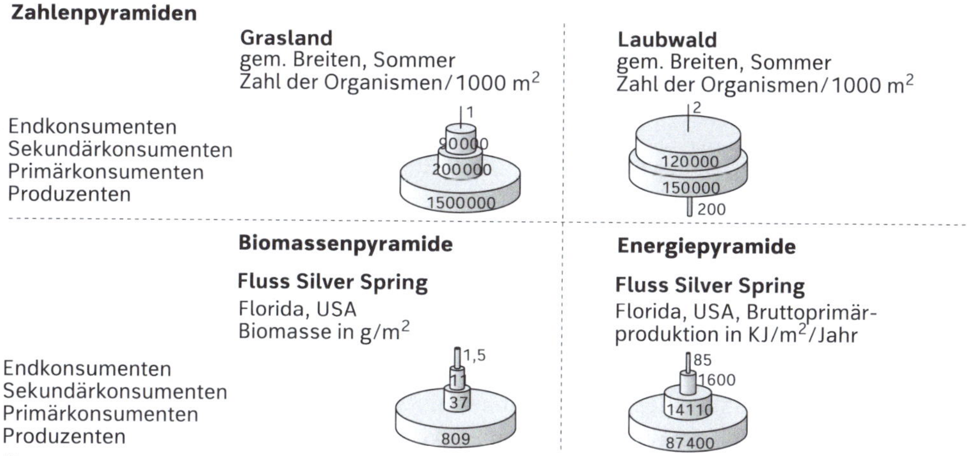

Ökologische „Pyramiden“

Die Energiemenge, die ein Lebewesen aufnimmt, ist größer als der Energiegehalt der Körpersubstanz, die durch das Wachstum, das mit der Aufnahme der Energie verbunden ist, erzeugt wird. Besonders bei Tieren wird ein großer Teil der aufgenommenen Energie in Form von Bewegungs- und Wärmeenergie wieder abgegeben. Die Energieweitergabe von einer Nahrungsstufe zur nächsten wird Energiefluss genannt. Von einer Stufe auf die andere verringert sich der Energiegehalt aller Lebewesen auf der jeweiligen Trophiebene ungefähr um den Faktor 10.

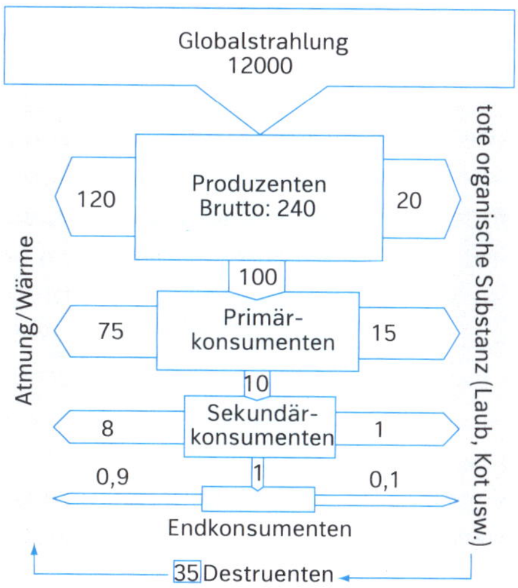

Energiefluss durch ein Musterökosystem (in kJ/m²/Tag)

b. Biogeochemischer Kreislauf am Beispiel des Kohlenstoffflusses und Reaktionsfähigkeit von Ökosystemen (vgl. Aufg. 6)

Kohlenstoff kommt auf der Erde in reaktionsträger anorganischer Form (Kalkstein, Marmor usw. und Kohlenstoffdioxid) sowie in reaktionsfreudiger organischer Form (Kohlenwasserstoffe wie Fette, Erdöl, Erdgas und Kohlenhydrate wie Zucker, Cellulose, Stärke usw.) vor. Das reaktionsträge CO_2 der Atmosphäre wird von Pflanzen (Produzenten) aufgenommen und in der Sekundärreaktion der Fotosynthese chemisch gebunden. Unter Energieeinsatz werden so Kohlenhydrate gebildet. Anorganisches energiearmes CO_2 wird dabei wieder in energiereiche organische Verbindungen eingebaut.
Konsumenten erster Ordnung nehmen den Kohlenstoff als pflanzliche Biomasse auf und verwerten sie im Aufbaustoffwechsel oder in Energiegewinnungsprozessen (z. B. Zellatmung in Mitochondrien). Diese sauerstoffabhängige Energiegewinnung ist mit der Abgabe von CO_2 in die Atmosphäre verbunden. Fehlt der Sauerstoff beispielsweise am Grunde eines Gewässers, werden organische Verbindungen toter Organismen im Faulschlamm abgelagert. Sie werden so über längere Zeit dem Kohlenstoffkreislauf entzogen. Unter Druck und weiterem Sauerstoffabschluss können daraus in erdgeschichtlich langen Perioden fossile Brennstoffe (Erdgas, Erdöl und Kohle) entstehen.

Bei der Ausbeutung fossiler Brennstoffe durch den Menschen oder durch natürliche geologische Prozesse gelangen große Mengen reaktionsfreudiger Kohlenstoffverbindungen, die vor Millionen von Jahren in der Erdkruste fixiert wurden, wieder an die Erdoberfläche und tragen bei ihrer Verbrennung zur Anreicherung der Atmosphäre mit CO_2 bei. Zwar kann ein Teil des CO_2 durch Fotosynthese und Lösung im Meerwasser in sogenannten Kohlenstoffsenken der Atmosphäre entzogen werden. Die durch Menschen erzeugten Verbrennungsprozesse sind jedoch so intensiv, dass die starke CO_2-Produktion global weder durch Pflanzen noch durch Absorption und Lösung im Meer bewältigt werden kann. Der CO_2-Gehalt in der Atmosphäre nimmt deswegen zu, führt zu einer Erwärmung der Atmosphäre und wirkt somit mittel- und langfristig auf das Klima. Je nach Region kann es z. B. zu Dürren und Waldbränden, Starkregen, Stürmen, Temperaturerhöhungen und zu einer Erhöhung der Luftfeuchtigkeit führen.

Alle Ökosysteme der Erde sind von dieser Erwärmung betroffen und reagieren in unterschiedlicher Weise. Gletschereis und Polkappen schmelzen, die Dauerfrostböden im Hochgebirge und in den subpolaren Regionen tauen auf. Zwischen 1901 und 2010 ist der Meeresspiegel um etwa 19 cm gestiegen. Ein weiterer Anstieg wird beobachtet. Starkregen in den mittleren Breiten und Unwetter in Form von tropischen Wirbelstürmen nehmen an Häufigkeit zu. Ab 2050 werden nach Berechnungen des Max-Planck-Instituts für Chemie große Regionen in Nordafrika und dem Nahen Osten durch extreme Hitze unbewohnbar werden. Die Zahl der Klimaflüchtlinge wird weiter ansteigen. Durch die Erwärmung kann es regional auch zu Abkühlungen kommen, wenn z. B. Meeresströmungen ihre Geschwindigkeit und ihren Verlauf ändern. Entweder kann ein Ökosystem flexibel innerhalb bestimmter Grenzen reagieren und ändert sich nur wenig, oder es erreicht die Grenzen seiner Belastbarkeit, was mit einer dauerhaften qualitativen und quantitativen Änderung des Artenspektrums einhergeht.

Biologisch bedeutsame Folgen des klimatischen Wandels sind z. B. die Einwanderung neuer Arten, die die einheimischen verdrängen, eine Verschiebung des Nutzpflanzenspektrums, eine Versauerung der Meere durch gestiegenen Kohlensäuregehalt des Wassers, der Anstieg des Meeresspiegels mit Änderungen des Küstenverlaufs sowie die Einwanderung von Krankheitsüberträgern (z. B. verschiedene Stechmücken), Krankheitserregern und Parasiten aus den Tropen und Subtropen in die gemäßigten Zonen der Kontinente. Ein Problem stellt auch die Freisetzung zusätzlicher CO_2-Mengen aus den riesigen Moorgebieten der Dauerfrostregionen Asiens und Kanadas dar. Beim Auftauen der Moore beginnen Bakterien und Pilze, die im Torf gebundenen Kohlenhydrate energetisch zu verwerten und dabei CO_2 zu erzeugen. Durch diese positive Rückkopplung beschleunigt sich die Erwärmung der Atmosphäre zusätzlich.

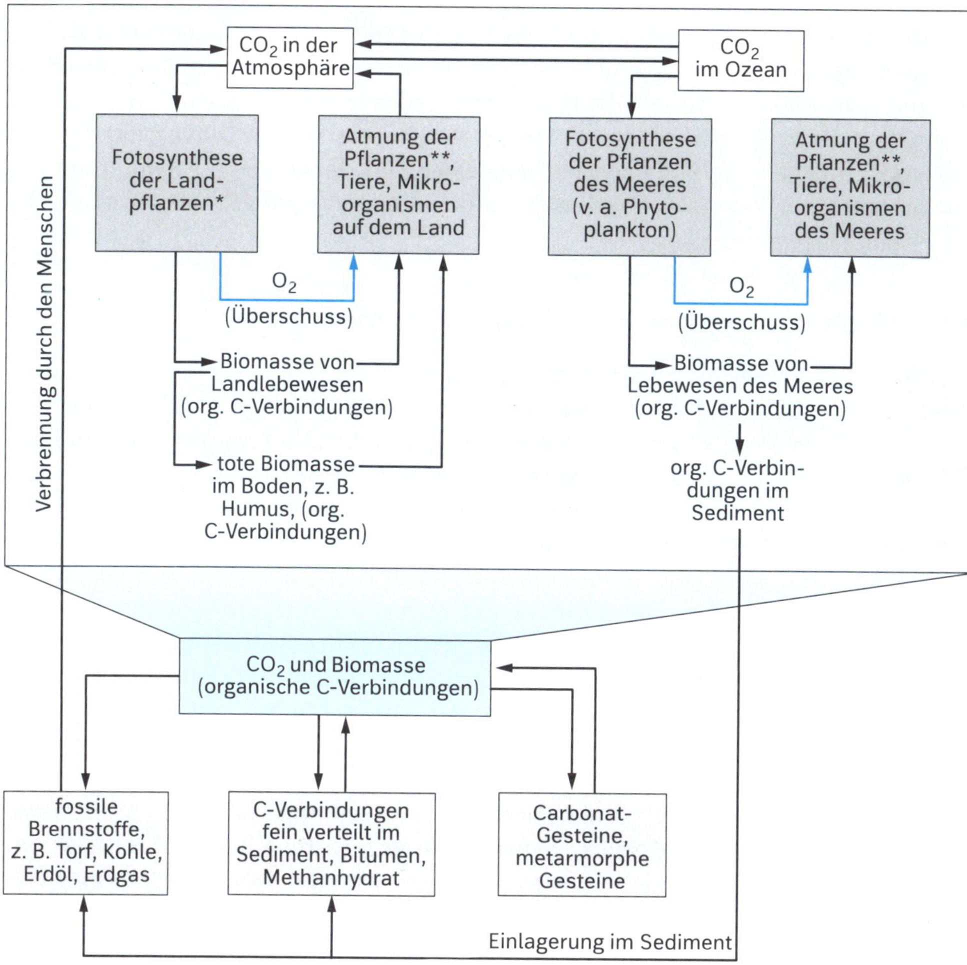

Der globale Kohlenstoffkreislauf. Die Abbildung beschreibt den Kurzzeit- wie den Langzeitstofffluss von Kohlenstoff

Kurzzeitig (oberer Teil der Abbildung) fixieren alle grünen Pflanzen CO_2 aus ihrer Umgebung (Luft oder Wasser) in der Fotosynthese. Unter Energieaufwand wird der Kohlenstoff reduziert und in speicherfähigen energiehaltigen Kohlenhydraten und Fetten, aber auch in nahezu allen anderen von den Pflanzen produzierten organischen Verbindungen festgehalten. So entsteht pflanzliche Biomasse, deren Kohlenstoffverbindungen über Nahrungsketten und Nahrungsnetze zu Konsumenten bzw. Destruenten gelangen, umgebaut und abgebaut werden und schließlich als Endprodukt von Zellatmungsprozessen in Form von CO_2 wieder in die Atmosphäre bzw. in die Meere abgegeben werden.
Ein sehr geringer Teil organischer Kohlenstoffverbindungen wird in Meeressedimenten eingelagert (unterer Teil der Abbildung) und bildet im Laufe langer Zeiträume fossile Brennstofflager, liegt fein verteilt in Sedimenten und als Methanhydrat am Meeresgrund vor. Der Mensch greift in diesen natürlichen Stofffluss ein, indem er fossile Brennstofflager ausbeutet und die dort über Millionen von Jahren gespeicherten Kohlenstoffverbindungen in sehr kurzer Zeit verbrennt.
Ehe es auf der Erde Lebewesen gab, existierten bereits Kohlenstoffverbindungen in Carbonatgesteinen und metamorphen Gesteinen, aus denen durch Verwitterung und vulkanische Ereignisse CO_2 freigesetzt wurde und die Ausgangsbasis für sämtliche Lebensvorgänge auf der Erde war.

Aquatische Ökosysteme: Salzwasser – Meere

Meere bedecken mit ihrer Fläche den größten Teil der Erde. Sie stellen aufgrund ihrer großen Fläche und ihres riesigen Volumens kein einheitliches Ökosystem dar, sondern müssen in sehr viele verschiedene Biotope gegliedert werden. Flachwassermeere wie die Nordsee mit ihren Gezeiten bieten völlig andere Lebensbedingungen als z. B. tropische Korallenriffe oder lichtlose Tiefseeräume. Ihnen gemeinsam ist ein bestimmter Salzgehalt, der gebietsweise schwanken kann, im Vergleich zu den Verhältnissen im Süßwasser jedoch einen wesentlichen Unterschied ausmacht. Das Salz wurde in Millionen von Jahren durch den globalen Wasserkreislauf aus dem verwitterten Gestein des Festlandes gelöst, über die Zuflüsse des Festlandes in die Meere transportiert und verbleibt dort. Kaltes, salzhaltiges Wasser ist dichter als warmes, salzarmes Wasser. Aus Dichte, Salzgehalt und Temperatur des Wassers sowie Erdbewegung und Windströmungen resultieren die Meeresströmungen, die ihrerseits die terrestrischen Klimate beeinflussen. In Meeren hängt die Regulationsfähigkeit der Ökosysteme ebenfalls stark von der Temperatur und dem Nährsalzgehalt sowie damit verbunden der Dichte des Wassers ab: In polaren Meeren dauern Abbauprozesse sehr lang, in tropischen Meeren sind bestimmte Biozönosen besonders störanfällig und reagieren empfindlich auf eine Eutrophierung oder Veränderung des pH-Werts, etwa durch die Erhöhung der CO_2-Konzentration in der Atmosphäre (z. B. Korallenriffe).

Aquatische Ökosysteme: Süßwasser – Gewässer

Natürliche Süßwasserseen und Fließgewässer zeigen so wie die Meere eine räumliche Gliederung, die durch die abiotischen Faktoren Licht, Temperatur, Wasserdichte, Nähr-

salzgehalt und Fließgeschwindigkeit bestimmt sind. Künstliche Süßwassergewässer wie Teiche und Baggerseen zeigen ähnliche Erscheinungen. Kleinstgewässer wie Tümpel und Pfützen sind durch ihre relativ kurze Existenz, z. B. nach einem Niederschlag, gekennzeichnet. Hier leben besonders Organismen, die sich im Rahmen einer r-Strategie fortpflanzen.
Süßwasserseen und Fließgewässer zeigen so wie die Meere eine räumliche Gliederung, die durch die abiotischen Faktoren Licht, Temperatur, Nährsalzgehalt und Fließgeschwindigkeit bestimmt sind.

a. Ökosystem See (Aufg. 5)

Die Lebensräume eines Sees lassen sich nach dem Einfluss abiotischer und biotischer Umweltfaktoren räumlich und zeitlich gliedern. Das Vorkommen von Licht bestimmt die Nährschicht (trophogene Zone), in der mehr Nährstoffe durch Fotosynthese aufgebaut als durch Atmung abgebaut werden. Unter der Nährschicht befindet sich die Zehrschicht (tropholytische Zone), in der Abbauvorgänge überwiegen.
Die Temperatur des Wasserkörpers und damit die jeweilige Dichte des Wassers ändern sich im Lauf des Jahres. Während im Sommer nur die leichtere Deckschicht und Teile der Sprungschicht vom Wind umgewälzt werden (Sommerstagnation), schichten Stürme zwischen Herbst und Frühjahr den ganzen Wasserkörper inklusive aller Ionen und Gase (z. B. Sauerstoff, Kohlenstoffdioxid) um (Vollzirkulation). Denn dieser besitzt aufgrund abnehmender Temperatur in den oberen Zonen über den ganzen Wasserkörper hinweg eine gleichmäßige Dichte und damit keine stabile Schichtung. Durch weiter sinkende Temperaturen ergibt sich dagegen bei Dauerfrost im Winter wegen der Dichteanomalie des Wassers wieder eine stabile Schichtung.

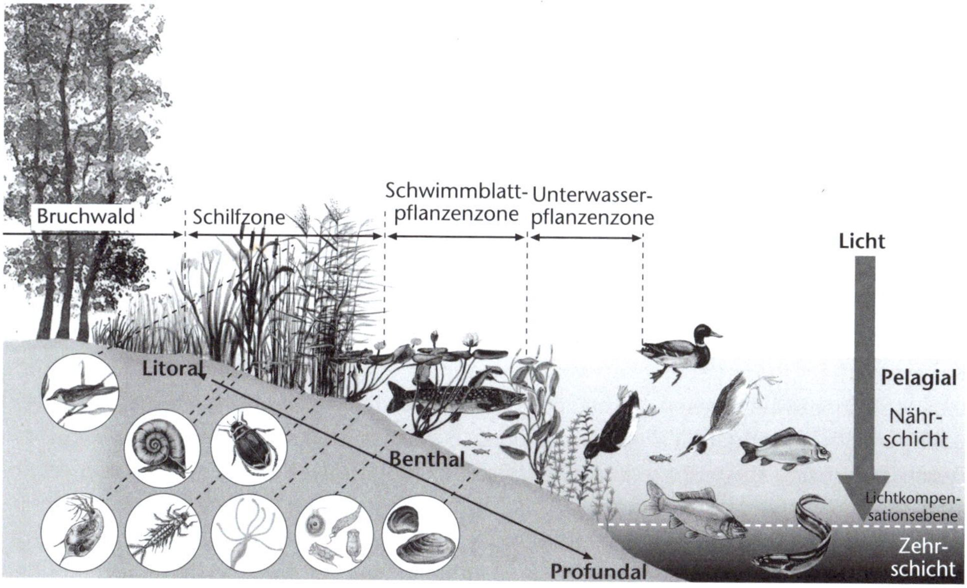

Gliederung des Ökosystems See

Der jahreszeitlich bedingte Wechsel der Strömungs- und Temperaturverhältnisse in den verschiedenen Seetypen der gemäßigten Zonen führt zu einem rhythmischen Ablauf der Stoffwechselprozesse, der Stoffflüsse sowie der Populationsgrößen der im See existierenden Organismen und damit zu einem höchst komplexen Ablauf aller im See beschreibbaren Prozesse. Die jahreszeitlichen Veränderungen haben auch eine starke Wirkung auf die ökologische Potenz der im See existierenden Arten. Hinsichtlich der Temperatur und des Sauerstoffgehalts sind manche Fische als stenöke Arten einzustufen: Seeforellen vertragen keine großen Abweichungen in der Wassertemperatur und dem damit verbundenen Sauerstoffgehalt des Wassers. Der Karpfen dagegen ist euryök, weil er nicht nur hinsichtlich seiner Ernährung, sondern auch hinsichtlich seiner Temperatur- und Sauerstofftoleranz nur geringe Ansprüche stellt. Die Purpurseerose kann als euryök hinsichtlich der Temperatur bezeichnet werden, weil sie sich als krautige Pflanze bei sinkenden Temperaturen an den Seeboden zurückziehen kann, an dem die Temperaturunterschiede nicht so groß sind. Der Schlammröhrenwurm *Tubifex* ist euryök, weil er den im Faulschlamm stark schwankenden Sauerstoffgehalt durch seine Verhaltensweisen kompensieren kann: Je geringer der Sauerstoffgehalt des Schlamms ist, desto weiter ragt er mit seinem Körperende in den Wasserraum und desto intensiver sorgt er durch Schlängelbewegung für die Zufuhr sauerstoffreicheren Wassers. Erst wenn auch das Wasser sehr sauerstoffarm wird, verlangsamt er seine Bewegung und spart so Energie. Jahreszeitlich bedingt ändern sich die Stoffflüsse von Kohlenstoff und Sauerstoff ganz erheblich.

b. Eutrophierung und Verlandung

Gelangen in ein Gewässer zusätzliche Mineralsalze, z. B. durch eingespülte Sedimente der Umgebung oder Nährsalzeinträge durch zu hoch dosierte Düngegaben (Mineraldünger und Gülle) der Landwirtschaft, nimmt die Pflanzenproduktion im Gewässer und damit über die Nahrungskette auch die Produktion der übrigen Biomasse zu.
So finden sich z.B. in Mecklenburg-Vorpommern oligotrophe Seen mit wenigen Pflanzen und sehr klarem Wasser, die durch Grundwasserquellen gespeist werden. Eutrophe Seen in der Nachbarschaft erhalten über Oberflächengewässer einen erheblichen Eintrag von Pflanzennährstoffen und verlanden dadurch schneller.
Die Zunahme der Pflanzenmasse eines stehenden oder langsam fließenden Gewässers kann durch Schattenbildung und nächtliche Atmungsprozesse der Pflanzen dazu führen, dass unter dieser Schicht der erhöhte Sauerstoffbedarf zum Abbau überschüssiger Biomasse durch Konsumenten und Mineralisierer nicht gegeben ist. Diese Eutrophierung führt zu verstärkten anaeroben Abbauprozessen durch Bakterien. Dabei entstehen vermehrt Faulgase, die höhere Lebewesen abtöten können: Das Gewässer „kippt um“, d.h., die meisten höheren Lebewesen sterben ab. Es überleben nur Arten, die an Wasser mit extrem geringem Sauerstoffgehalt angepasst sind (z. B. *Tubifex*, der Schlammröhrenwurm).
Durch langfristige starke Produktion von pflanzlicher Biomasse in einem Gewässer erhöht sich der Grund eines Gewässers, weil sich dort Sedimente verfangen; auch wachsen die Uferbereiche zu und verkleinern dadurch die offene Wasserfläche. Durch weitere Sedimenteinträge und/oder Niedermoorbildung kann im Lauf der Jahre aus einem stehenden oder sehr langsam fließenden Gewässer ein Niedermoor, später ein Hochmoor werden (siehe Kapitel Ökosystem Moor, Seite 49).

c. Ökosystem Fließgewässer

Zeitweise stabile Verhältnisse wie in einem See findet man in einen Fließgewässer nicht. Über die gesamte Fließstrecke können sich die abiotischen Faktoren mehr oder weniger stark ändern, und damit einher gehen auch Änderungen in der Besiedlung der Gewässer mit jeweils an die Situation angepassten Organismen. So ergeben sich bei Störungen, z. B. durch Einleitung von Abwässern oder durch Schmutzwasser- oder Regenwassereintrag, in Fließgewässern Situationen, die durch intensive Regelprozesse gekennzeichnet sind.

d. Gewässergüte und Selbstreinigung

Die in Fließgewässern zu beobachtende Selbstreinigungskraft von Gewässern besonders durch Mikroorganismen wird in Klärwerken technisch genutzt, indem mithilfe der im Wasser befindlichen Bakterien und Pilze organische Substanzen veratmet werden. Dafür wird zusätzlich Sauerstoff bzw. Luft in die Klärbecken geleitet. Eine genaue Diagnosemöglichkeit für die Feststellung des Verschmutzungsgrades mit organischen Substanzen stellt der „Biologische Sauerstoffbedarf" (BSB) dar. Er wird definiert durch die Menge (mg/L) an gelöstem Sauerstoff, die notwendig ist, um die biologisch abbaubaren Substanzen in einer Probe bei 20 °C abzubauen. Die Gewässerprobe wird dabei z. B. zunächst auf ihren Sauerstoffgehalt hin mit einer Sauerstoffelektrode oder mit genaueren Titriermethoden (Winkler-Methode) überprüft und dann 5 Tage lang im Dunkeln bei 20 °C gehalten. Danach wird wiederum der Sauerstoffgehalt gemessen und der Sauerstoffverbrauch berechnet.

Der Verschmutzungsgrad von Abwässern durch organische Schmutzstoffe wird regelmäßig in Klärwerken mithilfe des BSB_5-Verfahrens bestimmt. Im Durchschnitt erzeugt in Mitteleuropa eine Person pro Tag eine Belastung des Wassers, die 60 g Sauerstoff pro Liter und Tag entspricht; bei einem täglichen Wasserverbrauch von 140 l sind das 8,4 kg Sauerstoff, die für den Abbau organischer Belastung durch eine Person notwendig sind. Dafür sind etwa 30 m^3 Luft mit einem O_2-Massenanteil von 23,13 % nötig. Der Körper eines Erwachsenen verbraucht täglich zwischen 1,7 und 3,5 m^3 Luft zum Atmen.

Terrestrisches Ökosystem – Wald (vgl. Aufg. 6)

a. Gliederung und Diversität eines Waldes

Natürliche Wälder gibt es auf der Erde kaum noch. Selbst in den Tropen nimmt die von Menschen nicht beeinflusste Waldfläche laufend ab. Naturnahe Wälder zeigen durch Mosaikbildung (s. u.) kein einheitliches Aussehen, sind aber aufgrund der jeweiligen Lichtverhältnisse häufig durch eine vertikale Gliederung (Stockwerkbau) gekennzeichnet. Eine bodennahe, mit wenig Licht versorgte Moos- und Krautschicht wächst unterhalb einer Strauchschicht, die wiederum im Schatten der Baumschicht steht. Frühblüher des Waldes sind an die jahreszeitlich unterschiedlichen Lichtverhältnisse der Laubwälder in den mittleren Breiten besonders deutlich angepasst.

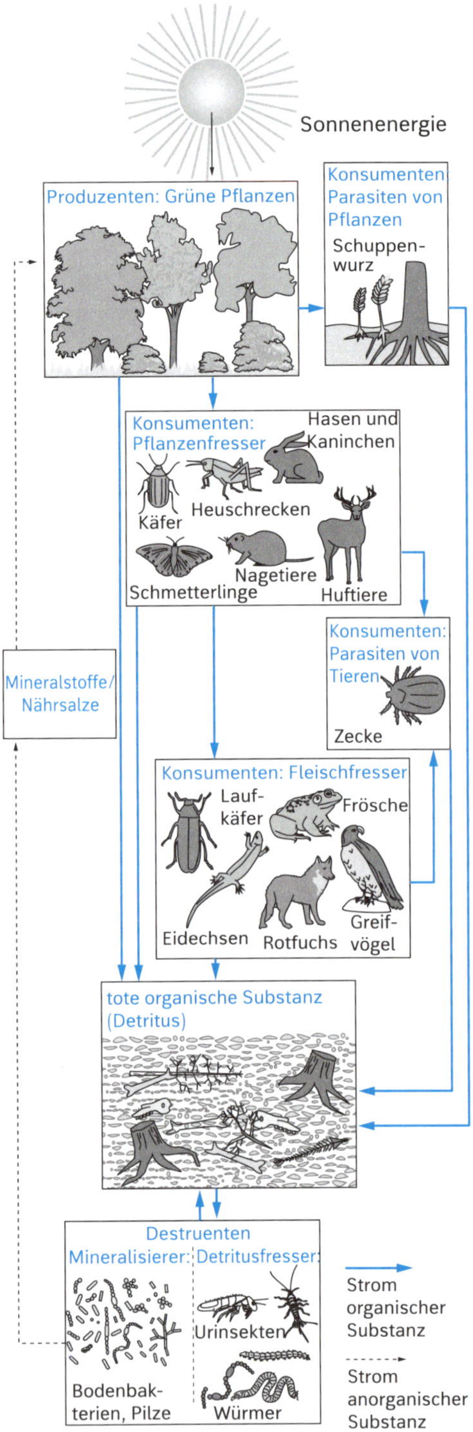

Wie andere lebende Systeme auch ist das Ökosystem Wald so stabil, dass seine Lebensbedingungen in gewissen Grenzen langfristig erhalten bleiben. Pflanzen in Wäldern senken durch Verdunstung die Temperatur in der Umgebung, erhöhen die Luftfeuchtigkeit und damit die Niederschlagswahrscheinlichkeit, beeinflussen durch Protonenabgabe der Wurzeln den pH-Wert des Bodens und gehen Symbiosen ein (z. B. Mykorrhiza), mit denen sie ihre ökologische Potenz erhöhen. Dies geschieht zum einen dadurch, dass Pflanzen von bestimmten Pilzen mit Wasser und Mineralstoffen versorgt werden und die Pflanzen Glucose an den Pilz abgeben. Mykorrhizapilze beeinflussen außerdem auch die Produktion und Konzentration von Pflanzenhormonen und schützen die Partnerpflanze vor schädlichen Bakterien und Pilzen. So produzieren Mykorrhizapilze Wuchsstoffe, die von der Pflanze aufgenommen werden, verbessern die Widerstandskraft gegen Trockenheit und giftige Schwermetalle und schützen vor Schädlingen wie Phytophtora, einem Pilz, der Fäulnis der Pflanzen bewirkt. Die Pflanze produziert nicht nur Glucose, sondern auch Vitamine und Substanzen der Wachstumsförderung, die vom Pilz aufgenommen werden.

Pilze zersetzen das anfallende Totholz. Destruenten, darunter besonders viele wirbellose Tiere (Asseln, Springschwänze, Milben, Bärtierchen) ernähren sich von herabfallendem Laub, Tierkot, Pflanzen- und Tierresten.

Bakterien nutzen u. a. das Angebot an organischen Stickstoffverbindungen (Eiweiße, Aminosäuren) und oxidieren diese unter Energiegewinn zu Nitrat. All diese Mineralisierungsprozesse ermöglichen wiederum das Wachstum der Pflanzen.

b. Die Bedeutung von Mikrostandorten im Wald

Immer wieder wird auf die Bedeutung des Waldes für die Gesundheit des Menschen hingewiesen (s. o.). Wald sorgt für ein ausgeglichenes Klima und reinigt die Luft. Die durch den Wald aus der Luft gefilterten Umweltgifte und Stäube, die unter Umständen eine Belastung für Menschen darstellen, werden dadurch zu einer Belastung für die Pflanzen im Wald.
So fand man heraus, dass sich im Baumfußbodenbereich alter Buchen „Mikrostandortbereiche" befinden, die sich bezüglich ihrer Eigenschaften signifikant von denen des übrigen „normalen" Waldbodens unterscheiden. Bedingt durch die besondere Gestalt und Oberfläche von Altbuchen werden diesem Bodenbereich mit dem in großen Mengen am Stamm herunterlaufenden Wasser nicht nur die im eigentlichen Niederschlag enthaltenen Fremd- bzw. Schadstoffe zugeführt, sondern auch noch die durch die hoch emporragenden Baumkronen ausgefilterten Stäube und Aerosole. Da der Anteil des Stammablaufs am gesamten Wasser, das den Waldboden erreicht, rund 16 % beträgt, die Fläche, auf der das Wasser einsickert, dagegen nur 2 % des Waldbodens ausmacht, ergibt sich ein gegenüber dem normalen Waldboden achtfach größerer Wassereintrag in den Baumfußbodenbereich. Aus den zusätzlich z. T. erheblich höheren Stoffkonzentrationen im Stammablauf gegenüber dem den übrigen Waldboden erreichenden Wasser (= Kronentraufe) resultieren daraus (durch die Flüssigphase) Stoffeinträge in den Baumfußbodenbereich, die z. B. für Säuren das mehr als 20-fache und für einige Schwermetalle und organische Verbindungen das doppelte bis über 30-fache des Eintrags in den übrigen Waldboden betragen.
Der Baum, der in Abwesenheit von Umweltgiften für eine Anreicherung von Mineralstoffen aus Verrottungsprozessen im Kronenbereich (Tierkot, Detritus, Staub usw.) eine biologisch sinnvolle Sammlungseinrichtung für den Baumfußboden darstellt und somit die eigene Nährsalzversorgung verbessert, fungiert somit bei Umweltbelastung als Schadstoffsammler und gefährdet sich durch diese Umweltgifte, denn er erzeugt im eigenen Wurzelbereich eine Mini-„Abfalldeponie" für Schadstoffe aus der Atmosphäre, in der sich in Humus und Oberboden über viele Jahre hin Schadstoffe ansammeln.
Als Folge des hohen Eintrags und der Akkumulation der o. g. Stoffgruppen unterscheidet sich der Baumfußbodenbereich – der somit einen Anzeiger von Immissionsbelastungen darstellt – bezüglich verschiedener Merkmale ganz wesentlich von dem übrigen Waldboden. Sichtbar sind der Wandel der Vegetation und der Pflanzenartengarnitur (Auftreten ausgesprochener Säurezeiger) sowie die starke Ausbildung eines Humushorizonts, der im normalen – nicht vom Stammablauf betroffenen – Waldboden sehr dünn ist oder ganz fehlt. Unter besonderen Bedingungen können die – z. T. giftigen – Stoffe durch den massiven punktuellen Eintrag bis ins Grundwasser gelangen, weil die Speicher- und Filterfunktion des Bodens bei solchen kleinräumig konzentrierten Stofffrachten überfordert wird.
Nur mithilfe von Messgeräten sind die drastischen Änderungen des chemischen Milieus nachweisbar, z. B. der sehr deutlich abgesenkte pH-Wert, erheblich veränderte Elementkonzentrationen in der Bodenlösung und an den Austauscheroberflächen der Bodenteilchen sowie die Minderung der biotischen Aktivität. Aufwändige Untersuchungen offenbarten auch Schädigungen der feinen Baumwurzeln und der Mykorrhiza.
Da der normale Waldboden den gleichen Schadstoffen ausgesetzt ist wie der Stammfußbereich, nur eben in viel geringeren Mengen, dürfte eine über Jahrzehnte anhaltende Belastung mit Fremdstoffen später auch auf der gesamten Fläche ähnliche Folgen haben, wie sie sich schon jetzt im Baumfußbodenbereich zeigen. Dieser stellt mithin

einen Indikator für die zukünftigen Wirkungen andauernder Immissionsbelastung (auf den Bodenzustand) dar.
Im Wald führt die laufende Änderung der abiotischen Faktoren Licht, Wasser, Temperatur sowie der biotischen Faktoren Konkurrenz und Fressfeinde wegen der unterschiedlichen Konkurrenzstärke, der jeweiligen Fitness und Reproduktionsform zu einer sich ständig veränderten Artenzusammensetzung bis ein lang anhaltender Endzustand (Klimaxphase) erreicht ist.
Die meisten Arten eines Waldes in der Klimaxphase gehören wegen ihrer ausgeprägten Fähigkeit, einen Lebensraum dauerhaft zu besiedeln und ihn bis an seine Kapazitätsgrenzen zu besetzen, zu Organismen mit einer K-Strategie. Unter natürlichen Bedingungen wären große Flächen Mitteleuropas von Rotbuchenwald bedeckt.
Bei Störungen (z. B. Extremstörungen wie Windbruch, Waldbrand, Kahlschlag, aber auch „sanfte" Störungen wie Formen der nachhaltigen Forstwirtschaft) besiedeln kurzfristig Arten, die sich schnell vermehren und eine kurze Generationsdauer haben, als „r-Strategen" die gestörten Räume.
Die Neubesiedlung einer Fläche ist ein Prozess, bei dem die unterschiedliche Angepasstheit der Organismen an die jeweils herrschenden Bedingungen das Bild der Sukzession bestimmt. Voraussetzung für die jeweiligen Angepasstheiten ist die genetische Variabilität einer Art. Sogenannte Pionierpflanzen zeigen andere Eigenschaften und Merkmale als die langlebigen Pflanzen einer Klimaxgesellschaft: Die Pionierpflanzen haben eine kurze Lebensdauer, wachsen schnell in die Höhe, sind wenig verzweigt, aber auch leicht fressbar. Sie bilden Früchte nach kurzer Zeit und in

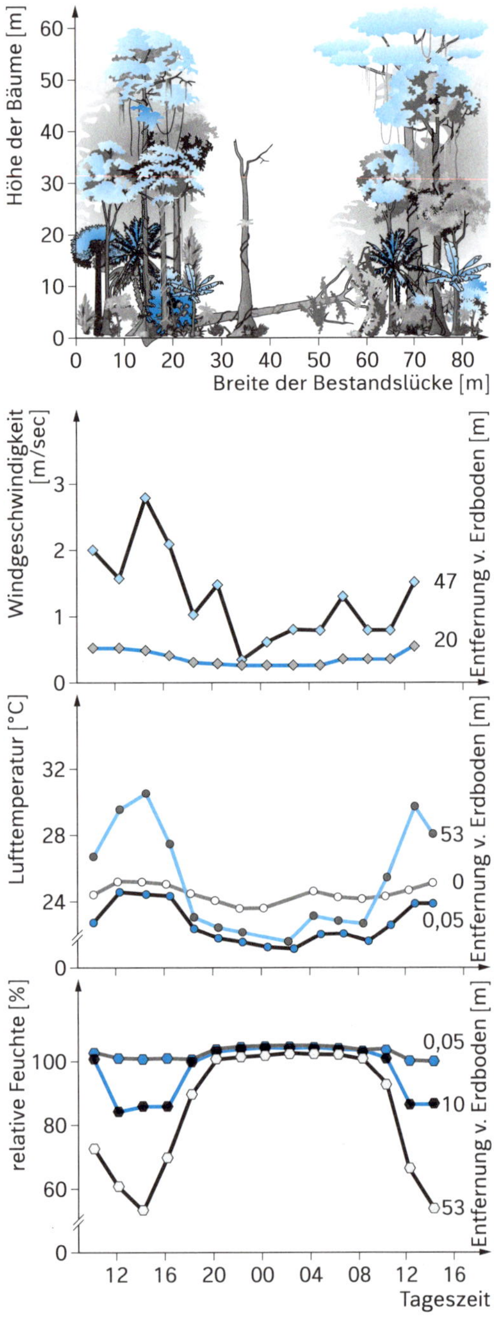

Windgeschwindigkeit, Lufttemperatur und relative Luftfeuchte in verschiedenen Entfernungen vom Boden in einer Bestandslücke im tropischen Regenwald. Die sich relativ schnell ändernden abiotischen Faktoren in der Lücke fördern die Existenz von r-Strategen.

großer Zahl. Ihre Samen werden häufig über große Entfernungen transportiert. Sämlinge von Pionierpflanzen gehen im Schatten schnell ein bzw. keimen nur in Bestandslücken.
Die Artenzusammensetzung eines Waldes wird einerseits von der Angepasstheit und Konkurrenzstärke der Pflanzen bestimmt. Andererseits wird die Artenzusammensetzung durch die abiotischen Verhältnisse im Boden (Wasserverfügbarkeit, Wassergehalt, Temperatur, pH, Nährsalzgehalt) festgelegt.
Die Artenvielfalt (Diversität) in den Wäldern der Erde ist sehr unterschiedlich. In vielen tropischen, nicht oder wenig durch menschlichen Einfluss veränderten und alten Wäldern der Tropen ist sie sehr hoch, in nicht nachhaltig wirtschaftenden Forstbetrieben mit Monokulturen niedrig.
Die Artenzahl hängt aber auch vom Entwicklungszustand des Waldes ab. Nach einer Störung steigt die Diversität und auch die Produktivität, sinkt aber nach einer bestimmten Zeit, wenn die konkurrenzstarken langlebigen „K-Strategen" den Raum zunehmend besiedeln. So gibt es Befunde, nach denen die Diversität eines durch nachhaltige Forstwirtschaft beeinflussten mitteleuropäischen Waldes, der sich unter natürlichen Bedingungen in seiner Klimaxphase zu einem artenarmen Rotbuchenwald entwickeln würde, höher ist als das Endstadium des Waldes in der Klimaxphase.
Aber auch die Produktivität des Waldes ist, wie in anderen Ökosystemen auch, in der „mittleren" Phase seiner Entwicklung höher als im Klimaxstadium. Diese Fähigkeit wird vom Menschen sowohl beim Ackerbau wie auch in der Forstwirtschaft genutzt.
Die Gesamtbiomasse eines mitteleuropäischen Waldes steigt unter natürlichen Bedingungen aufgrund zunehmender Produktivität bis zur Klimaxphase der Sukzession an und verharrt bei allmählich wieder abnehmender Produktivität auf hohem Niveau. In der Klimaxphase wird genauso viel Biomasse abgebaut wie neu produziert. Eine Zunahme der Biomasse erfolgt aufgrund der zurückgegangenen Produktivität nicht mehr.
Je länger die Klimaxphase anhält, desto größer ist die Gesamtzahl abgelaufener kleinräumiger Störungen. Auf diese Weise entsteht ein Mosaik aus unterschiedlich weit entwickelten Sukzessionsphasen. Dieses Mosaik aus Sukzessionsinseln ist typisch für natürliche und naturnahe Wälder in einer lang andauernden Klimaxphase. Auf diese Weise verjüngt sich das Ökosystem.

Terrestrisches Ökosystem – Wiese

Wiesen sind terrestrische, lichtreiche Ökosysteme der gemäßigten Zonen ohne Strauch- und Baumschicht (Ausnahme: Streuobstwiesen). Das Fehlen der Strauch- und Baumschicht ist in einigen Fällen auf abiotische Faktoren wie Wasserüberschuss und/oder physiologischen Wassermangel in Form hohen Salzgehalts im Überflutungswasser oder im Boden (bei Salzwiesen an der Küste des Wattenmeeres) oder auf Trockenheit zurückzuführen. Häufiger aber werden sie durch kulturelle Faktoren wie das wiederholte Abmähen (Mahd) bestimmt.
Während Wiesen und mitteleuropäische Weiden, die nicht unter Wasserüberschuss oder Wassermangel leiden, unter natürlichen Bedingungen sich im Rahmen der natürlichen Sukzession zu Wäldern weiter entwickeln würden, gilt dies nicht für Steppen. Diese findet man in bestimmten Klimaten, die sich durch eine geringe Jahresniederschlags-

menge (300 – 450 mm) mit trockenen heißen Sommern und kalten, niederschlagsarmen Wintern auszeichnen.
Wiesen unterscheiden sich von Weiden dadurch, dass die pflanzliche Jahresproduktion auf Wiesen vergleichsweise gering ist, die Produktivität andererseits unter guten Bedingungen relativ hoch ist. Die relativ hohe Produktivität ist Ergebnis von Anpassungsprozessen an die durch die Mahd bestimmte Kurzlebigkeit der oberirdischen Pflanzenteile und stellt somit die Form einer r-Strategie dar. Der hohe Selektionsdruck durch ein- oder mehrmaliges Mähen im Jahr lässt Pflanzen, deren oberirdische Teile aufgrund eines unten am Spross liegenden Wachstumsgewebes schnell nachwachsen können (z. B. Gräser und Pflanzen der Trittrasengesellschaften), sowie Pflanzen mit unterirdischem Nährstoffspeicher (Speicherwurzeln und Zwiebeln) und Lichtkeimer besser als andere Formen überleben.
Wachstum und Fortpflanzung der Wiesenpflanzen werden durch die Häufigkeit und den Zeitpunkt der Mahd bestimmt. Bei geringer Produktivität auf nährsalzarmen Böden und bei Wassermangel kann nur einmal im Jahr gemäht werden, weil sonst der Boden zu schnell verarmen würde. Es bilden sich unter diesen Bedingungen Pflanzengesellschaften aus, deren Arten viele ökologische Nischen sehr differenziert besetzen und sich in ihrer jeweiligen Konkurrenzfähigkeit ähneln, sodass keine Art überhand nehmen kann.

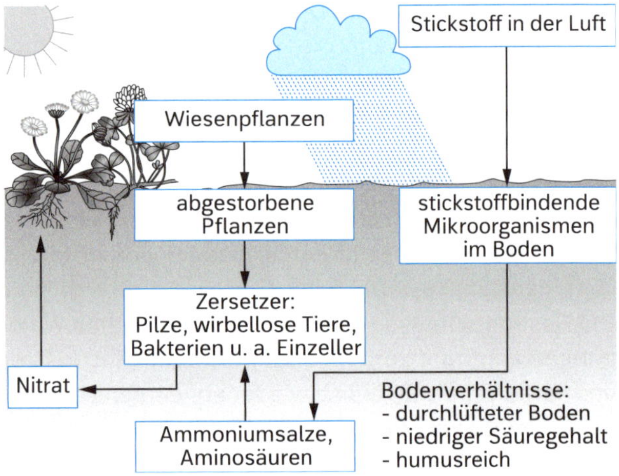

Stickstofffluss im Ökosystem Wiese

In den europäischen Kulturlandschaften finden sich auch Mischformen zwischen Wiesen und Weiden sowie Mischformen zwischen landwirtschaftlich genutzten Wiesen und natürlich vorkommenden Magerrasen.
Wie im Wald lässt sich das Biotop einer Wiese in „Stockwerke", also vertikal nach Luftfeuchtigkeit, Lichtmenge, Luftbewegung, in der Tiefe nach Sauerstoff- und CO_2-Gehalt, Menge des organischen Materials, pH-Wert und Feuchte gliedern.
Im Boden lebt zwischen und an den Pflanzenwurzeln eine artenreiche Gruppe von Destruenten (Springschwänze, Regenwürmer, Asseln) und Mineralisierern (Bakterien, Pilze). Unterirdisch wühlende Wirbeltiere (Mäuse als Primär-, Maulwurf als Sekundärkonsument) verändern laufend die oberen Bodenschichten und beeinflussen das Wurzelwachstum durch Fraß oder Störung des Kontakts der Wurzeln mit dem Boden. Mäuse dienen tag- und nachtaktiven Vögeln (Turmfalke, Mäusebussard, Wiesenweihe) und Säugern (Wiesel, Fuchs) als Nahrung.
Auf dem Boden in der vergleichsweise dünnen Streuschicht und auf dem untersten Stockwerk leben neben vielen Destruenten Lauf- und Aaskäfer, Tausend- und Hundertfüßer und Kletterer wie Ameisen und Wolfsspinnen. Im mittleren Stockwerk eines Wie-

senbiotops findet man überwiegend obligate Pflanzenbewohner, die als Primär- oder Sekundärkonsumenten diesen Raum besiedeln (Ameisen, Blattläuse, Heuschrecken, Zikaden, Marienkäferlarven). Die obere lichtreiche Schicht mit Blüten und Fruchtständen wird besonders von Web- und Krabbenspinnen, Hummeln und anderen Wildbienen, Raubwanzen und Schmetterlingen bevölkert.
Wiesen gehören zu den sehr dynamischen Ökosystemen, weil sich die Lebensbedingungen im Laufe des Jahres sehr schnell ändern. Insekten, die in Pflanzenteilen leben, können sich auf Dauer auf einer Wiese nicht halten, wenn mit der Mahd ihre Habitate entfernt werden. Erfolgt eine Mahd kurz vor der Blüte, hat das erhebliche Auswirkungen auf die Existenz der Populationen von Blüten besuchenden Insekten. Durch das schnelle Pflanzenwachstum nach einer frühsommerlichen Mahd wird das Populationswachstum von bestimmten Pflanzenfressern wie Wanzen und Blattläusen, die ihrerseits ja Teil von Nahrungsnetzen sind, positiv beeinflusst. Wird nach der Fruchtreife der meisten Pflanzen gemäht, können sommerliche Lebensräume sowie die Pflanzenvielfalt erhalten werden. Pflanzen, die zwischen einer ersten (z. B. Mai) und zweiten (z. B. September) Mahd schnell wachsen und sich fortpflanzen können, sind gut an das Wiesenleben angepasst. Andere fruchten kurz vor der ersten Mahd (z. B. Löwenzahn), weitere Arten entwickeln sich erst nach der ersten Mahd aus einer dicht am Boden liegenden Blattrosette (z. B. Wilde Möhre). Auch eine Blüte nach der zweiten Mahd und die Samenbildung im folgenden Jahr (Herbstzeitlose) zeigt die Angepasstheit an die Lebensbedingungen einer Wiese. Um die Artenvielfalt einer Wiese zu erhöhen, ist also der richtige Zeitpunkt einer Mahd ausschlaggebend.
Nur wenige Vogelarten können auf einer Wiese dauerhaft leben. Gut angepasste Vögel sind z. B. Wiesenpieper, Braunkehlchen, Feldlerche und Ammern. Aber alle diese Arten sind durch eine intensive Nutzung von Wiesen stark gefährdet. Für die Erhaltung dieser Arten ist also ebenfalls der richtige Zeitpunkt der Mahd von größter Bedeutung.

Terrestrisches Ökosystem – Moor

Moore sind Lebensräume, die sich durch einen hohen Grundwasserstand und geringen Nährsalzgehalt auszeichnen. Sie unterscheiden sich hauptsächlich in ihrer Gestalt (Nieder- oder Flachmoor, Zwischenmoor und Hochmoor). In Niedersachsen sind besonders Flachmoore und Hochmoore verbreitet. Beide Moortypen stellen Ausschnitte einer Sukzession dar. Voraussetzung für die Entstehung und andauernde Existenz eines Moores ist einerseits ein dauernd feuchtes Klima mit kühlen Sommern. Die Temperaturen können im Winter zwischen 0 °C und starkem Frost schwanken. Andererseits herrschen in einem Moor charakteristische Pflanzen vor. Besonders Torf-

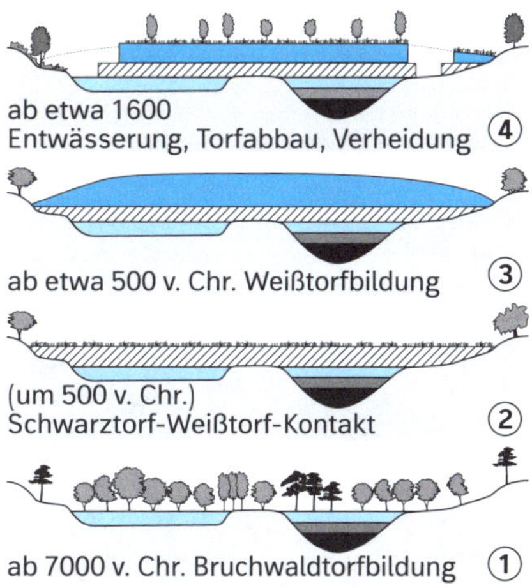

Moorbildung in Niedersachsen. Die Darstellung der verschiedenen Stadien zeigt beispielhaft den Ablauf einer Sukzession.

moose der Gattung Sphagnum, die die Eigenschaft haben, sehr gut Wasser speichern zu können, erhalten das Moor.

Die Torfmoose bilden aufgrund ihrer besonderen Wasserspeicherfähigkeit Polster aus und sorgen allmählich dafür, dass sich die Oberfläche des Moores über die nicht vernässte Umgebung oder den Grundwasserstand erheben kann, sodass das Moor eine uhrglasförmige Oberflächenform bildet. Der zusätzliche Anstieg des Meeres- und damit auch des Grundwasserspiegels aufgrund des Abschmelzens der Gletscher aus der letzten Eiszeit begünstigte die Entwicklung der norddeutschen Moore.

Bei Bohrungen im Moor lässt sich das Alter der verschiedenen Moorschichten mit der C14-Methode sowie die Zusammensetzung bestimmen. Die Bohrkerne können durch einen Vergleich auch deutlich machen, wo die Moorbildung begonnen hat. (Abb. Vergleich von Bohrkernen)

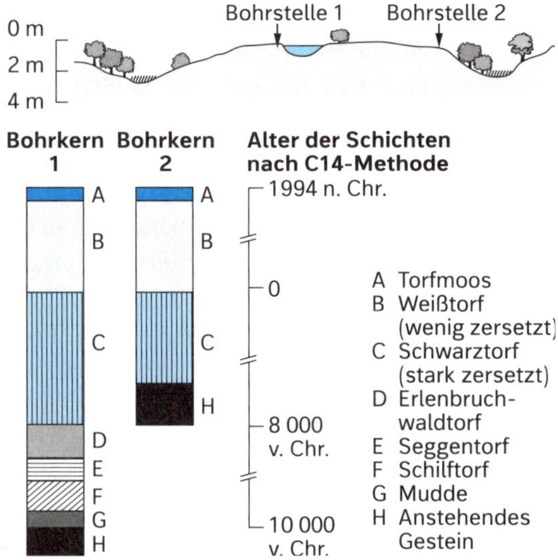

Zwei an verschiedenen Stellen gewonnene Bohrkerne aus dem Moor lassen Rückschlüsse auf die Entstehung des Moors zu.

Moore werden aufgrund ihres geringen Nährsalzgehalts und aufgrund der Tatsache, dass sie durch Niederschlagswasser gespeist werden, als oligotroph und ombrogen bezeichnet. Die meisten Moore, die seit dem Beginn ihrer Entstehung in der Nacheiszeit vor etwa 10.000 Jahren in Niedersachsen existierten, sind in den letzten Jahrhunderten aufgrund des Bevölkerungsdrucks und der Notwendigkeit, Flächen landwirtschaftlich nutzen zu können, verschwunden.

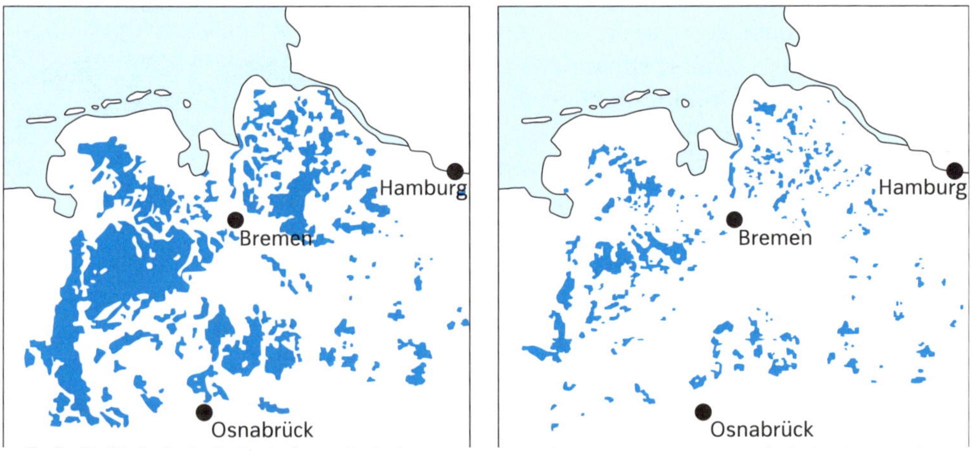

Umwandlung von Moorflächen in landwirtschaftlich genutzte Flächen in den letzten 200 Jahren in Niedersachsen

In einem ganzjährig feuchten Klima fällt mehr Niederschlag als Oberflächenwasser verdunstet (N > V). In den Moorgebieten entsteht so eine Wasserbewegung von oben nach unten, sodass Kalksalze, die im mineralischen Untergrund gelöst sein könnten, und die die meisten Pflanzen brauchen, nicht nach oben gelangen. Während Pflanzen auf kalkreichen Böden bis zu 6 % Kalk in der Trockenmasse enthalten können, finden sich im Hochmoortorf nur 0,2 bis 0,4 % Kalk in der Trockenmasse.

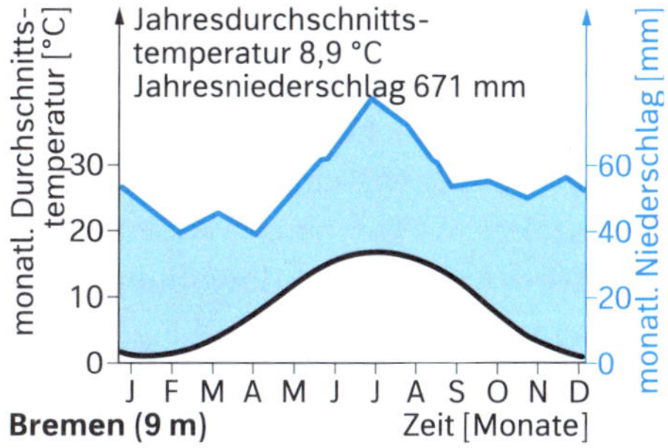

Klimadiagramm von Bremen zeigt die für die Moorbildung in Norddeutschland klimatischen Bedingungen

Verschiedene Torfmoosarten zeigen unterschiedliche Fähigkeiten der Wasserspeicherung, die es ihnen erlauben, unterschiedlich hoch über den Grundwasserspiegel zu wachsen. So finden sich an der höchsten Stelle eines Hochmoores andere Arten als im Bereich von Schlenken oder im Randbereich.

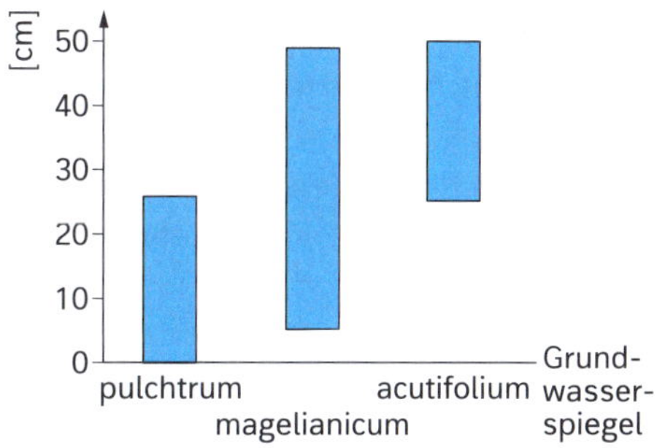

Wachstum verschiedener Sphagnum-Arten in unterschiedlichen Höhenbereichen über dem Grundwasserspiegel

Torfmoose sind an eine nährsalzarme Umgebung angepasst. Bei einem pH-Wert von 3,5 – 4,0 können Torfmoose gut gedeihen. Pflanzen scheiden Hydroniumionen (H_3O^+) bzw. Protonen (H^+) aus und nehmen dafür Mineralsalze (z. B. Ca^{2+}, NH^{4+}, Ammonium, oder NO^{3-}, Nitrat) auf. Die besonders starke Abgabe der Hydrogeniumionen bzw. Protonen bei Torfmoosen führt allerdings zu einer so starken Ansäuerung des Umgebungswassers, dass ein Aufkommen von nitrifizierenden Bakterien, die bei einem pH zwischen 7 und 8 ihr Wirkungsoptimum haben und unter einem pH-Wert von 5 nicht wachsen können, verhindert wird. Organisch gebundener Stickstoff kann also im Hochmoor durch Mineralisierer nicht über Nitrit zu Nitrat oxidiert werden.

Der hohe Wassergehalt verhindert ein Wachstum von Pilzpopulationen. Die geringen Möglichkeiten für Destruenten und Mineralisierer verhindern aufgrund des Mangels an verfügbarem Stickstoff das Aufkommen einer geschlossenen Pflanzendecke, die den Torfmoosen das Licht rauben könnten. Nur in Randbereichen oder auf lokal begrenzten trockeneren Standorten entwickeln sich Bulten aus Gräsern, bei längerer oberflächlicher Trockenheit können sich auch Birken und Kiefern ansiedeln, die an die Nährsalzarmut angepasst sind (Kiefern) bzw. die ähnlich wie Sphagnum große Mengen an Hydrogeniumionen abgeben können (Birken). So gelangen sie an die wenigen Nitrat-Ionen.

Torfmoose zeigen ein andauerndes Wachstum. Während sich die Sprossspitze weiter entwickelt, sterben die unteren Pflanzenteile ab und verrotten kaum, weil dazu im Untergrund der Sauerstoff fehlt. Es bilden sich unter Sauerstoffmangel bzw. Sauerstoffabschluss aus den Pflanzenbestandteilen Gerbsäuren, die das Moor zusätzlich ansäuern und Proteine denaturieren, also wasserunlöslich machen. Die Gerbsäuren

sind damit Ursache für die teilweise Erhaltung der proteinhaltigen Bestandteile von tierischen und menschlichen Körpern, die im Moor versunken sind („Moorleichen"). Der Kalk an den Knochen wird im sauren Milieu allerdings größtenteils gelöst.
An der Oberfläche eines Moores überleben besonders angepasste Pflanzen, die die Stickstoffarmut kompensieren, indem sie Harnstoff oder Ammonium aus abgestorbenen Lebewesen, das an die Umgebungsluft gelangt, aufnehmen oder im Niederschlagswasser gelöste Stickstoffverbindungen oder Stickstoff aus tierischen Lebewesen gewinnen („Fleisch fressende Pflanzen").
Ein Vergleich zwischen der Stickstoffversorgung im Ökosystem Wiese und dem Ökosystem Moor zeigt deutliche Unterschiede: Sauerstoffversorgung und pH-Wert gewährleisten im Ökosystem Wiese eine gute Nitratbildung, weil Nitrosomonas und Nitrobacter optimale Lebensbedingungen haben. Das ist im Ökosystem Moor nicht der Fall. Diese Unterschiede zwischen den beiden Ökosystemen bedingen eine höchst unterschiedliche Artenzusammensetzung hinsichtlich der Individuenzahl der Populationen wie auch der Artenvielfalt. Beide sind jedoch Beispiel für artenreiche terrestrische Ökosysteme, wobei die Wiese das Ergebnis von Kultivierungsmaßnahmen und/oder natürlichen Prozessen, das Moor das Ergebnis ausschließlich natürlicher Prozesse ist. Moore stellen damit in Mitteleuropa die einzigen noch verbliebenen Naturlandschaften dar.
Somit ist das Moor ein Sonderfall unter den terrestrischen Ökosystemen, das nur unter bestimmten klimatischen Bedingen entstehen und sich halten kann. Moore speichern langfristig mehr CO_2 als sie abgeben. Sie stellen sogenannte Kohlenstoffsenken dar und sind von großer Bedeutung für die Reduzierung des CO_2-Gehalts der Atmosphäre. Werden wesentliche abiotische Faktoren dieses Ökosystems verändert, wie es z. B. in der nordwestdeutschen Fehnkultur durch Entwässerung (Drainage), Vermischung mit dem sandigen, mineralischen Untergrund, Düngung und Kalkung geschah, wird dieses Ökosystem vollständig zerstört. Die „Inwertsetzung" von Moorgebieten durch landwirtschaftliche Kultivierung und Nutzung war also nur ökonomisch sinnvoll, aber ökologisch für die Stabilität des globalen Klimas kontraproduktiv. Der ökologische Schaden einer Kultivierung von Moorflächen ist unter heutigen Bedingungen höher als der ökonomische Gewinn.

Methoden der Bestandsaufnahme

Abiotische Faktoren:
Luftfeuchtigkeit bzw. Temperaturunterschiede zwischen einem Laubwald, einem Nadelwald, einer offenen Ackerfläche und einer versiegelten Fläche (z. B. Straße) lassen sich mit einem Hygrometer bzw. Thermometer, das jeweils in gleichem Abstand vom Boden gehalten wird, feststellen. Datum und Wetter sollten bei der Messung mit erfasst werden; nach Möglichkeit sollten die Messungen unter gleichen Bedingungen stattfinden. Die Lichtmengen in verschiedenen Schichten des Waldes können mit einem Photometer bestimmt werden. Auch hier ist bei einem Vergleich zwischen verschiedenen Biotopen auf gleiche Messbedingungen zu achten.
Der pH-Wert der verschiedenen Bodenschichten kann annäherungsweise mit Messtreifen, die an den feuchten (bzw. angefeuchteten) Boden gehalten werden, bestimmt

werden. Genauere Angaben erfordern ein labormäßiges Vorgehen, indem z.B. nach einer Laboranweisung titriert wird.
Die Lichtmengen in verschiedenen Schichten des Waldes können mit einem Photometer bestimmt werden. Auch hier ist bei einem Vergleich zwischen verschiedenen Biotopen auf gleiche Messbedingungen zu achten.

Biotische Faktoren:
Mikroorganismen können in geschlossenen Gefäßen (Hohlschliffobjektträger mit Ring und Deckglas bzw. geschlossenen Petrischalen), in die eine Probe auf ein Nährmedium gegeben wird, untersucht werden (Mikroskop bzw. Stereolupe). Die Gefäße müssen nach dem Bebrüten im Trockenschrank bei etwa 30 °C geschlossen bleiben, da sich in ihnen auch gesundheitsschädliche Keime entwickeln können.
Wirbellose Tiere (oberirdisch lebende) Milben, Spinnen, Insekten, Würmer usw. lassen sich tagsüber mit einer Schüttelprobe bestimmen: Unter einen Ast oder Gesträuch wird ein weißes Tuch ausgebreitet und dann wird auf den Ast geschlagen bzw. der Ast oder das Strauchwerk kräftig geschüttelt. So können Kleintiere auf das Tuch geschüttelt und dann mit einer Bestimmungshilfe und einer Lupe bestimmt bzw. gezählt werden. Die Tiere der Streuschicht sind mit einem Berlese-Apparat aus der Streuschicht in ein Auffanggefäß zu treiben und können dann bestimmt und gezählt werden.
Pflanzen können mit einer Bestimmungshilfe (Bestimmungsbuch oder App im Smartphone) identifiziert werden. Für die Feststellung des Bedeckungsgrades der verschiedenen Schichten ist mit einer Schnur eine quadratische Fläche von 10 x 10 m abzugrenzen. In dieser Fläche wird dann der Bedeckungsgrad durch Individuen der vorher bestimmten Pflanzenart geschätzt.
Das zahlenmäßige Vorkommen von Pflanzen kann auch dazu verwendet werden, den Vegetationstyp bzw. den Standort in ökologischer Hinsicht genauer festzulegen. Dazu existieren vereinfachte Tabellen der Ellenbergschen Zeigerwerte, in denen Pflanzen mit ihren Zeigerwerten dargestellt sind. Die Auswertung der Zeigerwerte aller Pflanzen gibt Auskunft über den Standort hinsichtlich Licht- und Wasserbedarf bzw. -toleranz der Pflanzen, Mineralstoffgehalt des Bodens, pH-Wert usw. Die Auswertung der Zeigerwerte erspart die Messungen des pH-Wertes, der Bodenfeuchte, des Nitratgehaltes im Boden usw.

Nachhaltige Nutzung und Erhaltung von Ökosystemen

Alle lebenden Systeme, von der Zelle bis zum Ökosystem, sind dynamisch. Sie haben Entwicklungspotenzial, zeigen Selbstregulation und Flexibilität. Sie können auf Einflüsse von außen reagieren, sodass trotz aller Dynamik das System stabil bleibt. Das gilt aber nur innerhalb bestimmter Grenzen.
Wälder z. B. haben eine herausragende ökologische und wirtschaftliche Bedeutung für den Menschen. Sie liefern Holz und erneuerbare Energien, filtern Schadstoffe aus der Luft, regulieren das Klima und speichern Wasser. Im Gebirge bieten sie Schutz vor Lawinen. Menschen erholen sich im Wald und gestalten dort ihre Freizeit. Sie bieten Arbeitsplätze und Nahrung. Die nachhaltige Bewirtschaftung von Wäldern kennt man in Europa schon Hunderte von Jahren, weil man schon früh erkannt hat, dass übermäßige Nutzung des

Waldes nicht nur zu schwer wieder rückgängig zu machenden Veränderung der Kulturlandschaft führt, sondern diese Veränderungen große Nachteile für die dort lebenden Menschen mit sich bringt. Aktuelle Beispiele sind die Abholzungen in den tropischen Wäldern zur Gewinnung von Edelhölzern sowie zum Anbau von Ölpalmen, Sojabohnen oder Schaffung von Viehweiden. Hohes Bevölkerungswachstum führt z. B. in Afrika zu verstärkten Brandrodungsmaßnahmen; Industrieunternehmen ersetzen in Südostasien den tropischen Regenwald durch riesige Plantagen, auf denen Ölpalmen angebaut werden. Das Öl dieser Palmfrüchte wird hauptsächlich für Treibstoffe und zur Energieerzeugung verwendet.
Der Waldverlust kann zu klimatischen Änderungen führen. Der Brennholzbedarf der Landbevölkerung besonders in Westafrika und Südamerika führt zum völligen Fehlen einer Dauervegetation. Dadurch kommt es zu verstärkter Bodenerosion und einer Abnahme der wirtschaftlichen Tragfähigkeit. Wanderungsbewegungen sowohl in die Städte wie auch in andere landwirtschaftlich genutzte Regionen führen zu ethnischen Konflikten vor Ort. Weitere Wanderungsbewegungen führen zu globalen Migrationsproblemen. Eine nachhaltige Bewirtschaftung orientiert sich an dem langfristigen Ziel, die natürlichen Ressourcen der Erde so zu verwerten, dass sie sich regenerieren können und den Menschen dauerhaft zur Verfügung stehen.
Die Verschmutzung aller Gewässer der Erde, von Bächen über Flüsse bis hin zu den Meeren nimmt auch heute noch zu. Dadurch wird in vielen Ländern der Erde u. a. die Versorgung der Bevölkerung mit Trinkwasser gefährdet. Industrieländer verringern seit Ende des 19. Jhts. die Verschmutzung von Süßwasserseen und Fließgewässern, indem Kanalisations- und Kläranlagen gebaut wurden und die Abwässer nicht mehr direkt in Fließgewässer, Seen oder Meere geleitet werden. Aber nicht jede vom Menschen verursachte Verschmutzung wird durch Technik wieder beseitigt. So verschmutzt auch heute noch das Abwasser der Kali-Industrie in Thüringen und Südniedersachsen das Wasser der Werra und der Weser. Die Verschmutzung dort ist so stark, dass Süßwasser-Organismen kaum in diesen Flüssen leben können und die Gewässer tot wirken. Kläranlagen findet man in den Ballungsräumen der Schwellenländer wenig, in den Entwicklungsländern so gut wie gar nicht. Bergbauunternehmen hinterlassen häufig große Mengen an chemisch verseuchtem Wasser (z. B. Quecksilber bei der Goldgewinnung), welches durch den biologischen Abbau in Kläranlagen nicht gereinigt werden kann und auf chemischem Weg aufwendig saniert werden müsste.
Der hohe Lebensstandard, an den wir uns gewöhnt haben, ist nur mit einem sehr hohen Energieeinsatz und dem Umsatz großer Stoffmengen möglich. So benötigt z. B. die Produktion eines PKW etwa 300 000 l Wasser, welches aber nach Möglichkeit im Produktionsprozess gereinigt und wieder verwendet wird. Durch Entnahme von Ressourcen (Bodenschätze, Wasser, Sauerstoff, Biomasse, pflanzliche und tierische Nahrungsmittel) sowie Abgabe von nicht benötigten Substanzen in die Umwelt (z. B. CO_2 bei allen Verbrennungsprozessen, Giftstoffe, Antibiotika, radioaktive Substanzen usw.) kommt es zu Veränderungen in Ökosystemen, die nicht mehr ausgeglichen werden können. Aquatische Ökosysteme eutrophieren und „kippen um", durch das Abholzen tropischer Regenwälder gehen die Artenvielfalt und damit genetische Ressourcen verloren. Der globale Temperaturanstieg entsteht unter anderem durch zu hohen CO_2-Ausstoß (Verbrennung von Gas, Erdölprodukten, Kohle, Torf) sowie durch verstärkte Methanproduktion (Rinderhaltung, Reisanbau).

Schon jetzt wird die globale CO_2-Produktion nicht mehr durch globale CO_2-Fixierung beim Prozess der Fotosynthese oder durch das Lösen im Meerwasser ausgeglichen. Ziel menschlichen Wirtschaftens muss daher sein, die Produktionskapazitäten ökologischer Systeme, aber auch sozialer Systeme (Bevölkerungen) dauerhaft und über die Generationen hinweg zu erhalten. Da sich Umwelt, Wirtschaft und Gesellschaft gegenseitig beeinflussen, wird es langfristig keine positive wirtschaftliche und gesellschaftliche Entwicklung für alle Menschen auf der Erde ohne sich selbst erhaltende Ökosysteme geben. Wenn sich möglichst viele Menschen jetzt und zukünftig nicht nur als Teil ihrer Gesellschaft und Kultur, sondern auch ihrer Natur, die sie umgibt und von der sie leben, verstehen, wird es gelingen, Umweltschäden auch global zu meistern. Das Nachhaltigkeitskonzept erfordert ein weltweites Zusammenwirken aller Staaten auf ökologischer, ökonomischer und sozialer Ebene.

Steuerungs- und Regulationsmechanismen im Organismus

Neurobiologische Grundlagen

a. Bau und Funktion eines Neurons (vgl. Aufg. 4, 7, 8)

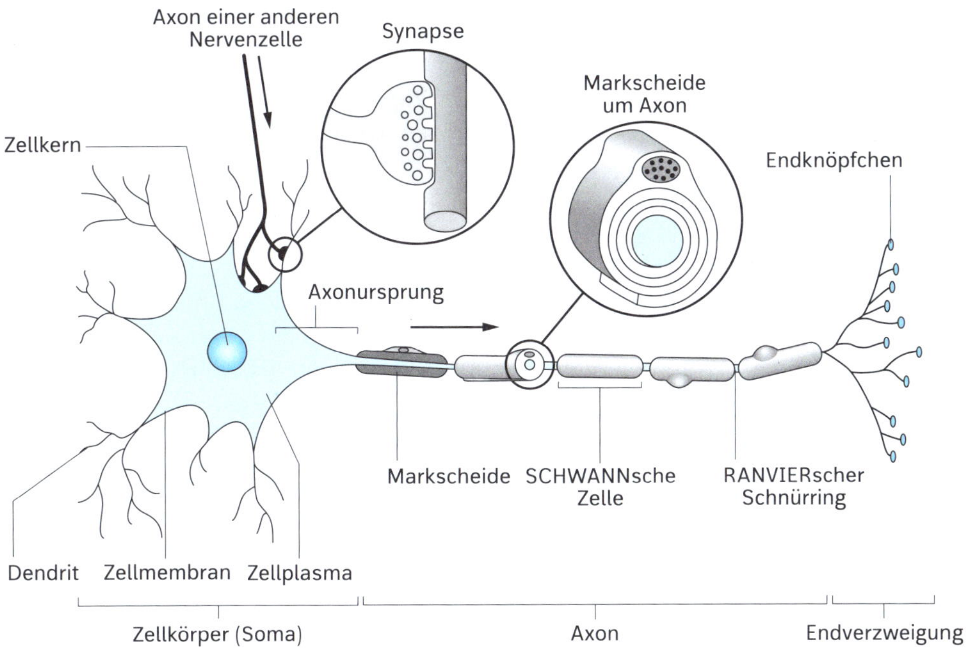

Bau eines Neurons

Bauelemente eines Neurons mit ihren Definitionen
Axon (wird auch als Neurit bezeichnet): Fortsatz von Nervenzellen, der Aktionspotenziale fortleitet. Die Erregung wird am **Endknöpfchen** mittels **Neurotransmitter** auf weitere Zellen übertragen.
Endknöpfchen: verbreitertes Ende eines Axons, enthält synaptische Vesikel, die mit Neurotransmitter gefüllt sind
Glia: Gewebe aus Zellen, das für die Festigkeit des Nervengewebes, die Informationsverarbeitung, den Stofftransport im Nervensystem und die Isolierung der Axone von Bedeutung ist
Mark- bzw. Myelinscheide: schützende Hülle aus **Gliazellen**, die mehrfach um das Axon einer Nervenzelle gewickelt sind. Axone mit dieser Hülle bezeichnet man als markhaltig. Diese Gliazellen nennt man **Schwannsche Zellen**. Sie grenzen nicht ganz aneinander. Die Unterbrechungen nennt man **Ranviersche Schnürringe.**
Ranvierscher Schnürring: An markhaltigen Axonen in regelmäßigen Abständen auftretender Bereich, an denen die Mark- bzw. Myelinscheide unterbrochen ist. Derartige Axone weisen nur dort spannungsgesteuerte Ionenkanäle auf, sodass bei ihnen nur an diesen Stellen Aktionspotenziale auftreten können.
Synapse: Kontaktstelle zwischen zwei Nervenzellen bzw. zwischen einer Nervenzelle und einer Muskel-, Sinnes- oder Drüsenzelle. Die meisten Synapsen übermitteln durch chemische Neurotransmitter Information. Zwischen den Zellen, die eine chemische Synapse bilden, befindet sich ein schmaler Spalt, der so genannte synaptische Spalt.

b. Erregungsentstehung, Erregungsleitung, Synapsenvorgänge einschließlich molekularer Grundlagen (vgl. Aufg. 7, 8)

Die Aufgabe der Neuronen ist die Aufnahme, Weiterleitung und Verarbeitung von Informationen in Form von elektrischen Impulsen. Daran sind Ionen beteiligt, deren Konzentrationen innerhalb und außerhalb des Neurons, getrennt durch die Zellmembran, meist unterschiedlich sind. Diese ungleiche Ionenverteilung wird durch die Natrium-Kalium-Pumpe aktiv aufrechterhalten. Die im Innern herrschende negative Ladung kann von den vielen K^+-Ionen im unerregten Zustand nicht ausgeglichen werden. Die dadurch an der Membran entstehende elektrische Spannung wird als Ruhepotenzial bezeichnet. Das Ruhepotenzial verändert sich, wenn ein Neuron z. B. durch Einwirkung eines Reizes beeinflusst wird. Dieser Einfluss führt zu einem Einstrom von Na^+-Ionen aus dem Außenmedium ins Zellinnere. Hier kann die negative Ladung nicht nur ausgeglichen werden; es kann sogar ein Überschuss an positiver Ladung entstehen. Dieser Vorgang wird als Depolarisation bezeichnet. Sie entsteht lokal und breitet sich unter Abschwächung (Dekrement) über die Zelle aus. Durch einen erhöhten Ausstrom von K^+-Ionen aus der Zelle nach außen kehrt dann das veränderte Membranpotenzial zum Ruhepotenzial zurück. Erfolgt eine Depolarisation über einen Schwellenwert hinaus, so entsteht ein kurzzeitiges Aktionspotenzial, das sich nur im Axon bildet und dann rasch bis zur Synapse weitergeleitet wird.
Depolarisation: Veränderung des Membranpotenzials zu Werten, die positiver als das Ruhepotenzial der Zelle sind
Hyperpolarisation: Veränderung des Membranpotenzials zu Werten, die negativer als das Ruhepotenzial der Zelle sind

Ionenkanal: Protein in der Zellmembran, das Ionen passieren lässt. Das Öffnen eines Ionenkanals kann durch eine Spannungsänderung über der Membran (spannungsgesteuerte Ionenkanäle, z. B. Natriumkanäle), durch Bindung bestimmter Moleküle (Liganden gesteuerte Ionenkanäle) oder durch mechanische Einflüsse (mechanisch gesteuerte Ionenkanäle) ausgelöst werden.
Ionenpumpe: aktives Transportsystem, das unter ATP-Verbrauch Ionen gegen das Konzentrationsgefälle durch Biomembranen schleust
Membranpotenzial: elektrische Spannung über der Zellmembran. Sie kommt durch die unterschiedlichen Ladungen beiderseits der Membran zustande. Die Ladungsdifferenz beruht auf der unterschiedlichen Verteilung der Ionen zwischen dem Cytoplasma (u. a. viel K^+, wenig Na^+) und dem Außenmedium (u. a. wenig K^+, viel Na^+).
Ruhepotenzial: Membranpotenzial von erregbaren Zellen im unerregten Zustand.

Erregungsleitung

Die Erregung eines Neurons wird, wenn sie überschwellig ist, als Aktionspotenzial weitergeleitet. Die Leitung erfolgt in Nervenfasern ohne Myelinscheide als kontinuierliche, relativ langsame Erregungsleitung, in myelinisierten Nervenfasern als saltatorische, relativ schnelle Erregungsleitung mit Bildung von Aktionspotenzialen nur an den RANVIERschen Schnürringen. Dabei sorgt die Refraktärzeit dafür, dass das Aktionspotenzial nur in eine Richtung weitergeleitet wird und nicht zurücklaufen kann. Als Refraktärzeit bezeichnet man den kurzen Zeitraum nach einem Aktionspotenzial, währenddessen die Membran des Axons zunächst unerregbar (absolute Refraktärzeit) und anschließend vermindert erregbar ist (relative Refraktärzeit).

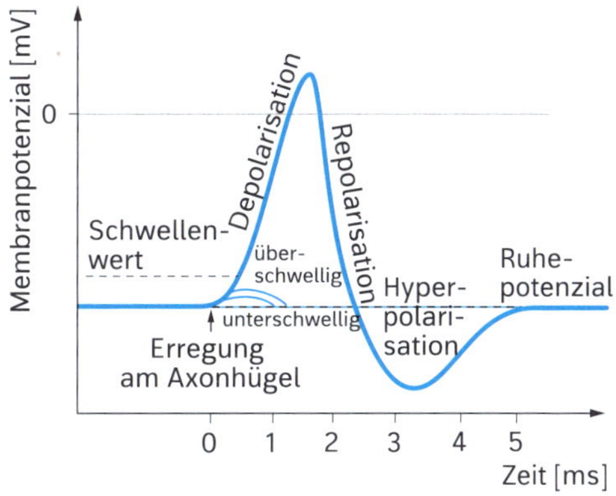

Phasen des Aktionspotenzials

Synapsenvorgänge mit molekularen Grundlagen

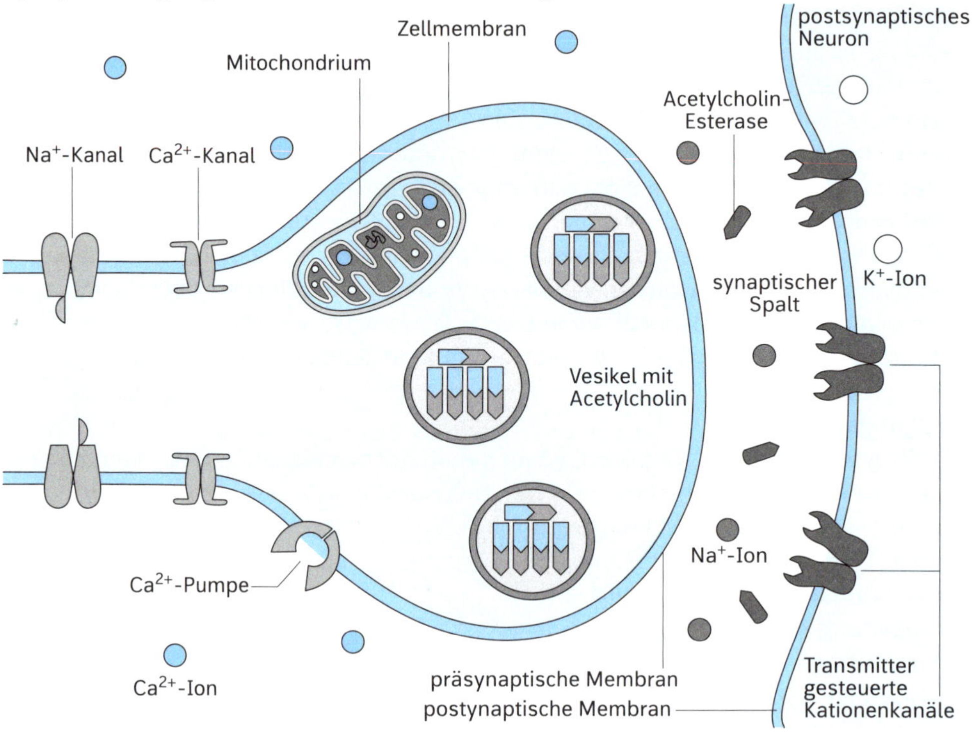

Bau einer Synapse

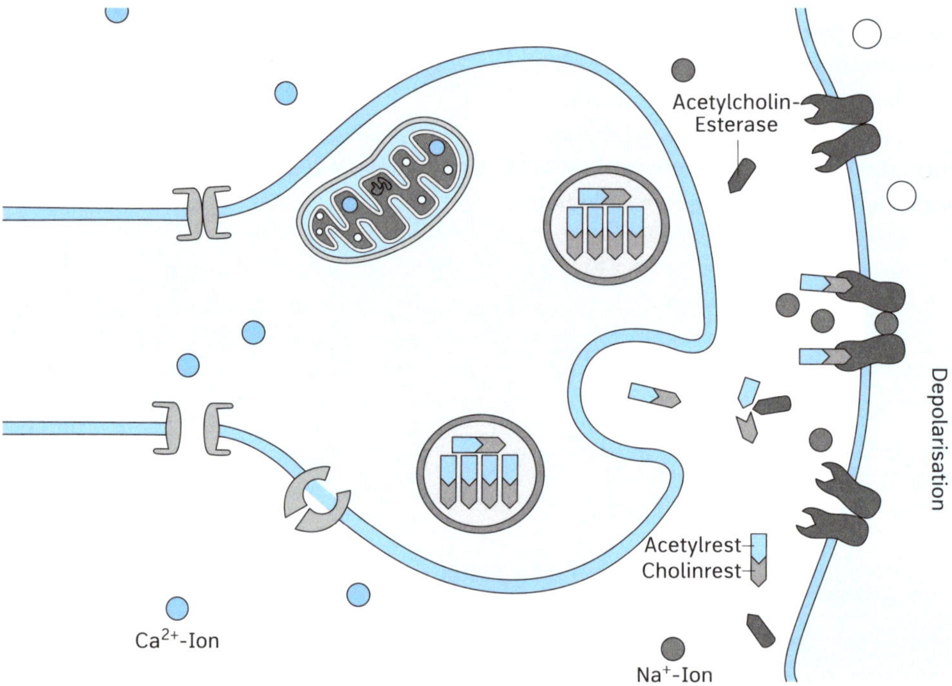

Ankommende APs bewirken das Verschmelzen der Vesikel mit der Membran

Erreicht ein Aktionspotenzial (AP) das Endknöpfchen, öffnen sich kurzzeitig spannungsabhängige Calciumionen-Kanäle: Calciumionen strömen in das Zellinnere, da für diese ein Konzentrationsgefälle zwischen der extrazellulären Flüssigkeit und dem Cytosol der Nervenzelle besteht. Calciumionen-Pumpen transportieren eingedrungene Calciumionen unter ATP-Verbrauch wieder nach außen. Der Anstieg der Calciumionen-Konzentration bewirkt, dass sich ein Teil der synaptischen Bläschen mit der präsynaptischen Membran verbindet. Acetylcholinmoleküle werden aus den synaptischen Bläschen freigesetzt und diffundieren durch den Spalt bis zur postsynaptischen Membran. Dort besetzen sie die Bindungsstellen der Acetylcholinrezeptoren, sodass benachbarte Ionenkanäle geöffnet werden. Entlang ihres starken Konzentrationsgefälles strömen nun Natriumionen in die postsynaptische Zelle. Gleichzeitig wandern nur wenige Kaliumionen nach außen. Diese Ladungsveränderung an der postsynatischen Membran wird als EPSP, erregendes postsynaptisches Potenzial, bezeichnet. Es breitet sich über die postsynaptische Zelle aus. Wenn es am Axonhügel bzw. Axonursprung den Schwellenwert erreicht, wird die Erregung in Form eines Aktionspotenzials bis zur nächsten Synapse weitergeleitet. Das postsynaptische Potenzial wirkt nur über kurze Zeit. Die Acetylcholinmoleküle lösen sich schnell von ihren Rezeptoren und die Kationenkanäle schließen sich wieder, sodass der Einstrom von Natriumionen in die postsynaptische Zelle unterbleibt. Im synaptischen Spalt befindet sich das Enzym Acetylcholinesterase. Sobald die Acetylcholinmoleküle an dieses Enzym gelangen, werden sie in ein Acetation und einen Cholinrest gespalten. Beide Stoffe werden wieder in die Nervenendigungen aufgenommen, wo aus ihnen erneut Acetylcholin gebildet und in Vesikel verpackt wird.

erregendes postsynaptisches Potenzial (EPSP): Depolarisation der postsynaptischen Membran aufgrund der Bindung eines Neurotransmitters an einen entsprechenden Rezeptor; erhöht die Wahrscheinlichkeit für die Ausbildung eines Aktionspotenzials

hemmendes postsynaptisches Potenzial (IPSP): Hyperpolarisation der postsynaptischen Membran aufgrund der Bindung eines Neurotransmitters an einen entsprechenden Rezeptor; erschwert die Ausbildung eines Aktionspotenzials

Neurotransmitter: chemische Substanz („Botenstoff"), z. B. Acetylcholin, die in der Synapse Information auf eine andere Zelle überträgt; wird von Nervenzellen hergestellt und an der präsynaptischen Membran der Synapse freigesetzt. Nach Diffusion durch den synaptischen Spalt bindet er an spezifische Rezeptoren in der postsynaptischen Membran.

postsynaptische Membran: zum synaptischen Spalt hin weisende Zellmembran der postsynaptischen Zelle

postsynaptische Zelle: Zielzelle für die Information in einer Synapse

präsynaptische Membran: zum synaptischen Spalt hin weisende Zellmembran der präsynaptischen Zelle

präsynaptische Zelle: Zelle, die in einer Synapse die Information weitergibt

synaptischer Spalt: Raum zwischen prä- und postsynaptischer Membran in einer chemischen Synapse

Schwellenwert oder Schwellenpotenzial: Potenzial, das eine Nervenzelle am Axonhügel erreichen muss, damit ein Aktionspotenzial ausgelöst wird

synaptische Vesikel: kleine, mit Neurotransmitter gefüllte Membranbläschen, die in den Endknöpfchen von Axonen gebildet werden und ihren Inhalt in den synaptischen Spalt freisetzen, wenn ein Aktionspotenzial das Axonende erreicht

c. Synaptische Verschaltung und Verrechnung (vgl. Aufg. 7, 8)

Ein Neuron einer Nervenfaser wird nicht nur über eine einzelne Synapse erregt. Es werden vielmehr die Signale von zahlreichen Synapsen in einer Nervenzelle registriert. Die an den Synapsen ausgelösten postsynaptischen Potenziale (PSPs) breiten sich anders als Aktionspotenziale unter Abschwächung (Dekrement) über die Zelle aus. Sie können erregend oder hemmend wirken und dazu von unterschiedlicher Stärke sein. Diese PSPs unterschiedlicher Synapsen werden alle dann miteinander verrechnet, wenn sie nahezu gleichzeitig auftreten (räumliche Summation). Erreichen sie am Axonhügel den Schwellenwert, lösen sie gemäß ihrer Erregungsstärke ein oder mehrere Aktionspotenziale aus.
Auch die PSPs an einer einzigen Synapse können summiert werden, wenn präsynaptisch mehrere Aktionspotenziale kurz hintereinander einlaufen. Dies nennt man zeitliche Summation.

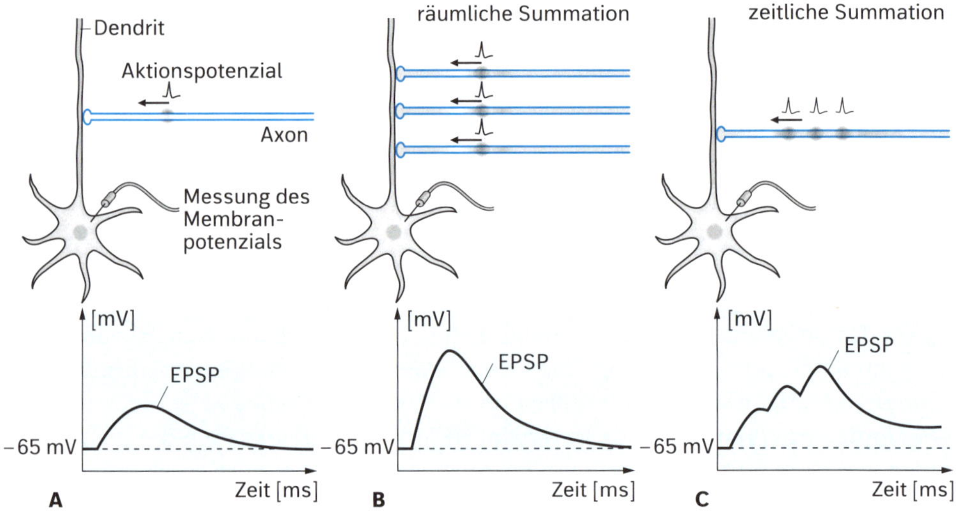

Summation

Ein einzelnes Aktionspotenzial löst ein geringeres EPSP aus (A). Wenn einzelne Aktionspotenziale an verschiedenen Synapsen gleichzeitig eintreffen (B) oder viele Aktionspotenziale rasch nacheinander an derselben Synapse (C), tritt Summation auf. Anmerkung: Nicht die Aktionspotenziale werden summiert, sondern deren Wirkungen, d. h. hervorgerufene PSPs.

Hormone

a. Chemische Kommunikation durch Hormone

Die ursprünglichste aller innerartlichen Kommunikationsformen bei Lebewesen besteht im Ausscheiden von Substanzen, die von anderen Zellen desselben Körpers oder Individuen derselben Art über molekulare Rezeptoren wahrgenommen werden und über die damit verbundene Informationskette kurz- und längerfristige Veränderungen beim Empfänger auslösen können. Ein Beispiel für diese chemische Kommunikation sind die

Neurotransmitter, die im vorhergehenden Abschnitt in ihrer Funktion als Signalüberträger innerhalb von Nervensystemen vorgestellt wurden.
Während die chemische Kommunikation zwischen Individuen, wie z. B. im Rahmen der Fortpflanzung von Säugetieren oder im Bereich der Sexuallockstoffe bei Insekten oder den Gameten vieler im Wasser lebender Wirbelloser, aber auch von Algen, durch **Pheromone** gesteuert wird, erfolgt die chemische Kommunikation zwischen Zellen eines vielzelligen Individuums über **Hormone**. Beispiele bei Pflanzen sind das Reifungshormon Etylen, die Wachstums- und Entwicklungshormone der Gruppe der Auxine und Gibbereline sowie bei Säugetieren einschl. des Menschen die Geschlechtshormone und die den Stoffwechsel regulierenden Hormone Thyroxin und Insulin. Auch die Stresshormone Adrenalin und Noradrenalin greifen, vom zentralen Nervensystem beeinflusst, in den Stoffwechsel und viele weitere Organfunktionen ein. Dabei bestehen bei Wirbeltieren wie wirbellosen Tieren in vielen Fällen enge Beziehungen zwischen dem Nervensystem und Hormondrüsen. Besonders deutlich werden diese Zusammenhänge im Wirkungskreis von Geschlechtshormonen und beim Auftreten von Stress.
Hormone gehören zu Substanzgruppen im Tier- und Pflanzenreich, die von anderen Wirkstoffen nicht streng zu trennen sind. Sie wirken in sehr geringer Konzentration auf andere Zellen nach dem Schlüssel-Schloss-Prinzip, wenn sie als **hydrophile** Hormone an den Zellmembranen der Zielzellen auf entsprechende, in die Membran eingebaute Rezeptoren (Membranproteine) treffen oder als **lipophile** Hormone durch die Zellmembran diffundieren und im Cytoplasma an entsprechende Rezeptoren andocken. Hinsichtlich ihrer chemischen Struktur unterscheidet man also hydrophile (wasserlösliche) Aminosäureabkömmlinge (z. B. Adrenalin, Thyroxin), hydrophile Peptidhormone (z. B. Erythropoetin / EPO, Glucagon, Insulin, Oxytocin, Follikel stimulierendes Hormon, luteinisierendes Hormon) und lipophile (fettlösliche, hydrophobe) Steroidhormone der Nebennierenrinde (z. B. Cortisol, Cortison,) und der Keimdrüsen (Progesteron, Testosteron, Östradiol).
Viele hydrophile Hormone lösen nach dem Andocken an den Rezeptor in der Zellmembran eine Signalkette im Cytoplasma aus, die durch die Aktivierung mehrerer Enzyme und das Signalmolekül cyklisches Adenosinmonophosphat (cAMP) charakterisiert ist. Adrenalin z. B. löst in der Leberzelle eine Signalkette aus, die zu einer sehr schnellen, lawinenartig ablaufenden Erhöhung der Enzymaktivität führt, sodass es zu einer starken Glucosebildung kommt. Der Einfluss eines einzigen Adrenalinmoleküls bewirkt so innerhalb kürzester Zeit die Ausschüttung von etwa 10 Millionen Glucosemolekülen.

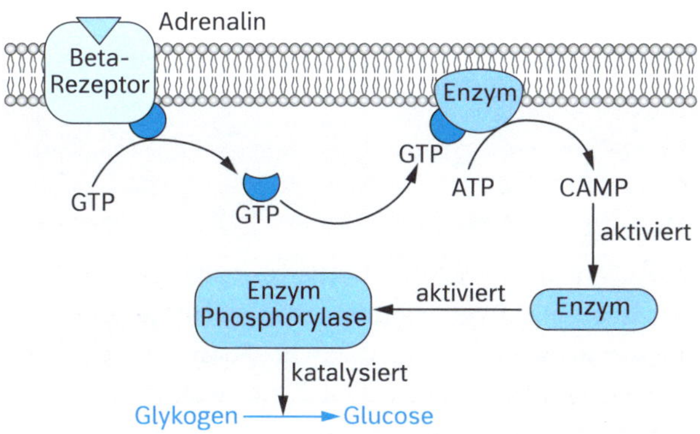

Wirkung des Adrenalins auf Leberzellen

Viele Organe des Menschen enthalten Zellgruppen (Gewebe), die Hormone und hormonähnliche Substanzen erzeugen wie z. B. Bauchspeicheldrüse, Magen, Dünndarm, Herz, Nieren und Leber. Hormone werden auch in bestimmten Bereichen des zentralen Nervensystems (Hypothalamus, Hypophyse) in besonderen Drüsen bzw. Drüsengeweben gebildet.
Viele Hormone können heute künstlich hergestellt werden. Sie werden für medizinische Zwecke, z. B. bei Zwergwuchs, bei Schilddrüsenüber- oder -unterfunktion sowie als Empfängnis verhütendes Mittel verwendet. Die industrielle Herstellung von Hormonen führt in vielen Fällen, besonders im Sport und aus ästhetischen Gründen, zu Missbrauch, der erhebliche Nebenwirkungen auf den Körper und die Psyche des Menschen hat.
Anabolika sind Substanzen mit stimulierender Wirkung auf die Proteinsynthese. Zum Aufbau von Muskelmasse werden häufig synthetische Steroide verabreicht, die Muskelmasse aufbauen. Das Gesundheitsrisiko besteht bei Frauen in einer Vermännlichung (Bartwuchs, Stimmbruch, Skelettaufbau, Umbau der Geschlechtsorgane bis hin zur Veränderung der Keimdrüsen), bei männlichen Personen in vorzeitiger Pubertät, Hemmung der Spermatogenese und Überlastungsschäden an Sehnen, Gelenken und Bändern.
Doping ist die Einnahme unerlaubter Substanzen oder der Gebrauch anderer Methoden, die möglicherweise gesundheitsgefährdend sind und die die sportliche Leistung des Athleten verbessern sollen. Beim Doping werden unterschieden: verbotene Wirkstoffe, nicht erlaubte Methoden sowie Wirkstoffe, die bestimmten Einschränkungen unterliegen. Die Gruppe der verbotenen Wirkstoffe unterteilt sich in Anabolika, Diuretika, Hormone (Peptid- und Glykoproteinhormone), Stimulanzien und Narkotika. Verboten sind weiterhin auch alle Stoffe, die in ihrer Wirkung oder chemischen Struktur mit den oben genannten Stoffen verwandt sind.
Endohormone sind alle Hormone, die für ihre Funktion nicht die Körpergrenzen überschreiten. Die Unterscheidung zwischen Endo- und Ektohormonen ist eine Möglichkeit, z. B. Pheromone in ihrer Produktion und Wirkung genauer zu beschreiben.
Estrogene sind Steroidhormone, die in den Graaf'schen Follikeln und dem Gelbkörper der Eierstöcke sowie in der Gebärmutterschleimhaut während der Schwangerschaft gebildet werden. Sie bestimmen die Ausbildung der weiblichen Geschlechtsmerkmale und spielen bei der Koordination des Menstruationszyklus eine große Rolle. In einer Schwangerschaft steigen die Estrogenwerte um das Hundertfache. Hormone des Hypophysenvorderlappens regulieren ihre Bildung und Freisetzung; in der Leber

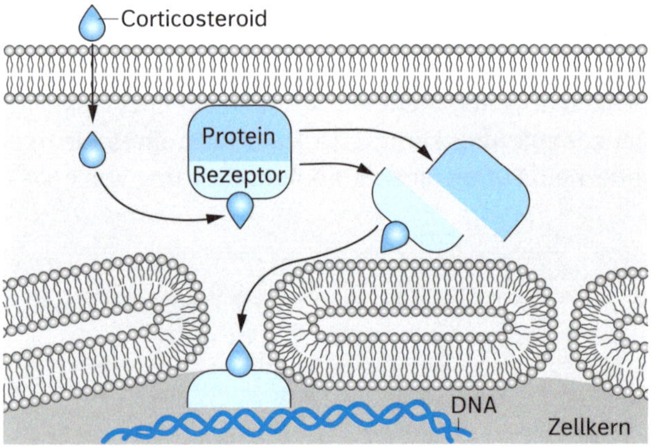

Wirkung eines lipophilen Corticosteroids. Das Hormon diffundiert in die Zelle und bindet an einen Rezeptor, der dadurch aktiviert wird und durch die Poren der Kernmembran an die DNA gelangt. Dort löst dieser die Bildung eines Proteins, z. B. eines Enzyms, aus.

erfolgt die Inaktivierung. Die Ausscheidung der inaktivierten Hormone erfolgt über die Niere, sodass im Harn der jeweilige Estrogenspiegel leicht zu messen ist.

Testosteron wird aus Cholesterin in den Hoden gebildet. Das Steroidhormon wirkt wie alle Steroidhormone am Zellkern seiner jeweiligen Zielzellen und stimuliert dort die RNA-Synthese. Es ist für die Ausbildung der sekundären Geschlechtsmerkmale und die Spermatogenese bestimmend. Als Anabolikum kann es die Proteinsynthese, z. B. der Muskulatur, steigern und wird häufig als Dopingmittel oder zum Aufbau vom Muskelmasse bei Nichtsportlern – in der Regel unsachgemäß – verwendet.

Thyroxin ist ein Peptidhormon aus 2 Tyrosinresten, welches in der Schilddrüse produziert wird und vielfältige Wirkungen in der generellen Aktivierung des Kohlenhydrat-, Fett- und Proteinstoffwechsels zeigt. Es fördert Wachstums- und Entwicklungsprozesse, stimuliert den Sauerstoffumsatz und erhöht insgesamt den Grundumsatz. Die Thyroxinbildung in der Schilddrüse wird durch Thyreotropin (TSH), ein Neurosekret des Hypothalamus, im Rahmen einer negativen Rückkopplung gehemmt.

Steuerungsvorgänge sind Bestandteile von Regelkreisen und beruhen auf einer quantitativen Beeinflussung der Richtung oder Intensität von Prozessen oder Zuständen. Steuerungen berücksichtigen nicht eine mögliche Rückwirkung auf die Ursache. So wird z. B. die Glucoseaufnahme von Zellen durch die Insulinkonzentration im Blut beeinflusst; Steuerungshormone der Hypophyse wirken umso stärker, je höher die Konzentration dieser Hormone im Blut ist.

b. sekundäre Messenger

Neben den Hormonen als „primärer messenger“ gilt eine Reihe von Substanzen in den Signalketten im Cytoplasma als „sekundärer messenger“. Sie zeichnen sich dadurch aus, dass sie als zweiter Botenstoff das Hormonsignal vom Rezeptor in der Plasmamembran zu den Stoffwechselketten im Cytoplasma leiten. Beispiele dafür sind cAMP, Inositoltriphosphat (IP3, s. u.) und membrangebundene Proteine (G-Proteine), die entweder hemmend oder fördernd auf die Weiterleitung der Signale wirken.

c. Regulation von Stoffwechselprozessen durch Hormone: Beispiel Hoden

Viele Stoffwechselprozesse werden durch Hormone gesteuert. Besonders komplex ist dabei die Steuerung der Fortpflanzung, weil das Geschehen auch durch äußere Faktoren wie Tageslänge und Raumtemperatur beeinflusst wird. Aber auch die Regulation des Blutzuckerspiegels und die Steuerung von vielen Stoffwechselprozessen durch Hormone der Schilddrüse und ihre Steuerungshormone zeigen vielfältige Einflüsse auf den Körperzustand.

Ein relativ einfaches Beispiel für Rückkopplungsmechanismen ist am Steuerungssystem der

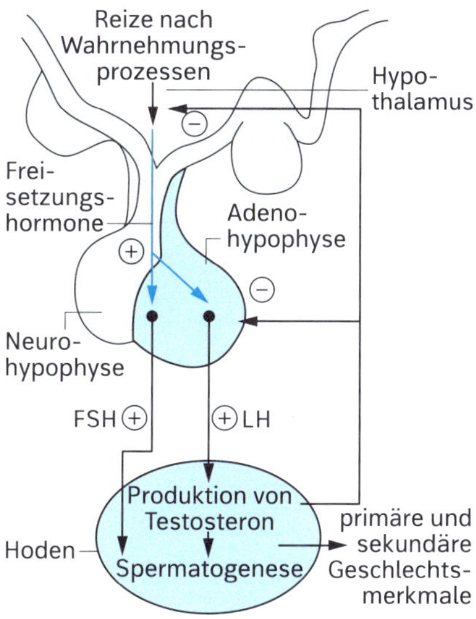

Steuerungssystem der Geschlechtshormone beim Mann.

Hoden zu erkennen, auch weil ein Vergleich mit dem Hormonsystem der Fortpflanzung bei Frauen interessante Ergebnisse zeigt.
Die Funktion der Hoden wird durch zwei Hormone aus der Hypophyse beeinflusst: Luteinisierendes Hormon („Gelbkörperhormon“, LH) regt die Produktion von Testosteron an. Das „Follikel stimulierende Hormon“ (FSH) stimuliert die Produktion von Samenzellen in den Hoden. FSH und LH werden sowohl bei Männern wie auch bei Frauen dann gebildet, wenn Freisetzungshormone aus dem Hypothalamus ausgeschüttet werden. Die Konzentration der Freisetzungshormone sowie von LH und FSH wird beim Mann durch die Konzentration des Testosterons durch negative Rückkopplung gesteuert. Bei Frauen erfolgt eine negative Rückkopplung über die Hormone des Eierstocks, die Estrogene und Progesteron.

Stress

Stress kann als physiologischer Anpassungsprozess an äußere und innere Faktoren (Infektionen, Operationen, emotionale Belastungen positiver wie negativer Art) beschrieben werden, der mit einer starken Umstellung im Hormonsystem einhergeht. In der Alarmreaktion werden vom ZNS Hormone ausgeschüttet. Gleichzeitig erfolgt eine Erhöhung des Adrenalinspiegels, verbunden mit einer Steigerung des Blutdrucks, einer Erhöhung der Blutzirkulation sowie einer Umsteuerung der Blutmengen hin zur Muskulatur auf Kosten der Eingeweide und der Haut. Cortisol schwächt gleichzeitig die Immunabwehr und erhöht damit die Gefahr einer Infektion.
In der Widerstandsphase kann es zu Magen- und Darmgeschwüren kommen, z. B. zu Morbus Crohn. Im Erschöpfungsstadium bricht die hormonelle Steuerung zusammen, die Nebennierenrinde wird abgebaut. Der Organismus wird dadurch so anfällig, dass der am Ende dieser Phase folgende Tod verschiedenste Ursachen haben kann.

Evolution der Vielfalt des Lebens in Struktur und Verhalten

Grundlagen evolutiver Veränderung

Eine Population ist eine Gruppe von artgleichen Individuen, die eine Fortpflanzungsgemeinschaft bilden, also einen gemeinsamen Genpool besitzen. Die Mitglieder der Population unterscheiden sich nicht nur in ihren Genen (Genotyp), sondern auch im Aussehen (Phänotyp) voneinander. Die daraus resultierende Variabilität kann durch neue Mutationen und zusätzlich durch unterschiedliche Kombinationen der Allele des gesamten Genpools vergrößert werden. Die genotypische Variabilität und somit auch die phänotypische ist die Grundlage für evolutive Veränderungen.

Verhalten, Fitness und Angepasstheit (vgl. Aufg. 3 – 6, 10)

Pflanzen sich Individuen fort, geben sie ihre Gene in den Genpool der nächsten Generation weiter. Das Ausmaß dieser Weitergabe ist abhängig von der Anzahl eigener Nachkommen im Vergleich zu denen anderer Artgenossen und wird als Fitness bezeichnet. Neben der direkten Weitergabe eigener Gene (direkte Fitness) werden diese auch indirekt durch Verwandte weitergegeben (indirekte Fitness). Je näher dabei die Verwandtschaft, desto größer ist die Wahrscheinlichkeit, dass deren Gene mit den eigenen übereinstimmen. Die Summe aus direkter und indirekter Fitness bezeichnet man als Gesamtfitness eines Individuums. Deswegen lässt sich uneigennütziges (altruistisches) Verhalten Verwandten gegenüber damit erklären, dass die Gesamtfitness durch indirekte Fitness erhöht wird. Darunter fällt z. B. die Versorgung der Nachkommen der Bienenkönigin durch die unfruchtbaren Arbeiterinnen im Bienenstaat oder die Verwandtenunterstützung von Vogeleltern beim Füttern der Jungen.

Alle Lebewesen, die ihre Energie besonders stark in Fortpflanzungsprodukte investieren, also sehr reproduktiv sind, haben zahlreiche Nachkommen. Man bezeichnet diese Form der Weitergabe genetischen Materials als r-Strategie. Der Vorteil dieser Strategie besteht darin, dass die Art durch viele Nachkommen in einer sich stark verändernden Umwelt (z. B. Pfütze, Kahlschlag) überleben kann. Der Nachteil besteht in der gering ausgeprägten Fähigkeit der Individuen, erfolgreich um Ressourcen zu konkurrieren. Während die individuelle Fitness gering ist, zeigen die Populationen insgesamt eine hohe Fitness, weil sie durch die hohe Fortpflanzungsrate und kurze Generationsdauer und dem damit verbundenen erhöhten Auftreten von Mutationen sowie der großen Anzahl von Rekombination des genetischen Materials anpassungsfähiger sind. Eine K- Strategie besteht darin, dass Lebewesen die ihnen zur Verfügung stehende Energie in die eigene Existenz investieren. Sie leben länger und konkurrieren erfolgreicher um Ressourcen, indem sie die Größe ihrer Population bis an die Grenze der Kapazität (=K) ausdehnen. Die Populationen der Rotbuchen Mitteleuropas sind ein Beispiel für K-Fortpflanzungsstrategien, denn die Rotbuchen

leben sehr lang, sind sehr konkurrenzstark und bilden dann eine Klimaxgesellschaft. Sie haben eine hohe individuelle Fitness.
Angepasstheit ist das Ergebnis des gemeinsamen Wirkens der Evolutionsfaktoren Mutation, Selektion und Gendrift auf die Individuen einer Population. Während also Angepasstheit den Zustand einer Art bezeichnet, wird unter Anpassung der Prozess verstanden, der zu diesem Zustand führt. Je nach Wirkung der verschiedenen Evolutionsfaktoren kann dieser Prozess u. U. keine Änderungen im Genpool einer Population hervorrufen (z. B. durch stabilisierende Selektion, sodass sich der Zustand der Angepasstheit unter den jeweils herrschenden Bedingungen nicht ändert.
In einem anderen Fall (z. B. Veränderung der Selektionsformen und -intensitäten bei gegebener Variabilität) führt die Wirkung dieser Faktoren zu einer Veränderung der Allelzusammensetzung in einer Population, sodass bestimmte Genotypen eine höhere, andere eine geringere Fitness haben. Eine solche transformierende oder spaltende Selektion verändert die Angepasstheiten in einer Population. Ein Beispiel ist die immer wieder neu entstehende Resistenz von Bakterien gegenüber Antibiotika. Jedes neu erfundene oder gefundene Antibiotikum wirkt als starker Selektionsfaktor und führt im Laufe der Zeit zu einer Resistenz. Multiresistente Keime besonders in Krankenhäusern sind ein Beispiel für die Anpassungsfähigkeit von Bakterien, die bei verändertem Selektionsdruck durch neue Antibiotika Resistenzen entwickeln und damit überleben.

Art und Artbildung (vgl. Aufg. 6, 10)

Zu einer Art werden diejenigen Individuen zusammengefasst, die unter natürlichen Bedingungen miteinander fruchtbare Nachkommen haben. Zwischen diesen Individuen findet also innerhalb der Population ein Genfluss statt. Eine Art wird mit ihrem Gattungs- und Artnamen bezeichnet (z. B. *Homo sapiens, Homo neanderthalensis*). Einflüsse, die einen Artenwandel hervorrufen können, werden als **Evolutionsfaktoren** bezeichnet. Dazu zählen:
Mutation und Rekombination: Mutationen liefern neue Allele. Sie verändern damit die Allelfrequenz in einer Population. Sexuelle Rekombination erhöht die Variabilität einer Population, ohne allerdings die Häufigkeit der Allele (Allelfrequenz) in einem Genpool zu verändern.
Selektion: Durch die am Phänotyp angreifende Auslese wird die Allelfrequenz im Genpool verändert. Der künstlichen Selektion, die vom Menschen ausgeht (Züchtung), steht die natürliche gegenüber. Sie kann sowohl von abiotischen Faktoren wie Temperatur, Wind etc. hervorgerufen werden als auch von biotischen wie Fressfeinden, Parasiten (zwischenartliche Selektion) sowie von Artgenossen (innerartliche Selektion), die z. B. zum Sexualdimorphismus führt. Bei der Auswirkung der Selektion auf eine Population unterscheidet man die stabilisierende von einer gerichteten (= transformierenden) und einer aufspaltenden (= disruptiven) Selektion.

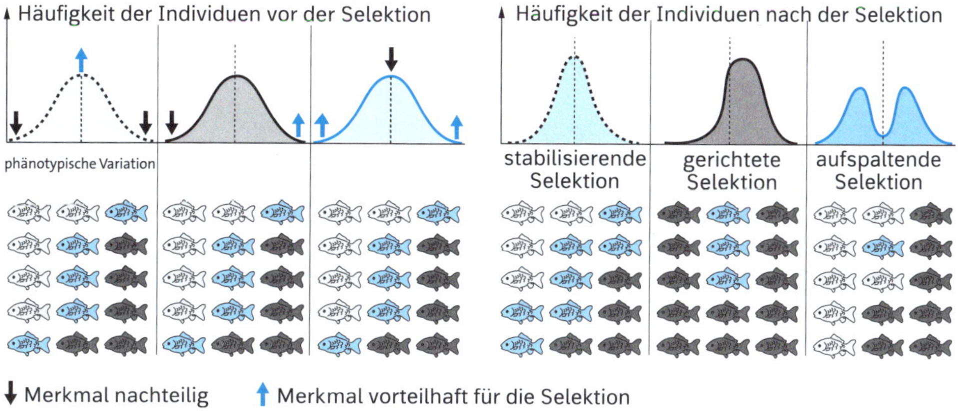

Auswirkungen der Selektion auf eine Population

Gendrift: Dieser Evolutionsfaktor bewirkt die zufallsbedingte Änderung eines Genpools und damit der Allelfrequenz. Er ist für kleine Populationen bedeutend und spielt z. B. bei kleinen Inselpopulationen (Gründerpopulationen) eine große Rolle.
Migration: Eine Veränderung des Genpools kann durch Zu- und Abwanderungen von artgleichen Individuen hervorgerufen werden.
Isolation: Werden Individuen von anderen Individuen derselben Art räumlich, zeitlich oder allgemein durch Änderungen, die sich auf den Bereich der Fortpflanzung auswirken, getrennt, so kann dies unterschiedliche Veränderungen für den einzelnen Genpool hervorrufen. Aufgrund des zunächst gebremsten und schließlich unterbrochenen Genflusses können z. B. unterschiedliche Neumutationen nicht mehr ausgetauscht werden. Die Isolation der Genpools kann durch vielfältige Faktoren bewirkt werden:

- geografisch (Kontinentalverschiebung, Insel- oder Flussbildung, Autobahn etc.),
- ökologisch (unterschiedliche Nahrung, Paarungszeiten, Nistplätze etc.),
- ethologisch (Balzrituale, Gesänge, Gefiederfarbe, Sexuallockstoffe etc.),
- genetisch (Genomunverträglichkeit, unfruchtbare Nachkommen etc.),
- mechanisch (Geschlechtsorgane passen nicht mehr zusammen, kommt z. B. häufig bei Insekten vor).

All diese Isolationsformen verhindern die Fortpflanzung zwischen Gruppen von Individuen und führen zur Aufspaltung eines vormals gemeinsamen Genpools.
Dabei unterscheidet man grundsätzlich zwischen zwei Formen der Artenbildung: Bei der **sympatrischen** Artenbildung entstehen in einem Lebensraum ohne geografische Isolation zwei neue Arten durch Ausbildung einer biologischen Fortpflanzungsschranke aufgrund ökologischer, ethologischer, mechanischer oder genetischer Isolationsfaktoren. Bei der **allopatrischen** Artenbildung führt die räumliche Trennung von Teilpopulationen zu einer Aufspaltung und Veränderung der beiden Genpools aufgrund unterschiedlicher Mutationen und Selektionen, die von den unterschiedlichen Umwelteinflüssen ausgehen. Bei beiden Formen der Artbildung kommt es zu einer genetischen Separation, also der Auftrennung des Genpools. Bei einer allopatrischen Artbildung zeigt sich dies aber unter Umständen erst, wenn nach einem Wegfall der

geografischen Isolationsschranken die zuvor getrennten Populationen keine gemeinsamen Nachkommen mehr erzeugen.

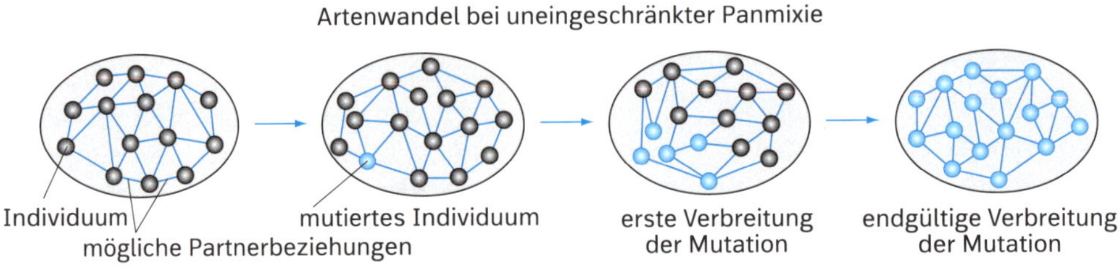

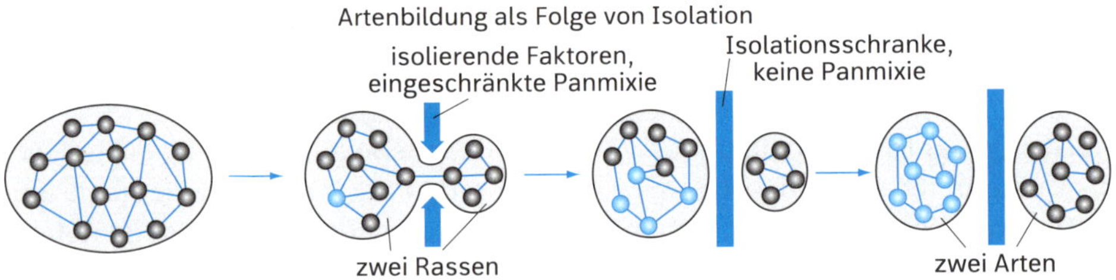

Entwicklung von Arten

Gelangen Gründerindividuen in einen Raum, in dem noch wenige ökologische Nischen ausgebildet sind, verändert sich die neue Stammpopulation aufgrund vielfältiger Evolutionsfaktoren sehr schnell und bildet viele Teilpopulationen. Diese bilden viele unterschiedliche ökologische Nischen aus (Einnischung). Eine derartige Entwicklung wird adaptive Radiation genannt. Beispiele hierfür sind die Darwinfinken auf dem Galapagos-Archipel, die Kleidervögel auf Hawaii, die Beuteltiere Australiens oder die Tanreks auf Madagaskar, aber auch die vielen heimischen Hummelarten.

Evolutionshinweise und Evolutionstheorie

a. Rezente und paläontologische Hinweise (Homologie der Wirbeltiergliedmaßen; vgl. Aufg. 10)

Aus allen Bereichen der Biologie gibt es Belege (Hinweise) für die Evolution. Die Paläontologie kennt Fossilien von Pflanzen und Tieren, die heute nicht mehr existieren. Darunter gibt es auch Übergangsformen, die Merkmale verschiedener Tiergruppen besitzen (z. B. Archaeopteryx mit Merkmalen von Reptilien und Vögel). Auch die Merkmale rezenter (heutiger) Lebewesen, vor allem der Brückentiere, geben Hinweise auf die stammesgeschichtliche Entwicklung von Organismen. Rudimente und Atavismen sind nur erklärbar unter der Annahme von Evolution. Nur so können auch die Ähnlichkeiten in der Keimentwicklung (Ontogenese) mit denen in der Stammesentwicklung (Phylogenese) erklärt werden. Die Menge von Ähnlichkeiten zwischen zwei Formen entspricht dem Grad ihrer Verwandtschaft, die durch vertikalen Genfluss entstanden ist. Belege für die Evolution sind deswegen auch Ähnlichkeiten im Aufbau der Proteine, bei Nucleinsäuren oder Zellorganellen sowie Organen unterschiedlicher Lebewesen. Obwohl nach dem gleichen Grundmuster aufgebaut, können sie eine unterschiedliche Funktion besitzen.

Ist dagegen der Aufbau von Organen unterschiedlich, ihre Funktion aber gleich, handelt es sich um eine Analogie (z. B. Auge des Menschen und Auge des Tintenfisches). Diese Ähnlichkeit hinsichtlich der Funktion ist eine Folge der Anpassung an ähnliche Umweltbedingungen (Konvergenz) und kein Ausdruck von Verwandtschaft. Eine Ähnlichkeit des Bauplans trotz unterschiedlicher Funktion nennt man Homologie. Sie ist mit einer gemeinsamen Abstammung zu erklären. Ein bekanntes Beispiel sind die Homologien bei den Extremitäten der Wirbeltiere.

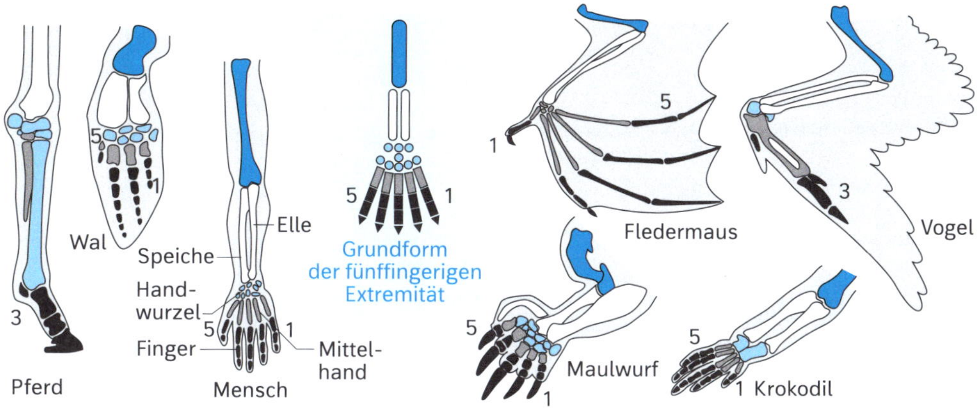

Homologie bei Wirbeltierextremitäten

Obwohl die Vorderextremitäten unterschiedlichen Funktionen (fliegen, graben, laufen oder schwimmen) dienen, haben sie einen gemeinsamen Grundbauplan. Ohne die Annahme der stammesgeschichtlichen Entwicklung könnte dies nur mit Zufällen erklärt werden. Die Annahme einer Evolution der Wirbeltierarten führt zu der Vorstellung einer früheren Existenz eines gemeinsamen Vorfahrens.

b. Systematik und phylogenetischer Stammbaum am Beispiel der Wirbeltiere und insbesondere der Primaten (vgl. Aufg. 10)

Die heute benutzte Systematik der Pflanzen und Tiere geht auf Carl von Linné (1707-1778) zurück. Er gab den Lebewesen zweiteilige Namen (Gattung und Art) und ordnete sie auf der Basis von morphologischen Ähnlichkeiten. So fasste er ähnliche Arten zu Gattungen, ähnliche Gattungen zu Familien usw. zusammen. Dieses System von Linné wird heute noch fast unverändert benutzt. Die Wirbeltiere werden z. B. in Klassen gegliedert: Fische, Amphibien, Reptilien, Vögel und Säuger. Linné ging von der Konstanz der Arten aus.

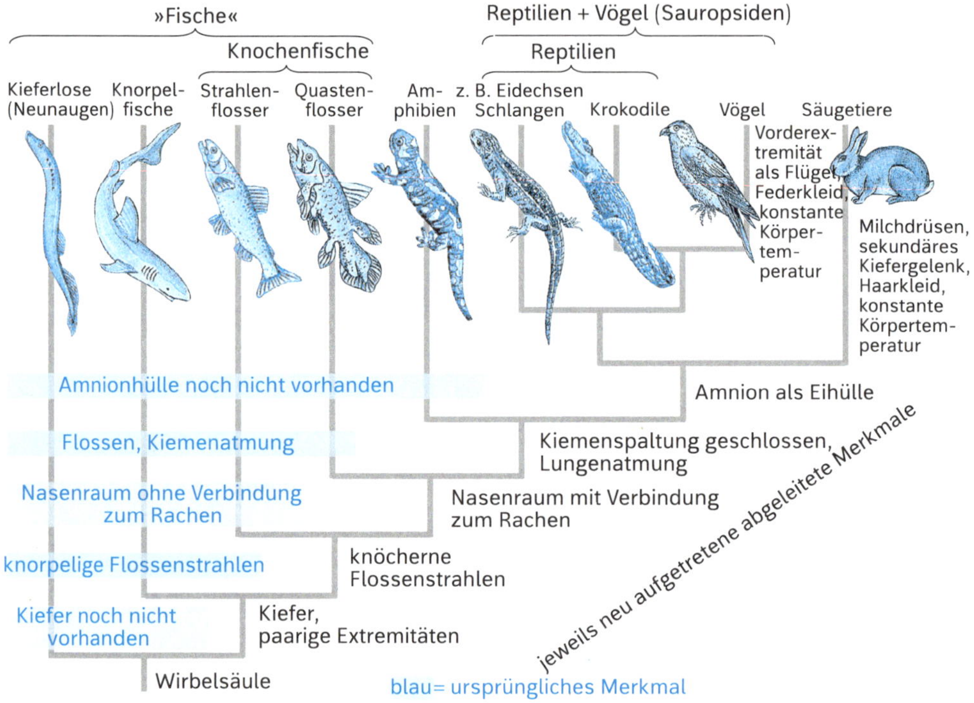

Stammbaum der Wirbeltiere

Stammbäume, wie sie in der Abbildung *Stammbaum der Wirbeltiere* dargestellt sind, können immer nur eine Hypothese darstellen. Stammbäume werden prinzipiell durch Vergleich, also das Feststellen von Ähnlichkeiten und Unterschieden, erstellt, weil sich Abstammung und Verwandtschaft damit begründen lassen.

Vergleich der Baupläne von Organen

- **Homologien** deuten auf eine divergente Entwicklung aus gemeinsamen Vorfahren hin und sind ein Beleg für Verwandtschaft. Homologiekriterien sind die Lage, die spezifische Qualität und die Stetigkeit, d.h. die Verknüpfung durch Zwischenformen. Analogien deuten auf eine konvergente Entwicklung hin und machen keine Aussage über den Grad der Verwandtschaft. Die Knochen der Vorderextremitäten von Fledermaus und Vogel sind als homolog anzusehen, wenn man die Entwicklung der Vorderextremitäten der Säuger und Vögel aus den Vorderextremitäten der Reptilien als gemeinsamen Vorfahren betrachtet. Die Vorderextremitäten sind als analog anzusehen, wenn die Organe betrachtet werden, die zur Flugfähigkeit beisteuern: Die Flughaut ist also analog zu den Federn.
- **Rudimente** sind zurückgebildete Organe, die i.d.R. funktionslos sind oder einen Funktionswechsel erfahren haben. Reste des Beckengürtels bei Bartenwalen sind ein Hinweis dafür, dass ihre Vorfahren funktionierende Hintergliedmaße besaßen und somit Landbewohner waren. Heute dient dieser Knochenrest als Haltevorrichtung für den Penis. Bei Menschen gilt z.B. das Steißbein als Hinweis dafür, dass unsere Vorfahren eine längere Wirbelsäule in Form eines Schwanzes besaßen.

- **Atavismen** sind relativ seltene Abweichungen in der Ausbildung von anatomischen oder verhaltensbiologischen Merkmalen, die Ähnlichkeiten mit den Eigenschaften der Vorfahren aufweisen. Beim Menschen kennt man z. B. die schwanzartige Verlängerung des Steißbeins (seltener als 1 : 1 000 000), zusätzliche Brustwarzen oder eine Ganzkörperbehaarung. Sie sind ein Hinweis darauf, dass im Genom Gene der Vorfahren enthalten sind, deren Ausprägung im Regelfall unterdrückt wird.

Embryologie

Nach HAECKELS biogenetischer Grundregel ist die Ontogenese (Keimesentwicklung) ein kurzer Abriss der Phylogenese (stammesgeschichtliche Entwicklung). Nach heutigem Verständnis richtet sich die Individualentwicklung nur teilweise nach Entwicklungsprogrammen der stammesgeschichtlichen Vorfahren, sodass nur wenige Stadien der Embryonalentwicklung Anklänge an die stammesgeschichtliche Entwicklung zeigen. In wenigen Ausnahmefällen lassen sich ausgebildete Einzelmerkmale entdecken, die Übereinstimmungen mit Merkmalen der Vorfahren zeigen und somit Hinweise auf eine stammesgeschichtliche Entwicklung darstellen. Beispiele sind die Zahnanlagen im Kiefer von Bartenwal-Embryonen und die als Kiemenanlagen anzusehenden Furchen bei Landwirbeltieren.

Paläontologie

In seltenen Fällen wurden durch glückliche Zufälle Reste von Organismen (tiefgefrorene Mammuts, in Bernstein eingeschlossene Insekten, Knochen, Kalkschalen etc.) gefunden, die viele hunderttausende oder Millionen Jahre überdauert haben. Hinzu kommen Abdrücke, Versteinerungen oder Inkohlungen. Diese Fossilien können uns Hinweise über den Weg der Evolution geben. Hierbei sind besonders Reste von Lebewesen von Bedeutung, die Ausgangspunkte von divergierenden Entwicklungen (z. B. Ur-Säuger) oder Übergangsformen unterschiedlicher Gruppen waren.

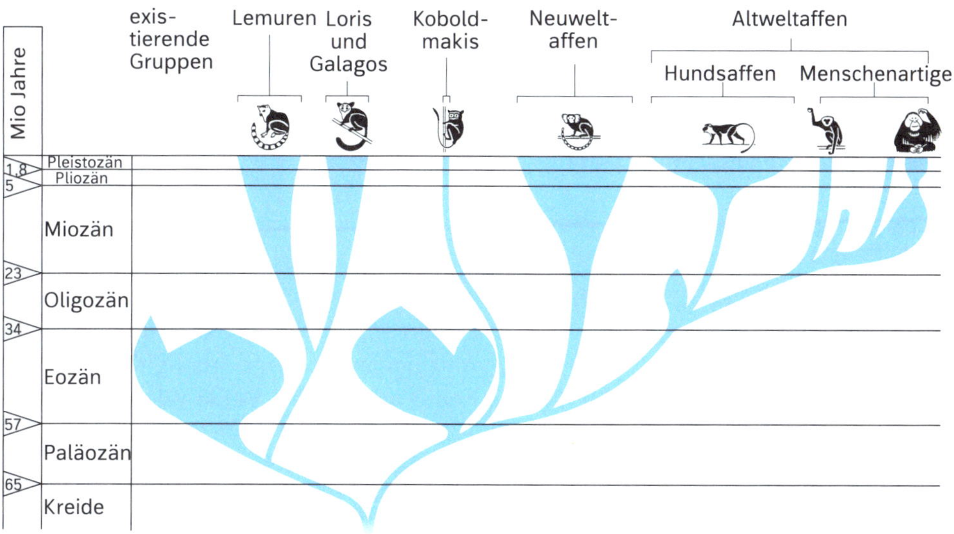

Stammbaum der Primaten (Die Breite der Zweige deutet die relative Artenzahl an.)

Schon LINNÉ hat den Menschen problemlos in sein System eingeordnet und ihn mit den Affen und Halbaffen zur Ordnung der Primaten (Herrentiere) zusammengefasst. Durch neuere Erkenntnisse konnte die Klassifikation der Primaten verfeinert und mithilfe weiterer Methoden zu einer Erstellung des Stammbaumes der Primaten genutzt werden. Oft unterstützen unterschiedliche Hinweise die gleiche Hypothese über die stammesgeschichtliche Entwicklung. Manchmal können diese Hinweise auch widersprüchlich sein. Dann können verschiedene Hypothesen aufgestellt werden und somit unterschiedliche Stammbäume erstellt werden. Wichtig ist: Stammbäume sind nur Hypothesen und sind nicht immer widerspruchsfrei. Sie können je nach Gewichtung der verschiedenen Hinweise unterschiedlich sein und sich im Laufe der Zeit ändern.

c. Vergleich und Beurteilung der Ergebnisse weiterer Analysemethoden: Vergleich von Nukleotid- und Aminosäure-Sequenzen (vgl. Aufg. 11)

Vergleiche von Nucleinsäureabschnitten (DNA- und RNA-Vergleiche) geben genauso wie Proteinvergleiche (Abbildung Cytochromvergleich siehe S. 69) und Vergleiche von Aminosäuresequenzen Hinweise auf die stammesgeschichtliche Distanz von Arten. Große Ähnlichkeit bestimmter DNA-Abschnitte deutet auf geringe stammesgeschichtliche Distanz (hoher Verwandtschaftsgrad), geringere Ähnlichkeiten auf größere Distanz (geringerer Verwandtschaftsgrad) hin. Nicht codierende Abschnitte der DNA unterliegen in geringerem Maße der Selektion, weisen somit mehr Mutationen pro Zeit auf und sind exakter in der Bestimmung des Verwandtschaftsgrades.
Die DNA-Unterschiede können sowohl qualitativ als auch quantitativ ausgewertet werden. Ein geeignetes Verfahren ist die **DNA-Hybridisierung**. DNA-Doppelstränge unterschiedlicher Arten werden durch Erhitzen voneinander getrennt (Schmelzen der DNA). Nach dem Abkühlen können homologe Abschnitte von DNA-Einzelsträngen unterschiedlicher Arten hybridisieren, indem sich zwischen komplementären Basen der beiden Einzelstränge Wasserstoffbrücken ausbilden. Beim erneuten Schmelzen dieser Hybridstänge trennen sich diese umso schneller, je weniger komplementäre Basen sie aufweisen. Gemessen wird die Temperatur, bei der die Hälfte aller Brücken aufgelöst ist (Schmelzpunktbestimmung). Je niedriger dieser Schmelzpunkt ist, desto geringer ist somit die Ähnlichkeit der beiden hybridisierten DNA-Einzelstränge und desto geringer die Verwandtschaft der untersuchten Arten.

d. Erklärungsmodelle für Evolution (Synthetische Evolutionstheorie; vgl. Aufg. 6, 10)

Nachdem LINNÉ in der 2. Hälfte des 18. Jahrhunderts damit begann, die Vielfalt des Lebendigen zu erfassen und sie im Wesentlichen entsprechend der Baupläne systematisierte, stellte CUVIER fest, dass die Organismen in der Vergangenheit nicht immer nur in der Form vorkamen, in der sie uns heute erscheinen. Beide Wissenschaftler konnten aufgrund ihrer Vorstellung, dass die Erde erst 6000 Jahre alt sei, keine oder keine hinreichende Erklärung für die Vielfalt des Lebens geben. Erst LAMARCK entwarf die Idee von der stammesgeschichtlichen Entwicklung des Lebendigen, mit der er die Vielfalt begründete. Zur Bekräftigung seiner Idee entwickelte er die Vorstellung von der Weitergabe erworbener Eigenschaften (durch Gebrauch oder Nicht-Gebrauch von

Organen) von den Eltern an ihre Nachkommen. Diese Hypothese von der willentlichen und aktiven Anpassung des Individuums an die Umwelt konnte den späteren Erkenntnissen der Genetik nicht standhalten. 50 Jahre später, 1859, lieferte DARWIN eine neue Theorie für die stammesgeschichtliche Entwicklung des Lebendigen. Er übernahm eine Idee von MALTHUS und erkannte, dass Lebewesen mehr Nachkommen haben als zum Überleben der Art nötig wären. Diese weisen Unterschiede auf, die als Varianten für den Kampf ums Dasein („struggle for life“) unterschiedlich geeignet sind. Der Bestangepasste pflanzt sich erfolgreich fort und überlebt in seinen Nachkommen als Tüchtigster („survival oft the fittest“). Die Individuen werden mit ihren Eigenschaften der Umwelt ausgesetzt. Im Wechselspiel zwischen Umwelteinfluss und individueller Ausstattung ergibt sich der Grad ihrer Angepasstheit. DARWIN bezog diese Erkenntnisse auf alle Lebewesen und formulierte sie als Selektionstheorie. Heute weiß man, dass auch der Umwelteinfluss auf Individuen zu vererbbaren Änderungen im Genom führen kann (Epigenetik, vgl. Aufg. 9), jedoch nicht willentliche oder aktive Anpassung, wie von LAMARCK gedacht. Zahlreiche Belege aus vielen Disziplinen der Biologie, z. B. der Genetik, der Paläontologie, Ethologie, Ökologie und Biochemie bestätigten DARWINS Selektionstheorie. Alle diese Erkenntnisse aus den unterschiedlichen Fachgebieten erweiterten die Selektionstheorie zur Synthetischen Evolutionstheorie.

Die aus den Verhaltenswissenschaften stammenden Begriffe der **„proximaten“** und **„ultimaten“** Ursachen ermöglichen es, Erklärungen für hochkomplexe biologische Phänomene zu formulieren. Wenn biologische Phänomene in Form einer physikalisch und/oder chemisch beschreibbaren Ursache-Wirkungskette erklärbar sind, spricht man von proximaten Ursachen. Ultimate Ursachen sind solche, die wegen ihrer Komplexität im Ergebnis als Anpassungsprozesse zu beschreiben sind und mit der synthetischen Evolutionstheorie erklärt werden. Dabei darf Angepasstheit nicht als ein Zustand aufgefasst werden, der in der Evolution durch zielgerichtete Prozesse entstanden ist. Evolution ist „blind“; ein zielgerichteter Prozess setzt die Kenntnis eines zukünftigen Ergebnisses voraus und entspräche aus menschlicher Sicht einem Schöpfungsakt.

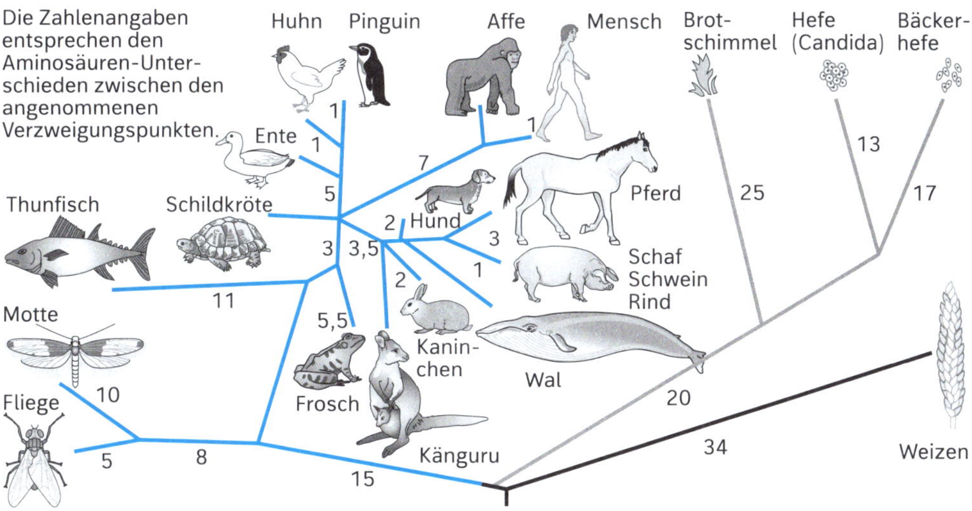

Stammbaum nur auf Basis des Vergleichs der Aminosäuresequenz des Enzyms Cytochrom

Transspezifische Evolution der Primaten

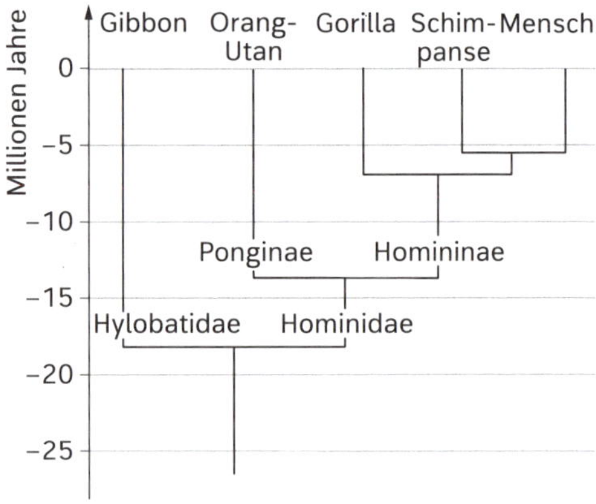

Stammbaum der Hominoiden

Die Einordnung des Menschen in die Ordnung der Primaten stellte von Anfang an kein Problem dar. Die Stellung der einzelnen Menschenaffen zum Menschen und die damit verbundene Einordnung der Vorfahren der heutigen Menschen in den Stammbaum der Hominiden (Große Menschenaffen und Mensch) haben sich dagegen aufgrund neuer Erkenntnisse immer wieder verändert. So zeigen Fossilfunde, dass die Vorstellung, die Vorfahren der Menschen hätten schimpansenähnlich ausgesehen, falsch ist. Die frühen Homininen waren weitaus weniger spezialisiert als die späteren Schimpansen und Menschen. Die vor etwa vier Millionen Jahren lebenden Homininengruppen zeigten eine große Fülle an Formen; auch der aufrechte Gang dürfte in verschiedenen Entwicklungslinien entstanden sein und wäre demnach kein Merkmal, das nur den Menschen zuzuordnen ist.

Folgende **fossile** anatomisch-morphologische Merkmale spielten bei der Erstellung des Stammbaums der Menschen und Menschenaffen eine Rolle:

- Die Lage des Hinterhauptloches in der Schädelbasis ist ein Hinweis auf die Angepasstheit an den aufrechten Gang (je mehr das Loch senkrecht über der Wirbelsäule liegt, desto fortgeschrittener ist der Grad der Angepasstheit).
- Form des Schädels: Kräftige Überaugenwülste, eine weit vorspringende Schnauze (Prognathie) und ein fliehendes Kinn sind Merkmale der Menschenaffen. Größeres Hirnvolumen, Stirn und ein spitz zulaufendes Kinn sind Menschenmerkmale.
- Das Becken als Ansatzstelle für die Muskulatur gibt Hinweise über die Angepasstheit an den aufrechten Gang. Auch die schüsselartige Form ist ein Hinweis auf den aufrechten Gang. Diese mit dem aufrechten Gang verbundenen anatomischen Merkmale sind aber nicht allein frühen Menschenformen zuzuordnen.
- Menschenaffen haben im Gegensatz zum Menschen parallele Zahnreihen und eine Lücke zwischen Schneidezähnen und Eckzähnen.
- Die Füße können mehr als Greiffuß (Menschenaffe) oder mehr als Standfuß (Mensch) entwickelt sein.
- Die Hände sind beim Menschenaffen mit einem kurzen fast funktionslosen Daumen mehr ans Hangeln, bei Menschen mit einem längeren gegenübergestellten Daumen mehr ans Greifen angepasst.

Cytologisch-biochemische Untersuchungen an **rezenten** (heute lebenden) Menschen und Menschenaffen können ebenfalls Hinweise zur Erstellung eines Stammbaumes geben. Dabei kommen die oben aufgeführten Methoden wie z. B. Protein-, RNA- und DNA-Vergleich zum Einsatz. In den letzten Jahren wurde nicht nur die Methodik der RNA-Vergleiche (aus Mitochondrien) oder von DNA-Resten in Fossilien verfeinert. Gebrauchsspuren an Zähnen und Gebiss sowie die Isotopenverhältnisse mancher chemischer Elemente lassen Rückschlüsse auf die Ernährung zu. So nehmen z. B. C_3-Pflanzen weniger schwere ^{13}C Atome auf als in der Luft vorhanden sind; C_4-Pflanzen nehmen relativ die Mengen an ^{13}C wie ^{12}C auf, wie diese in der Luft vorhanden sind. Da C_4-Pflanzen besser an heiße Klimate und Stickstoffarmut angepasst sind, ergeben sich wichtige Rückschlüsse auf die Ernährung des Menschen, weil sie unter solchen Bedingungen verstärkt Grassamen verzehrten.
Verstärkt konnten so auch ökologische Fragestellungen in Verbindung mit ernährungsphysiologischen und anatomischen Untersuchungen zur Klärung des Evolutionsprozesses verschiedener Homininenformen herangezogen werden.

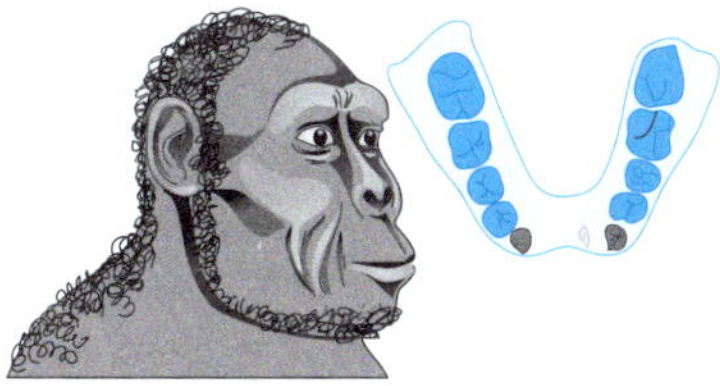

Name: Homo rudolfensis
Größe: bis 1,55 m
Fundort:
Turkana-(Rudolf-)See

Alter:
2,5 bis 1,8 Mio. Jahre
Gehirnvolumen:
600 bis 800 cm^3

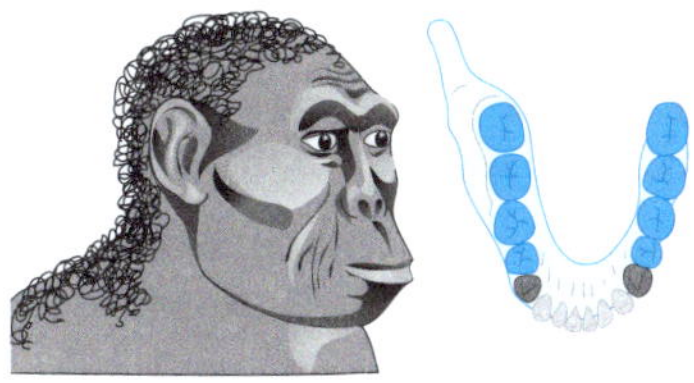

Name: Homo habilis
Größe: bis 1,65 m
Fundort:
Olduvai-Schlucht

Alter:
2,1 bis 1,5 Mio. Jahre
Gehirnvolumen:
500 bis 650 cm^3

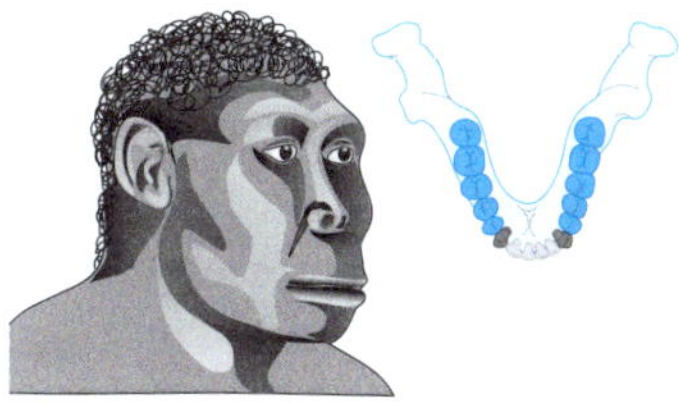

Name: Homo erectus
Größe: bis 1,65 m
Fundort:
Turkana-See,
Java, China

Alter:
1,8 Mio. bis 40000 Jahre
Gehirnvolumen:
750 bis 1250 cm^3

Merkmale und Lebend-Rekonstruktion dreier Arten der Gattung Homo

Biologische und kulturelle Evolution des modernen Menschen

a. Biologische Evolution

Klimageschichtliche und pflanzensoziologische Untersuchungen zeigen, dass die Vorfahren des heutigen Menschen in Afrika und nach jüngsten Erkenntnissen auch in Europa unter tropischen Bedingungen lebten. Sie ernährten sich als Sammler und Jäger von Früchten, Knollen und Wurzeln, in denen Stärke gespeichert war, und von jungen Pflanzentrieben und Samen. Sie mussten keine Vorräte anlegen, da ihnen Nahrung das ganze Jahr über zur Verfügung stand. Auch Eier oder frisches Aas verschmähten sie nicht. Mit einfachen Waffen versuchten sie, Tiere zu töten, um sie zu verzehren. Sowohl das Aas als auch die von ihnen getöteten Tiere bereiteten sie mithilfe von Feuer zu. Da durch Erhitzen die Nahrung besser erschlossen wird, können so mehr Menschen ernährt werden bzw. die Nahrung reicht länger.
Es gab verschiedene früh- und mittelpleistozäne *Homo*-Arten in Afrika. Alle Ethnien des modernen Menschen stammen von einem frühen *H. sapiens* aus Afrika ab. Einige von ihnen wanderten wiederholt von Afrika nach Europa und Asien aus. *H. sapiens*, der ebenfalls in mehreren Wellen nach Europa und Asien einwanderte, verdrängte schließlich alle anderen Homo-Arten, die sich durch adaptive Radiation (s. u.) in Afrika gebildet haben.
Eine adaptive Radiation in der Evolution des Menschen kann angenommen werden, wenn Teilpopulationen unterschiedlichen Umweltbedingungen ausgesetzt sind. Diese veränderten Umweltbedingungen entstehen entweder durch Klimaänderungen, durch Wanderungen in andere Klimate oder durch beides. Die Annahme einer adaptiven Radiation der Hominiden in Afrika während der Klimaveränderungen vor etwa sechs Millionen Jahren ist also sowohl durch Klimaveränderungen wie auch Wanderungen von Teilpopulationen in dieser Zeit nachvollziehbar. Rasche Klimaveränderungen führten zur „mediterranen Salzkrise“, d. h. nach Absinken des Meeresspiegels und unter tektonischen Bewegungen kam es zur Schließung der Meerenge zwischen Atlantik und Mittelmeer. Dies führte zur Austrocknung des Mittelmeers unter Erhöhung der Salzkonzentration im Mittelmeer und Absenken der Salzkonzentration in den Weltmeeren. Die Aussüßung der Weltmeere führte zur beschleunigten Eisbildung in der Antarktis, da Süßwasser schneller als Salzwasser gefriert, und zu geringeren Niederschlägen auf der Erde insgesamt. Folge war eine beschleunigte Abkühlung der Erde, ein Zerfall der Waldflächen in Afrika in einzelne Inseln und damit eine Isolierung der einzelnen Hominiden- bzw. Homininenpopulationen. Diese Isolierung führte während des Quartärs (Beginn vor ca. 2,5 Mio Jahre) zur adaptiven Radiation mit Ausbildung mehrerer Arten der Gattung *Homo*.
Immer wieder kam es während der verschiedenen Eiszeiten zu Wanderungsbewegungen in Regionen, die sich durch gemäßigtes oder kaltgemäßigtes Klima auszeichnen. Eine regelmäßige Versorgung mit pflanzlicher Nahrung war dort nicht möglich, aber wenn sich Tiere in der Nähe aufhielten, konnten diese erbeutet werden.
In den außertropischen Regionen können Pflanzenfresser nur dann leben, wenn sie in Symbiose mit Bakterien leben, die für sie die groben, zellulosehaltigen Pflanzen verdauen. Denn nur während der Vegetationsperiode steht zartes und unverholztes

Pflanzenmaterial zur Verfügung. Im Winter ernähren sich die meisten Pflanzenfresser nur mithilfe der Bakterien, die in ihrem Verdauungssystem leben und die in der Lage sind, Cellulose abzubauen. Dazu muss auch im Winter genügend Wasser zur Verfügung stehen. So ernähren sich also Pflanzenfresser mehr von den Bakterien und weniger direkt von Pflanzen.
Während der Eiszeiten wuchsen Wälder außerhalb der inneren Tropen nur selten. Zwischen den von Gletschern bedeckten Regionen Europas und Asiens und den Tropen herrschten Steppen und Tundren vor, in denen eine große Zahl von Pflanzenfressern leben konnte. Menschen jagten diese Tiere, indem sie sich zu Gruppen zusammenschlossen und gemeinsam die Tiere verfolgten, töteten und verzehrten. Dabei zogen sie hinter den großen Tierherden her. Während der Vegetationsperiode sammelten sie Früchte, stärkehaltige Knollen und junge Sprosstriebe. Sowohl das Fleisch wie auch die meisten Pflanzen wurden erhitzt, um sie besser verdauen zu können.

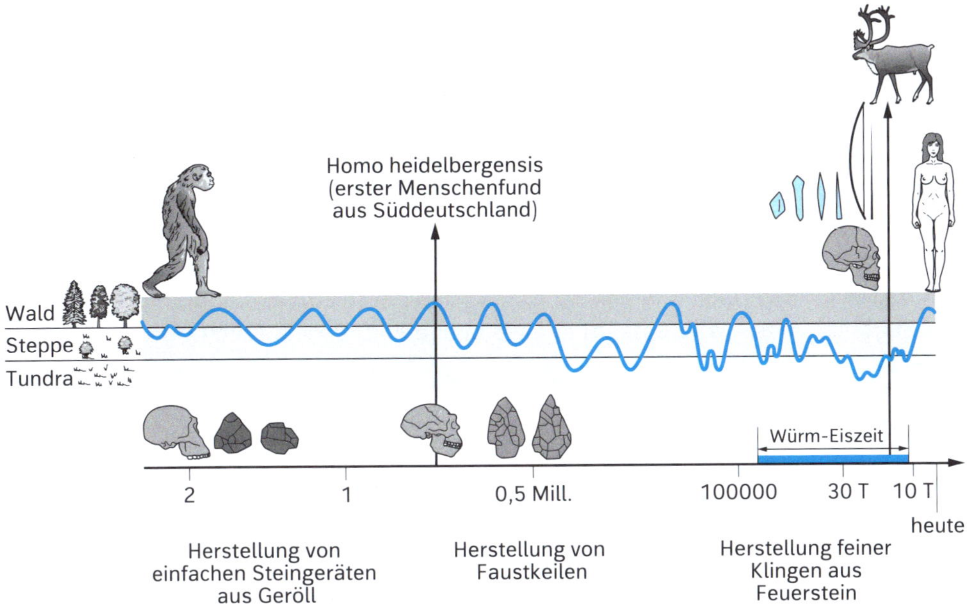

Klimabedingte Vegetationsänderungen in Mitteleuropa und Entwicklung des modernen Menschen. Die blaue Linie deutet die jeweiligen Jahresdurchschnittstemperaturen an, die maßgeblich die Vegetationsverhältnisse in Mitteleuropa bestimmte (verändert nach: H. Küster: Am Anfang war das Korn. Beck, München, 2013, S. 37)

H. sapiens wanderte seit Beginn der letzten Eiszeit vor 100000 Jahren in mehreren Wellen über NW-, besonders aber über NO-Afrika nach Asien und Europa, bevorzugt entlang der Küsten. Sowohl in Asien wie auch in Europa verdrängte *H. sapiens* die schon lange vor ihm eingewanderten Hominiden *(H. erectus, H. heidelbergensis, H. neanderthalensis, H. floresiensis),* deren Existenz in Asien und Europa für die Zeit vor etwa 1 500 000 und 400 000 Jahren nachgewiesen ist. Am Ende der letzten Eiszeit vor etwa 10000 Jahren waren große Flächen Westeuropas durch *H. sapiens* besiedelt.
Die seit langem bekannte Nutzung von Werkzeugen, Waffen und Schmuck wurde verfeinert. Während sich die Menschen in Europa und Asien am Ende der Eiszeit vor etwa 19000–13000 Jahren vor allem von Rentieren ernährten, begannen mit zunehmender Erwärmung die Menschen in Südeuropa auch neue Ressourcen in Form von Zugvögeln, Wassersäugetieren und Fischen zu nutzen. Als Wildbeutergesellschaften lebten sie wie ihre Vorfahren auch von Wildfrüchten, Knollen und Nüssen, die sie teilweise für den Winter einlagerten.

b. Kulturelle Entwicklung

Schon die Vorfahren des *H. sapiens* kannten Bestattungsriten und Grabbeigaben. Sie weisen darauf hin, dass es intensive menschliche Beziehungen zwischen Angehörigen einer Sippe gab, die über reines Nützlichkeitsdenken hinausgingen. Nicht nur Empathie, auch große Zuneigung und religiös geprägte Vorstellungen von einem Leben nach einem Tod können die Ursachen für diese Grabbeigaben gewesen sein. Intelligentes Verhalten und Lernfähigkeit bestimmte die Stellung des Einzelnen in der Sippe. Höhlenmalereien und Tierfiguren werden heute als Jagdzauber und Ausdruck von Schamanismus, altsteinzeitliche weibliche Figuren als Fruchtbarkeitssymbole gedeutet.
In Vorderasien begann vor etwa 13000 Jahren mit Zunahme der **Sesshaftigkeit** die Nutzung von Grassamen, wodurch sich der Ackerbau und das damit verbundene Handwerk entwickelten. Mit der Sesshaftigkeit und der Entwicklung des Ackerbaus entwickelten sich größere Siedlungen, in denen nicht nur eine Sippe lebte. Erste Überschüsse des Ackerbaus konnten auf Märkten verkauft werden.
Diese sogenannte **neolithische Revolution** war einerseits mit der Umstellung auf den Ackerbau und Viehwirtschaft verbunden. Aber nicht nur im überkommenen Verhalten, auch genetisch änderten sich die Menschen in einigen wenigen, aber bedeutsamen Genorten. So vervielfachte sich das Gen für das Enzym Amylase. Dadurch verbesserte sich die Stärkeverdauung erheblich. Menschen produzieren in ihrem Speichel etwa sechs- bis achtmal so viel Amylase wie Schimpansen. Mutationen im Bereich des Gens für Lactase, welches den Milchzucker spaltet und so für den Energiestoffwechsel aufbereitet, sorgten dafür, dass nicht nur Kleinkinder, sondern auch bestimmte Populationen des Menschen (z. B. Menschen im südlichen Skandinavien und nördlichen Mitteleuropa) auch als Erwachsene besser als andere Menschen Milchzucker verdauen konnten und keine Verdauungsstörungen bekamen. Ohne die Mutationen im Bereich des Lactasegens wäre eine dauerhafte Besiedlung von Regionen, die auf Milchviehhaltung angewiesen sind, nicht möglich gewesen, da Milch nicht nur als Energiespender, sondern auch als wichtiger Calcium- und Vitaminspender dient, der die lichtarme Zeit im Winter überdauern hilft. Die Milchzuckerverträglichkeit in den

Regionen Europas ist dort besonders hoch, wo die Zusammensetzung der Proteine in der Kuhmilch besonders vielfältig ist. In derselben Region tauchte in der Steinzeit zum ersten Mal Rinderzucht auf.
Aufgrund verbesserter landwirtschaftlicher Produktionsweisen und durch die Zucht von Pflanzen und Tieren ergab sich eine Überproduktion, die auf Märkten verkauft werden konnte. Handwerk und Handel entwickelten sich, schließlich entstanden im heutigen Irak und Syrien die ersten Städte. Das Streben des Menschen nach einem guten oder besseren Leben in größeren Gesellschaften führte zur Notwendigkeit, Konflikte möglichst aggressionsfrei auszutragen: Regeln des Zusammenlebens mussten in Form von Gesetzen formuliert, geschützt und durchgesetzt werden. Dazu war nicht nur mündliche, sondern auch schriftliche Kommunikation notwendig. In Mesopotamien entwickelte sich die Keilschrift, in Ägypten entstanden die Hieroglyphen, später Buchstabenschriften. Mit der Entwicklung einer Kultur, die durch Normen und Werte, durch Medizin, Wissenschaft und Kunst bestimmt war, wurde es dem Menschen möglich, sich von seiner biologischen Evolution zu emanzipieren.

Energiestoffwechsel

Orte des Energiestoffwechsels bei Pflanzen mit den Schwerpunkten Bau und Funktion des Blattes, Bau und Funktion von Chloroplasten, Membranvorgänge

a. Bau und Funktion des Blattes (vgl. Aufg. 4, 5)

Die Umweltfaktoren Licht, Wasser und CO_2 werden von den grünen Teilen der Pflanze zur Bildung von Traubenzucker genutzt. Dieser wird zunächst als Stärke gespeichert und dann vom Ort seiner Entstehung in den Chloroplasten über bestimmte Leitungssysteme der Leitbündel (Phloem) zu den Orten des Energiebedarfs oder Baustoffbedarfs transportiert. Hauptorgane der Fotosynthese sind die grünen Blätter. Dort sind Blattgrünkörnchen (Chloroplasten) vor allem in zwei Gewebeschichten des Blattes, dem Palisadengewebe und dem Schwammgewebe, zu finden. Über die Spaltöffnungen, die von Schließzellen gebildet werden, diffundieren gemäß dem Konzentrationsgradienten Wasserdampf und Sauerstoff nach außen, CO_2 nach innen.
In einfachen Versuchen hat man die Abhängigkeit der Fotosynthese vom Licht- und vom CO_2-Angebot sowie von der Temperatur jeweils innerhalb enger Grenzen untersucht. Dabei zeigte sich: Je mehr Licht auf die grünen Blätter fällt, desto mehr Stärke und Sauerstoff wird erzeugt. Je mehr CO_2 zur Verfügung steht, desto mehr Stärke und Sauerstoff werden erzeugt. Dabei beeinflusst die Temperatur als abiotischer Faktor vor allem deshalb die Reaktionsgeschwindigkeit der Stoffwechselprozesse, weil die Funktionsfähigkeit der Enzyme stark temperaturabhängig ist.

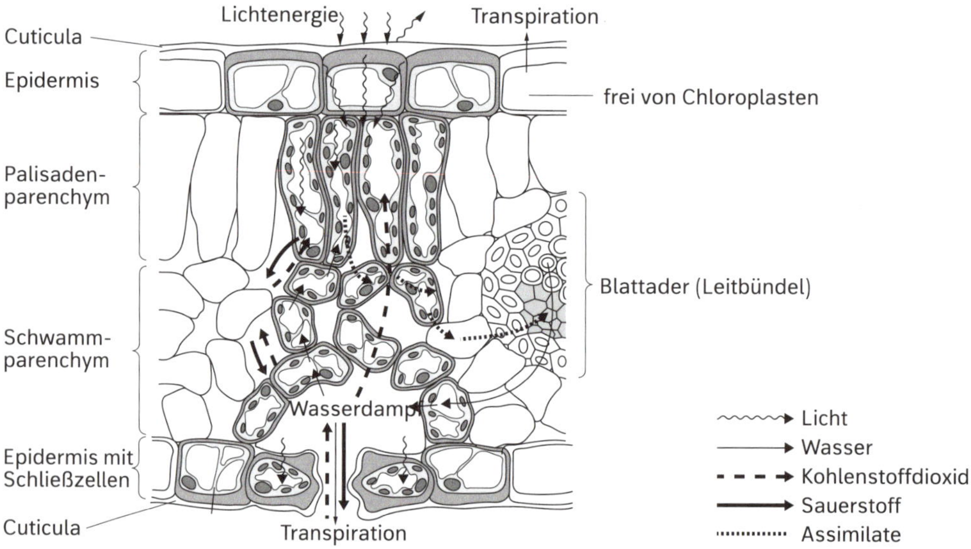

Schematischer Ausschnitt aus dem Bau eines Blattes (Sonnenblätter enthalten ein mehrschichtiges, Schattenblätter ein einschichtiges Palisadenparenchym)

Bauelemente eines Blattes mit ihren Funktionen

Atemhöhle: großräumige Interzellulare (Zellzwischenräume) im Inneren des Blattes an der Spaltöffnung (siehe Gasaustausch)

Cuticula: eine für Wasser schwer durchlässige Schicht auf der Epidermis, die weitgehend vor Verdunstung und Infektion schützt

Epidermis: Abschlussgewebe der Blätter aus einer oder mehreren Zellschichten, in der Regel ohne Chloroplasten (Ausnahme: Schließzellen) und mit häufig verstärkten Zellwänden, bietet mechanischen Schutz

Gasaustausch: Entlang eines Konzentrationsgefälles diffundieren Gase durch die Spaltöffnungen. Der Gasaustausch kann über die Öffnungsweite der Spaltöffnungen (Stomata) geregelt werden und ist z. B. von Luftfeuchtigkeit und Licht abhängig.

Palisadengewebe: bei vielen Pflanzenarten unter der oberen Epidermis liegendes Gewebe aus länglichen Zellen, deren Cytoplasma reich an Chloroplasten ist. Die Zellachse verläuft senkrecht zur Blattoberfläche.

Schwammgewebe: lockeres, von vielen Interzellularen durchsetztes Gewebe aus unregelmäßig gebauten Zellen, in deren Cytoplasma häufig weniger Chloroplasten als im Palisadengewebe anzutreffen sind, und das zwischen Palisadengewebe und Epidermis liegt.

Schließzellen: paarig angeordnete Epidermiszellen des Spaltöffnungsapparats, zwischen denen sich die Spaltöffnung befindet. Turgorschwankungen in den Schließzellen bewirken das Öffnen und Schließen der Spaltöffnung. Sie sind u. a. abhängig von den Licht-, CO_2 und Wasserdampfverhältnisse der Umgebung. Innerhalb der Epidermis enthalten ausschließlich die Schließzellen Chloroplasten.

Vakuole: Zellsaftraum von Pflanzenzellen mit Wasser, Nähr- oder Abwehrstoffen, der auch Stoffwechselendprodukte (Abfall) enthalten kann.

b. Bau und Funktion der Chloroplasten (vgl. Aufg. 4)

Die im Cytoplasma der Zellen eines grünen Blattes liegenden Chloroplasten fixieren mithilfe von ATP das CO_2 der Luft und bilden dabei energiereiche, speicherfähige Kohlenhydrate, die in alle Teile der Pflanze transportiert werden. Die Kohlenhydrate werden entweder als Baustoff (z. B. für Zellwände und Membranen) oder als Energieträger zur Zellatmung (Mitochondrien) verwendet. Für die Synthese der Kohlenhydrate wird in Primärvorgängen ATP gewonnen. In einem ersten Schritt wird Lichtenergie von Blattpigmenten absorbiert. Chlorophyll und andere Farbstoffe befinden sich in den Thylakoidmembranen der Chloroplasten. Dort wird die absorbierte Lichtenergie auf Redoxsysteme übertragen und für den Aufbau eines Protonengradienten zwischen Matrix (dem Chloroplastenplasma) und Thylakoidinnenraum verwendet. Daraus resultiert ein Protonenstrom in die Matrix hinein, der zur Gewinnung von ATP genutzt wird. Die Protonen strömen dabei durch das membrangebundene Enzym ATPase. Die Protonen werden aus der Wasserspaltung (Fotolyse des Wassers) mithilfe von Enzymen gewonnen. Diese erhalten ihre Energie aus der Lichtreaktion der Fotosynthese. Das bei der Wasserspaltung entstehende Abfallprodukt Sauerstoff diffundiert nach außen. Die bei der Fotolyse des Wassers entstehenden Elektronen und Protonen werden an Redoxsysteme gebunden (Reduktionsäquivalente). Diese dienen in den Sekundärvorgängen wie auch ATP zur Fixierung des CO_2.

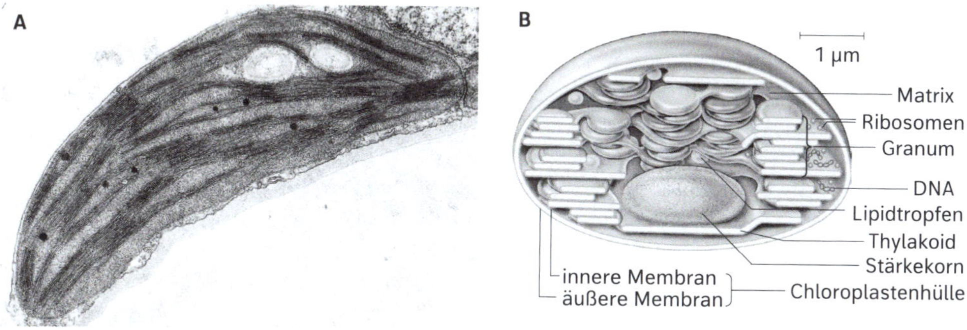

Bau eines Chloroplasten A EM-Bild (ca. 150 000-fach), B Schema

In der Matrix des Chloroplasten erfolgt im sogenannten CALVIN-Zyklus die Reduktion des CO_2 zu Kohlenhydraten. Die entstehenden Kohlenhydrate (u. a. Glucose) werden entweder über Exportproteine in den Membranen sofort aus den Chloroplasten transportiert oder zu osmotisch weniger wirksamen Stärkemolekülen zusammengesetzt und in der Matrix, dem Chloroplastenplasma, gespeichert.

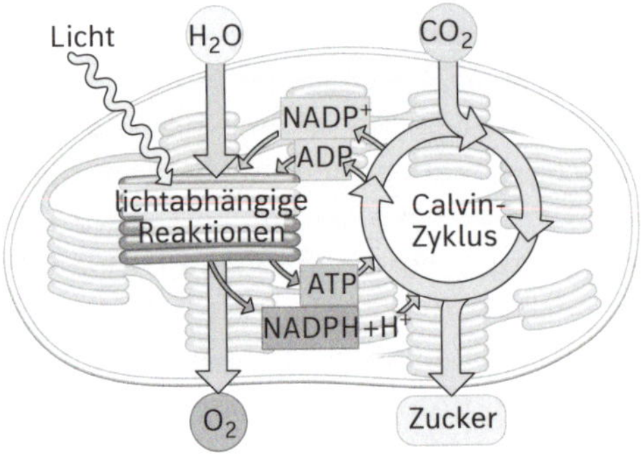

Übersichtsschema zu Stoffwechselleistungen des Chloroplasten

Die CO_2-Fixierung kann je nach Standort und Angepasstheit der Pflanzenart verschieden ablaufen. Sowohl der Bau der Fotosyntheseorgane als auch die CO_2-Akzeptoren können unterschiedlich sein.

1. Im CALVIN-Zyklus wird CO_2 an den C_3-Körper Glycerinsäurephosphat (GSP, = Phosphoglycerinsäure, PGS) gebunden (C_3-Pflanzen, z. B. Bohne).
2. Ein anderer Akzeptor ist z. B. Phosphoenolpyruvat (PEP), das zusammen mit CO_2 den C_4-Körper Malat bildet. Das Malat dient als CO_2-Speicher für den Fall, dass wegen geschlossener Spaltöffnungen aufgrund großen Wassermangels die CO_2-Zufuhr tagsüber unterbrochen ist. Malat wird dann nachts gebildet und tagsüber, wenn Lichtenergie, aber kein CO_2 von außen zur Verfügung steht, wieder abgebaut und das dabei entstehende CO_2 in den CALVINzyklus eingeschleust (CAM-Pflanzen, z. B. Mauerpfeffer).
3. Viele tropische Pflanzen haben einen differenzierten Blattaufbau und sind in der Lage, bei großem Licht-, Wasser- und Nährsalzangebot besonders schnell zu wachsen, weil sie zusätzlich zum CALVINzyklus in spezialisierten Mesophyllzellen mithilfe von Reduktionsäquivalenten und fotosynthetisch gewonnenem ATP Phosphoenolpyruvat und CO_2 zu Malat reduzieren können. Dieses Malat steht dann als CO_2-Quelle zusätzlich für den CALVINzyklus in den Chloroplasten der Leitbündelscheidenzellen zur Verfügung (C_4-Pflanzen, z. B. Mais).

Bau- und Funktionselemente eines Chloroplasten mit seinen Funktionen

Matrix: Chloroplastenplasma (auch Stroma genannt) mit Ionen, Enzymen und anderen Proteinen, Ribosomen, ringförmigem DNA-Molekül; abgegrenzt durch eine Thylakoidmembran, die sich funktionell und morphologisch von anderen Zellmembranen unterscheidet.

Thylakoidmembran: fotosynthetisch aktive Membran, die die Matrix von der nicht plasmatischen Phase abgrenzt. In die Membran sind Chlorophylle und andere Redoxsysteme so eingebaut, dass in der nicht plasmatischen Phase mithilfe der Lichtenergie Wasser gespalten werden kann. Die aus der Wasserspaltung gewonnenen Elektronen durchlaufen zunächst die membrangebundenen Redoxsysteme. Dabei wird ein Teil ihrer Energie zur Bildung eines Protonengradienten genutzt. Schließlich werden sie mit den durch die ATPase geströmten Protonen an Reduktionsäquivalente ($NADP^+$)

gebunden und für Reduktionsvorgänge in den Sekundärreaktionen zur Bildung von Kohlenhydraten verwendet.

Nicht plasmatische Phase: Raum zwischen den Thylakoidmembranen des Chloroplasten und der „Außenmembran“ der Chloroplasten sowie Raum zwischen den Thylakoidmembranen in den Thylakoidstapeln. Die nichtplasmatische Phase enthält keine gelösten Proteine, sondern besteht nur aus einer wässrigen Lösung verschiedener Ionen sowie aus den durch Wasserspaltung entstandenen Protonen.

Stroma: siehe Matrix

c. Bau und Funktion der Thylakoidmembranen: Gewinn von ATP und Elektronen bzw. Wasserstoff

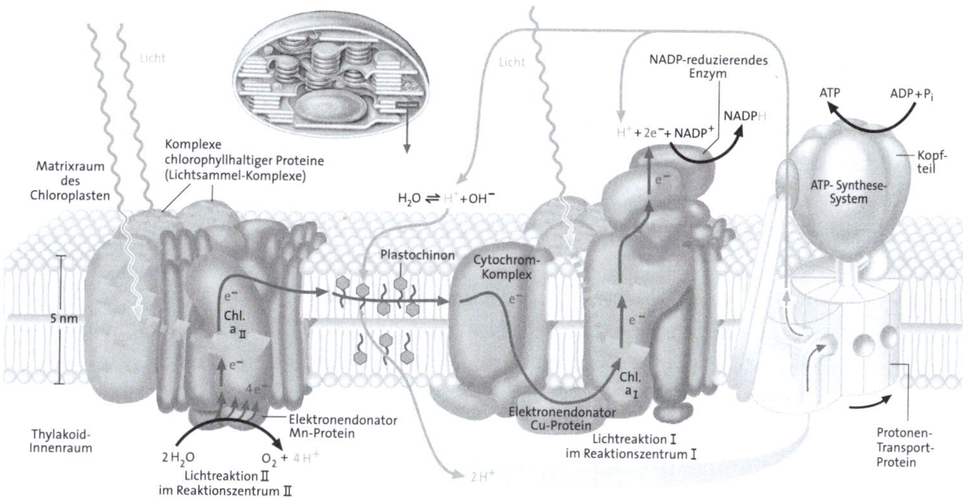

schematischer Bau der Thylakoidmembran und Primärvorgänge

Die in die Thylakoidmembran eingebauten Chlorophyllmoleküle werden durch Licht angeregt. Dies ist möglich, weil diese Farbstoffe ein System konjugierter Doppelbindungen enthalten. Die Elektronen dieser Doppelbindungssysteme sind beweglicher als andere und lassen sich deswegen leichter anregen. Sie gelangen durch Lichtenergie auf ein höheres Energieniveau und entfernen sich dadurch kurzzeitig von dem zugehörigen Atomkern im Farbstoffmolekül. Die bei der Rückkehr der Elektronen auf ihr ursprüngliches Energieniveau frei werdende Energie kann entweder als Wärmeenergie frei werden oder benachbarte Redoxsysteme anregen. Für die Primärvorgänge der Fotosynthese spielt deswegen die räumliche Anordnung der beteiligten Redoxsysteme eine ausschlaggebende Rolle. Das biologische Basiskonzept „Bau und Funktion“ wird so auf der subzellulären Ebene deutlich.

Der membrangebunde Komplex aus Chlorophyll und Enzymen sorgt nach Anregung durch Lichtenergie wegen unterschiedlicher Redoxpotenziale der beteiligten Substanzen dafür, dass Wassermoleküle im Thylakoidinnenraum in Elektronen und Protonen sowie in molekulare Sauerstoffmoleküle aufgespalten werden. Da die Elektronen den

Redoxsystemen der Membran zugeführt werden, kommt es im Thylakoidinnenraum zu einem Protonenüberschuss. Damit wird die Lichtenergie in einem Protonengradienten kurzfristig gespeichert. In der Modellvorstellung eines Systems aus Stausee, Staumauer und kontrollierbarem Abfluss mit einer Turbine entspricht die Thylakoidmembran der Staumauer, dass gespeicherte Wasser den Protonen in der nicht plasmatischen Phase und die Turbine der ATPase. Sie erzeugt mithilfe des Protonenstroms ATP. Sobald die Protonen durch die ATPase in die Matrix geströmt sind, werden sie mit den Elektronen, die einen großen Teil ihrer Energie beim Transport über viele Redoxsysteme durch die Thylakoidmembran abgaben, an ein frei lösliches Coenzym ($NADP^+$) in der Matrix gebunden. Dadurch wird das $NADP^+$ zu NADPH + H^+ reduziert. So kann der Protonengradient aufrecht erhalten werden. In der Matrix wird NADPH + H^+ als Reduktionsäquivalent zusammen mit dem erzeugten ATP für die Synthese von Kohlenhydraten in den Sekundärvorgängen verwendet.

Bau- und Funktionselemente der Thylakoidmembran

ATPase, ATP-Synthase: membrangebundener Enzymkomplex aus einem differenzierten Tunnelsystem und weiteren Proteinbestandteilen, durch den ein Protonenstrom fließt und den Enzymkomplex an bestimmten Stellen so verändert, dass ADP und ein Phosphatrest zusammengefügt werden können. In Umkehrung dieser Reaktion kann unter ATP-Einsatz die ATPase auch als Protonenpumpe verwendet werden.

Emerson-Effekt: Wird eine Pflanze gleichzeitig mit Licht von 680 und 700 nm Wellenlänge bestrahlt, bildet sie mehr Sauerstoff als die rechnerische Summe der O_2-Produktion bei einer Bestrahlung von 680 nm und danach 700 nm. Dies lässt auf zwei gekoppelte Fotosysteme schließen, die einzeln weniger als gemeinsam leisten.

Energieäquivalent: Bezeichnung für ATP, weil es als universeller Energielieferant für die Stoffwechselprozesse aller Zellen angesehen werden kann.

Phospholipid: Grundbaustein der Thylakoidmembran. Charakteristisch für diese Moleküle ist der Aufbau aus einem polaren Teil mit einem Phosphatrest und einem unpolaren Teil mit zwei Fettsäureresten. Während sich die polaren Teile des Moleküls polaren Lösungsmitteln wie z. B. Wasser zuwenden und die Wassermoleküle als Dipole Hydrathüllen um den polaren Teil bilden, werden die unpolaren Teile von polaren Lösungsmitteln abgestoßen. Folge dieser physikalisch-chemischen Eigenschaft des Phospholipids ist die Bildung von zweischichtigen Membranen. Die zweischichtige Anordnung der Phospholipide in der biologischen Membran darf aber nicht mit der Ausbildung biologischer Doppelmembranen wie z. B. bei Chloroplasten, Mitochondrien und Zellkernen verwechselt werden. Die Anordnung der Phospholipide zu einer Membran kann also aufgrund der resultierenden Membraneigenschaften, zwei wässrige Lösungen voneinander zu trennen, vom Organismus genutzt werden. Erst dadurch ist der Aufbau von Stoffgradienten möglich, über den z. B. an Membranen der Chloroplasten und Mitochondrien Energie gewonnen werden kann.

Fotosystem I: Lichtenergie absorbierendes Fotosystem mit Chlorophyll a im Zentrum der „Lichtfalle“ (P700), dessen Absorptionsmaximum bei 700 nm liegt. Bei Anregung von P700 werden Elektronen auf spezielle Akzeptormoleküle, die dabei reduziert werden, übertragen. Über diese Akzeptormoleküle gelangen die angeregten Elektronen an die Matrixseite der Thylakoidmembran zum $NADP^+$, das zu $NADP^-$ reduziert wird und zusammen mit Protonen das NADPH + H⁺ bildet. Sind nicht genügend Protonen vorhanden, wird das Reduktionsäquivalent NADPH + H⁺ nicht gebildet, und die angeregten Elektronen fließen über eine Elektronentransportkette zurück zum Fotosystem II (zyklischer Elektronentransport).

Fotosystem II: Lichtenergie absorbierendes Fotosystem mit Chlorophyll a im Zentrum der „Lichtfalle" (P680), dessen Absorptionsmaximum bei 680 nm liegt. Bei Anregung von P680 erhält das System Elektronen aus der Fotolyse des Wassers.

Primärvorgänge: Ablauf der lichtabhängigen und membrangebundenen Prozesse der Fotosynthese, deren Endprodukte Energie- und Reduktionsäquivalente bilden, die für die Sekundärvorgänge (Fixierung von CO_2, Glucose-Synthese) notwendig sind.

Reduktionsäquivalent: Bezeichnung für $NADP^+$ (in oxidierter Form) bzw. $NADPH + H^+$ (reduzierte Form). Um ein Reduktionsäquivalent zu bilden, sind zwei Protonen und zwei Elektronen, also zwei Wasserstoffatome, erforderlich. Jedes Elektron benötigt in der Fotosynthese für seinen Weg über Redoxsysteme zwei Lichtquanten – ein Lichtquant aus dem Fotosystem II und eines aus dem Fotosystem I.

Redoxpotenzial: Redoxpotenziale charakterisieren Redoxsysteme, also Substanzen, die Elektronen aufnehmen und abgeben können. Redoxpotenziale geben an, ob Elektronen fester oder lockerer an das jeweilige Redoxsystem gebunden sind und werden in Volt gemessen. Je lockerer die Elektronen an das System gebunden sind, desto energiereicher sind sie. Werden Elektronen auf ein System übertragen, in dem sie fester gebunden sind, wird nutzbare Energie frei. Je lockerer die Elektronen gebunden sind, desto größer (negativer) ist das Redoxpotenzial. Redoxsysteme mit größerem (negativerem) Redoxpotenzial können also Elektronen auf ein Redoxsystem mit kleinerem (positiverem) Redoxpotenzial übertragen.

Redoxsystem: Reaktionspartner, die in einer Reaktion Oxidations- oder Reduktionsmittel darstellen. Von einem Stoff mit größerem Redoxpotenzial nehmen sie Elektronen auf und geben diese an einen anderen mit kleinerem Redoxpotenzial wieder ab.

System konjugierter Doppelbindungen: wechselnde Folge von Einfach- und Doppelbindungen in speziellen Molekülen wie z. B. Chlorophylle, Carotinoide, Häm.

d. Nicht membrangebundene Vorgänge in der Matrix: Synthese von Kohlenhydraten

Durch die Versuche von Trebst, Tsujimoto und Arnon wurde nachgewiesen, dass die lichtunabhängige Fixierung des CO_2, also die Bildung von Kohlenhydraten, in der Chloroplastenmatrix abläuft. Durch Autoradiogramme, bei denen einzellige Algen zunächst mit radioaktiv markierten Verbindungen „gefüttert" wurden, konnte der Stoffwechselweg aufgeklärt werden, durch den Glucose entsteht. An einen aktivierten C_5-Zucker (Ribulosebisphosphat) wird mithilfe des Enzyms „Rubisco" (Ribulose-bisphosphat-carboxylase-oxidase) CO_2 gebunden und zerfällt sofort in zwei C_3-Körper GSP (Glycerinsäurephosphat). Diese werden mithilfe von Reduktions- und Energieäquivalenten, die in den Primärvorgängen der Fotosynthese gebildet wurden, reduziert und in weiteren Folgereaktionen (Calvin-Benson-Zyklus) mithilfe von Enzymen umgebaut, sodass aus diesen Reaktionen schließlich Glucose und neue CO_2-Akzeptoren entstehen.

Calvin-Benson-Zyklus: Prozess der CO_2-Fixierung, Bildung von Glucose und Regeneration des CO_2-Akzeptors unter Verwendung der in den Primärvorgängen gewonnenen Reduktionsäquivalente (NADPH + H^+) und Energieäquivalente (ATP).
Rubisco: Ribulose-bisphosphat-carboxylase-oxidase. Enzym, das die Verbindung von CO_2 mit dem aktivierten CO_2-Akzeptor Ribulosebisphosphat katalysiert. Rubisco macht etwa 50 % aller Proteine in der Chloroplastenmatrix aus.
Sekundärvorgänge: Gesamtheit der Prozesse, die in der Matrix unter Verwendung der Energie- und Reduktionsäquivalente ablaufen, die in den membrangebundenen Primärvorgängen der Fotosynthese bereitgestellt wurden. Die Prozesse werden insgesamt auch CO_2-Fixierung genannt; dazu gehören u. a. die Bildung der Glucose und die Regeneration des CO_2-Akzeptors.

e. Fotosynthese bei Bakterien

Viele Bakterien sind fotoautotroph. Sie entwickelten ihre Stoffwechselwege unter den Bedingungen der Ur-Atmosphäre vor etwa 2,5 Milliarden Jahren (siehe Tabelle).

	Grüne Schwefel-bakterien	Grüne Bakterien	Schwefel-Purpur-bakterien	Purpur-bakterien	Cyano-bakterien
Gattung (Beispiel)	*Chlorobium*	*Chloroflexus*	*Chromatium*	*Rhodo-spirillium*	*Anabaena*
Herkunft des Wasserstoffs bzw. Elektronen-Donator	H_2S, H_2	Organ. Stoffe, H_2S, H_2	H_2S, H_2	Org. Stoffe H_2S, H_2	H_2O
Pigmente	Bch c,d,e,a	Bch a,c	Bch a	Bch a,b	Chl. a, Phycobiline
Anzahl der Fotosysteme	1	1	1	1	2
Fotosynthetisch aktive Organellen	Vesikel und Membran		Thylakoide		
CO_2-Assimilation	Tricarbonsäurezyklus		Ribulosebisphosphat-Zyklus		

Rezente (heute lebende) fotoautotrophe Bakterien
Bch= Bakterienchlorophyll; Chl = Chlorophyll. (verändert nach Fritsche, Mikrobiologie, UTB Fischer Jena 1990, S. 74)

Gemäß der Absorptionseigenschaften der Pigmente sind fotoautotrophe Bakterien grün oder dunkelrot gefärbt und besiedeln unterschiedliche Lebensräume mit verschiedenen Lichtbedingungen. Die meisten Formen verwenden organische Verbindungen oder Schwefelwasserstoff als Wasserstoffspender; der frei werdende Schwefel wird in oder außerhalb der Zelle abgelagert.
Nur die Gruppe der Cyanobakterien nutzt Wasser als Elektronen- bzw. Wasserstoffspender und besitzt zwei Fotosysteme. Cyanobakterien sind mit den Vorformen der Chloroplasten in Algen und höheren Pflanzen verwandt. Heterotrophe Archaebakterien nahmen diese endosymbiontisch auf und entwickelten sich zur Pflanzenzelle.

Zellatmung und Gärung: Energieumwandlung bei Tier und Pflanze (vgl. Aufg. 4, 6)

a. Energiegewinn bei heterotrophen Prokaryoten: Glykolyse und Gärung

Die Glykolyse besteht in der Oxidation eines energiereichen Substrats ohne Beteiligung von Sauerstoff. Dabei wird im Cytoplasma des Organismus zunächst durch Phosphorylierung Aktivierungsnergie auf die energiereiche Substanz übertragen. Durch die Anregungsenergie kommt es zu einer Destabilisierung des gesamten Moleküls, welches dann mithilfe von Enzymen gespalten und oxidiert werden kann. Dem Substrat werden dabei Wasserstoffatome entzogen und diese auf einen Wasserstoffakzeptor, das Redoxsystem NAD^+, übertragen. Die bei der Oxidation frei werdende Energie kann durch Phosphorylierung von ADP auf ATP übertragen und für verschiedenste Lebensvorgänge verwendet werden. Weitere Oxidationsprozesse finden nur dann statt, wenn der reduzierte Wasserstoffakzeptor seinerseits den Wasserstoff an ein weiteres Molekül, das dann vom Organismus ausgeschieden wird, abgeben kann.
Obligat gärende Prokaryoten können mit der Energie, die im Wasserstoff enthalten ist (vgl. Knallgasreaktion!) nichts anfangen. Deswegen wird bei der alkoholischen Gärung der Wasserstoff vom reduzierten Reduktionsäquivalent NADH + H^+ auf Acetaldehyd, bei der Milchsäuregärung auf Pyruvat übertragen und somit das Wasserstofftransportsystem NAD „entlastet", sodass weitere Glucosemoleküle oxidiert werden können. Insgesamt ist der Energiegewinn der Glykolyse mit 2 Mol ATP/Mol Glukose sehr gering.

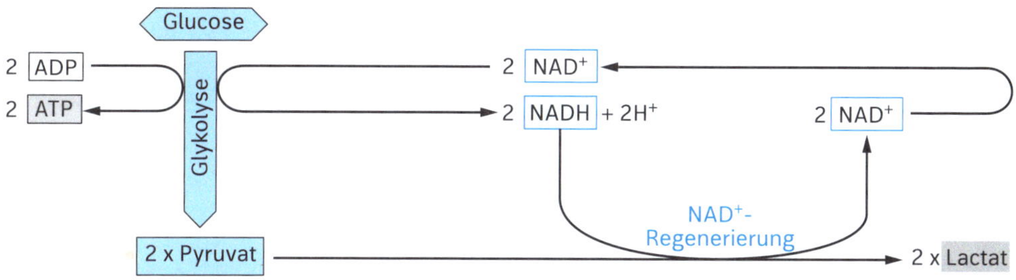

Energiegewinn und Regeneration des Wasserstofftransportsystems bei der Milchsäuregärung

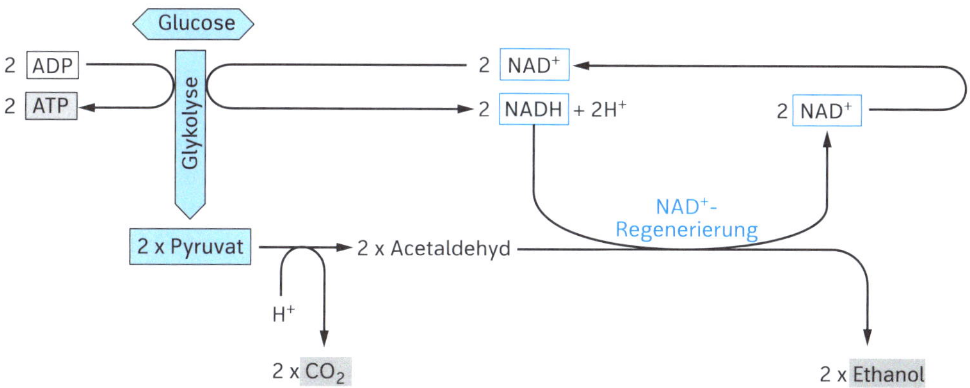

Energiegewinn und Regeneration des Wasserstofftransportsystems bei der alkoholischen Gärung

b. Energieumwandlung nach erfolgter Endosymbiose zwischen gärenden und „atmenden" Prokaryoten: Citratzyklus und Atmungskette

Bestimmten „erfinderischen" Prokaryoten gelang es im Verlauf der Evolution, Wasserstoff nicht als „Abfall" zu behandeln und auszuscheiden, sondern diesen energetisch zu nutzen. Diese Organismen nahmen Ethanol oder Essigsäurereste auf und zerlegten sie enzymatisch so, dass sie im Plasma den C_2-Körper Acetat decarboxylierten (also CO_2 entfernten) und den verbleibenden Wasserstoff der energetischen Nutzung unterwarfen. Der damit verbundene Vorteil des zusätzlichen Energiegewinns war nur möglich durch die „Erfindung" zweier Systeme: Wasserstofftransportsysteme (Redoxsysteme) und eine membrangebundene ATPase, die die Energie des Protonengradienten zur ATP-Bildung nutzen konnten. Als parallel dazu Cyanobakterien mit ähnlichem Membranaufbau einschl. ATPase und Redoxsystemen Farbstoffe in ihre Membran einbauten, die sich mit Licht anregen ließen und die Anregungsenergie auf Enzyme der Wasserspaltung übertragen konnten, konnten die Elektronen und Protonen, die sich an der Membran bildeten, auf Sauerstoff übertragen werden. Damit wurde der Energiegewinnungsprozess viel effektiver.

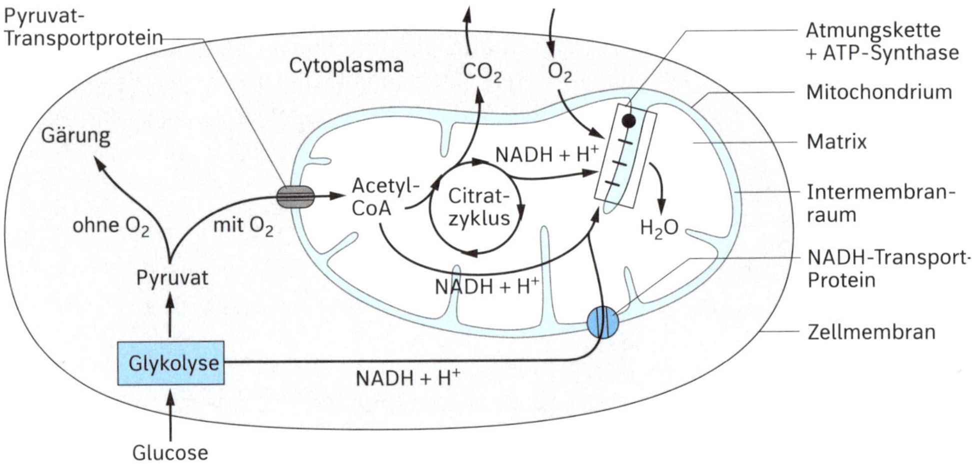

Reaktionsorte der Zellatmung in der eukaryotischen Zelle

Die aerobe Energiebereitstellung unter Verwendung von Sauerstoff läuft überwiegend in den Mitochondrien ab und führt zum Abbau der organischen Verbindungen:

1. Pyruvatimport: Pyruvat (C_3-Körper) wird über Transportproteine in das Mitochondrium transportiert, dort an CoA gebunden, durch Wasserstoffentzug oxidiert und zum C_2-Körper Acetat decarboxyliert. Pro Mol Glucose entstehen 2 Mol CO_2 und 2 Mol $NADH + H^+$.

2. $NADH + H^+$-Import: Über Transportsysteme (shuttle-System) werden zusätzlich Reduktionsäquivalente durch die innere Mitochondrienmembran transportiert.

3. Citratzyklus im Mitochondrienplasma: Die Acetylgruppe des Acetyl-CoA wird mit dem C_4-Körper Oxalacetat enzymatisch verbunden. Es entsteht ein Ion der Zitronensäure ($C_6H_8O_7$) Citrat, das viermal oxidiert und zweimal decarboxyliert wird. Dabei werden pro Mol Acetat vier Mol reduzierte Reduktionsäqivalente für die Atmungskette und 1 Mol ATP gebildet. Auf den verbliebenen C_4-Körper Oxalacetat kann ein weiterer Acetylrest aus dem Pyruvatabbau übertragen werden. Pro Mol Glucose werden also bei der Oxidation des C_2-Körpers 8 Mol Reduktionsäquivalente gewonnen; dazu kommen zwei Mol aus dem Pyruvatabbau und zwei aus der Glykolyse.

4. Atmungskette an der inneren Mitochondrienmembran: Die Redoxsysteme der inneren Mitochondrienmembran erzeugen aufgrund ihrer Redoxpotentiale und der Energie, die in den Elektronen des Wasserstoffs enthalten ist, einen Protonengradienten zwischen Mitochondrienplasma und Intermembranraum. Dieser treibt die ATPase an. Die wieder ins Mitochondrienplasma gelangten Protonen werden zusammen mit den energiearmen Elektronen unter Wasserbildung auf Sauerstoff übertragen.
Aus 1 Mol Glucose werden insgesamt maximal 38 Mol ATP gewonnen.

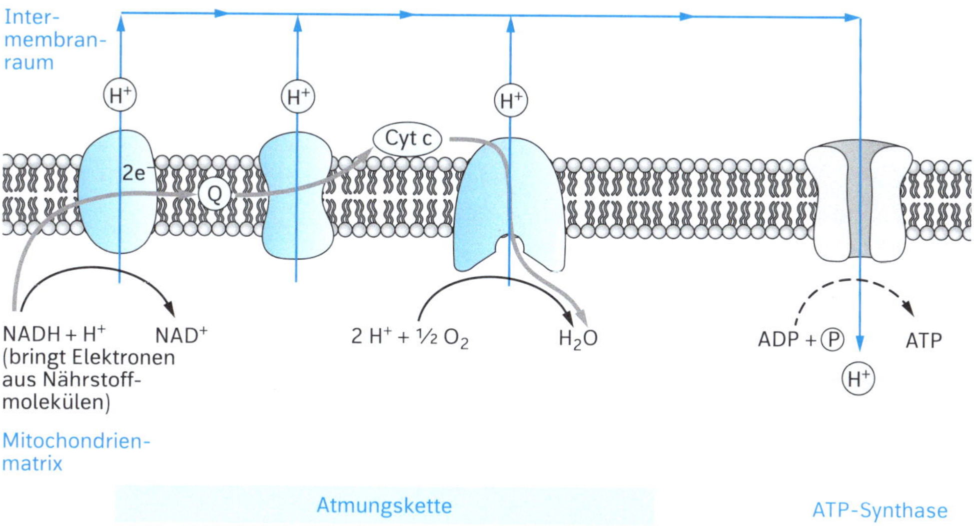

Atmungskette und ATP-Synthase

c. Regelung der Zellatmung

Wird viel Energie umgesetzt, beschleunigt sich die ATP-Produktion. Ist genügend ATP vorhanden, geht die Zellatmung zurück. Dadurch stehen energiereiche organische Verbindungen für andere Zwecke zur Verfügung. Die Regelung erfolgt durch eine negative Rückkopplung über die Aktivität von Enzymen (z. B. die Phosphofructokinase der Glykolyse. Das ist ein allosterisches Enzym, das durch ATP oder Citrat gehemmt und durch ADP stimuliert werden kann.)

d. Glykolyse und Citratzyklus als Drehscheibe

Glykolyse und Citratzyklus sind mit vielen Stoffwechselprozessen im Körper verbunden. Aus Zwischenprodukten des Citratzyklus entstehen verschiedene Stoffe, etwa körpereigene Proteine, Fettsäuren oder Glucose (Gluconeogenese). Für diese anabol (stoffaufbauend) Energie nutzenden Prozesse muss ATP aus der Zellatmung geliefert werden. Ebenso werden über Glykolyse und Citratzyklus Moleküle aus einer Stoffklasse in solche einer anderen Stoffklasse umgewandelt, etwa Glucose in Lipide.

5 Überprüfung der Methoden- und Kommunikationskompetenz

In den Abitur- und Klausuraufgaben ist nicht nur Ihr Fachwissen wie die Kenntnis biologischer Fachbegriffe und ihre Definition, biologische Phänomene und deren Abläufe gefragt. Auch Ihre Methoden- und Kommunikationskompetenz (siehe Kap. 1 und 3) wird überprüft. Abitur- und Klausuraufgaben sind daher materialiengebunden. Operatoren in der Aufgabenstellung fordern Sie dazu auf, die in dem Aufgabenmaterial enthaltenen Diagramme, Schemata, Bilder etc. richtig zu bearbeiten. Sie werden z. B. aufgefordert, Daten einer Tabelle in eine Grafik umzuformen oder ein geschildertes Experiment so zu durchdenken, dass Sie seine Fragestellung angeben können. Es wird also festgestellt, wie gut Sie mit diesen Materialien wie Grafiken, experimentellen Befunden oder Modellen umgehen können. In den folgenden Abschnitten erhalten Sie dazu gezielte Tipps. Zudem werden Musterlösungen vorgestellt.

Umgang mit Diagrammen (vgl. Aufg. 3, 6, 7, 8)

In vielen Aufgabenstellungen wird eine Beschreibung und Interpretation von Diagrammen gefordert. Diese halten in komprimierter und übersichtlicher Form Daten aus Untersuchungen, Experimenten, Naturbeobachtungen usw. fest.

Tipp

Hilfreich ist es zunächst, den Bezug des Diagramms zur Aufgabe zu erfassen. Ist die Legende nicht aussagekräftig genug, findet man häufig im Aufgabentext einen Abbildungshinweis, der am Ende eines Satzes oder Abschnitts steht und Aufschluss gibt über den Zusammenhang der Grafik mit der Aufgabe.

Erfassen der Inhalte

- Mit welchen Größen sind die x-Achse und die y-Achse bezeichnet?
- Was sagt ein Punkt, ein Linienabschnitt oder ein Balken in dem Diagramm aus?
- Welche Besonderheiten, die ich evt. zunächst noch nicht erklären kann, fallen mir auf?
- Sind zusätzliche Interpretationshilfen wie z. B. Pfeile, Hervorhebungen, Beschriftungen enthalten?

Beispielhafte Erfassung von M1:

- Für den kolumbianischen Zuckerrohrkäfer ist die Länge des Kopfhorns in mm auf der senkrechten Achse gegen die Breite der Flügeldecken auf der waagerechten Achse in mm aufgetragen.
- Die Punkte in M1 stehen für jeweils einen vermessenen Käfer. Der durch einen Kreis hervorgehobene Punkt in der Abbildung bedeutet, dass bei einem Käfer mit einer Flügeldeckenlänge von 20 mm eine Kopfhornlänge von 15 mm festgestellt wurde.
- Auffällig ist, dass es viele Käfer mit einem kleinen Kopfhorn von etwa 5 mm gibt, deren Flügeldeckengröße zwischen etwa 13 und 17 mm liegt, und gleichzeitig sehr viele Käfer mit einem großen Kopfhorn von ca. 15 mm gibt, die Flügeldecken zwischen 17 und 22 mm Länge besitzen.
- Die beiden waagerechten Linien in der Abbildung teilen die Population in drei Käfergruppen, in die bereits erwähnten kleinen Käfer mit einem kleinen Kopfhorn und die großen Käfer mit großem Kopfhorn, die den größten Anteil an der Population haben. Daneben gibt es mittelgroße Käfer mit einer Flügeldeckenlänge um die 17,5 mm, deren Kopfhornlänge zwischen 7,5 und 12,5 mm schwankt. Diese Gruppe von Käfern ist die kleinste innerhalb der Population.

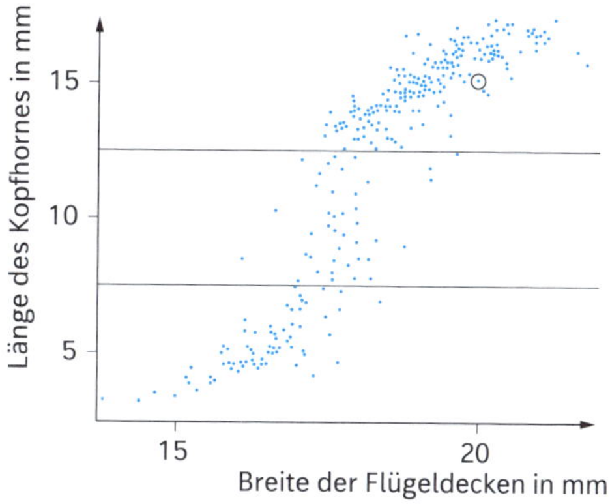

M1 Hornlängen des kolumbianischen Zuckerrohrkäfers

Beschreiben eines Diagramms

- In der Regel wird in der Aufgabenstellung die Beschreibung (Operator **beschreiben**) gefordert. Aber auch wenn nur eine Erklärung der Befunde gefordert wird, empfiehlt es sich, zunächst das Diagramm in der Reihenfolge zu beschreiben, wie man es erfasst hat.
- In einem einleitenden Satz geben Sie Auskunft über die Grundaussage der grafischen Darstellung, und falls angegeben, auch über Quelle und Entstehungsdatum/-zeitraum.
- Nennen Sie den Diagrammtyp (z. B. Säulendiagramm, Balkendiagramm, Kreisdiagramm, Kurvendiagramm).
- Geben Sie die Größenbezeichnungen auf den Achsen mit Skalierung (evt. logarithmisch) an.

Punktesammeltipp

Verwenden Sie nicht nur die Begriffe Maßeinheit, x-Achse und y-Achse, sondern variieren Sie mit Abszisse (x-Achse), Ordinate (y-Achse) und Parameter.

- Geben Sie die Inhalte des Diagramms wieder, auch dann, wenn diese Informationen an anderer Stelle (z. B. in der Aufgabenstellung) schon erwähnt sind. Beschreiben Sie bei einem Liniendiagramm den Verlauf der Kurve mit Angaben zu Beginn, Ende, Steigung, Extremwerten (Maxima, Minima, Nullstellen) sowie Regelmäßigkeiten (periodische Schwankungen). Wenn Sie sich auf spezielle Punkte oder Bereiche einer Kurve beziehen, geben Sie bei Ihrer Beschreibung die Koordinaten an.

Tipp

Schreiben Sie nicht „Von 2004 bis 2008 steigt die Kurve von 1000 auf 1500 und hat 2009 ein Maximum von 1700“ sondern „In den Jahren 2004 bis 2008 nimmt die Population der Mäuse um 500 Individuen zu. Ihre maximale Größe hat sie im Jahre 2009 mit 1700 Individuen erreicht.“

- Wenn möglich, geben Sie Kurven oder Kurvenabschnitten einen Namen (z. B. Wachstumskurve, Häufigkeitsverteilungskurve, Sättigungskurve, Optimumskurve, linearer Bereich, exponentieller Anstieg, Maximum). Einige Kurven kann man in spezielle Phasen einteilen, wie beispielsweise Wachstumskurven: Anlaufphase, exponentielle Wachstumsphase, Verzögerungsphase, stationäre Phase, evtl. Absterbephase.

Beispiel für die Beschreibung von M2

In M2 ist in einem Kurvendiagramm das Wachstum einer Hefekultur in einer Nährsalzlösung bei einer Temperatur von 22 °C über eine Dauer von elf Tagen dargestellt. Auf der Abszisse ist die Kulturdauer in Tagen abgetragen, auf der Ordinate die Anzahl der Hefezellen pro ml Kulturmedium in einem logarithmischen Maßstab. Die Punkte auf der Kurve grenzen die Phasen des Wachstums voneinander ab. Am 1. Tag befinden sich in der Anlaufphase etwas über 10 000 Hefezellen in einem Milliliter des Kulturmediums. Diese vermehren sich in den nächsten drei Tagen exponentiell auf über 100 000 Zellen pro ml. Das geschieht in der exponentiellen Phase. Vom 4. Tag an verzögert sich das Wachstum der Kultur in der sogenannten Verzögerungsphase. Die Anzahl der Zellen bleibt vom 9. Tag an konstant bei über 10^6 Zellen pro ml Kulturmedium. Somit ist die stationäre Phase erreicht.

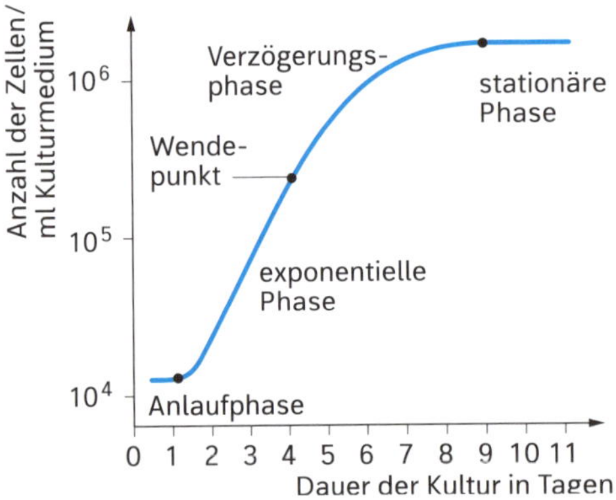

M2 Wachstum einer Hefekultur in einer Nährlösung (Temperatur 22 °C)

Interpretation eines Diagramms

Nachdem Sie in der Beschreibung gezeigt haben, dass Sie Aussagen des Diagramms erfasst haben, stellen Sie nun eine Beziehung zum Kontext der Aufgabe her.
Erläutern und erklären Sie die von Ihnen beschriebenen Teilaspekte/Kurvenabschnitte möglichst vollständig.

- Lassen sich die Aussagen des Diagramms in Beziehung setzen zur Aufgabenstellung? Lassen sie sich für die Beantwortung von Teilaufgaben heranziehen?
- Lassen sich die Aussagen des Diagramms zur Bestätigung eines beschriebenen Phänomens oder einer aufgestellten Hypothese heranziehen oder widerlegen sie diese?
- Werden neue Fragen durch die Informationen des Diagramms aufgeworfen?
- Was sind mögliche Ursachen für die aus dem Verlauf der Kurve abgeleiteten Sachverhalte?

Beispiel für die Interpretation von M2

Mögliche Aufgabenstellung: **Beschreiben** und **erklären** Sie die Art des Wachstums der Hefekultur in M2.
Hefezellen vermehren sich durch Teilung exponentiell. Aus einer Zelle werden so 2, daraus 4, dann 8, 16, 32 und so fort. Dies geschieht, weil und solange die Umweltfaktoren nahezu optimal sind, also im Vorzugsbereich (Präferendum) der Art liegen. Denn die Temperatur als abiotischer Umweltfaktor liegt konstant bei 22 °C und das Kulturmedium enthält genügend Nährstoffe, von denen sich die Hefezellen ernähren können. Allerdings verzögert sich das Wachstum nach dem 4. Tag. Das bedeutet, dass in der Kultur nicht mehr nur neue Zellen entstehen, es sterben auch einige ab. Die Kapazität des Lebensraums ist offensichtlich begrenzt, d. h. für die Gesamtheit aller Zellen steht nun nicht mehr unbegrenzt Raum und Nahrung, evtl. auch Sauerstoff zur Verfügung. Stoffwechselendprodukte grenzen das Wachstum ein. Das Wachstum stagniert in der stationären Phase: Es sterben ebenso viele Hefezellen wie neue entstehen. Hier endet die in der Grafik festgehaltene Beobachtung. Es handelt sich also um ein begrenztes Wachstum einer Hefekultur in einem Nährmedium. Allerdings ist zu vermuten, dass nach weiteren Tagen mehr Zellen absterben als neue gebildet werden, wenn keine weiteren Nährstoffe der Hefekultur zugefügt werden. Damit folgt auf die stationäre Phase die Absterbephase.

Vergleich von Diagrammen

Häufig müssen Sie mehrere Diagramme bzw. Kurvenverläufe in einem Diagramm miteinander in Beziehung setzen, also z. B. vergleichen oder zuordnen. Suchen Sie bei dem Vergleich von Diagrammen sowohl nach Gemeinsamkeiten als auch nach Unterschieden im Kurvenverlauf (Anfang, Ende, Steigung, Maxima, Minima, Nullstellen, Symmetrieverhältnisse, periodische Schwankungen).
Achten Sie darauf, ob die zu vergleichenden Diagramme/Kurven evtl. unterschiedliche Skalen oder Achsen haben. Berücksichtigen Sie diese Unterschiede bei Ihren Aussagen.

Erstellen eines Diagramms

Gelegentlich wird Ihre Methodenkompetenz dadurch überprüft, dass Sie die Ergebnisse eines Experiments oder die Daten aus einer Tabelle in einem Diagramm darstellen sollen. Dabei wird nicht nur die inhaltliche Korrektheit, sondern auch die Darstellungsweise bewertet. Stellen Sie dazu folgende Überlegungen an:

- Welcher Diagrammtyp ist am besten geeignet?
- Welche Messgrößen sollen miteinander in Beziehung gesetzt werden, wie beschrifte ich waagerechte und senkrechte Achse?
- Wie skaliere ich Ordinate und Abszisse?
- Wie formuliere ich die Legende?

Punktesammeltipp

Benutzen Sie Lineal, Zentimetermaß, Bleistift (evt. Buntstift) und Radiergummi. Geben Sie, falls erwähnt, Quelle, Zeitpunkt sowie Ort und Methode der Datenerfassung in der Legende an.

Umgang mit Abbildungen (vgl. Aufg. 4 – 10)

Zu den typischen Materialien in biologischen Aufgabenstellungen gehören Abbildungen. Sie bieten die Möglichkeit, Einzelmerkmale zu benennen, zu beschreiben oder zu analysieren.

Sieht der Arbeitsauftrag vor, Abbildungen zur Lösung einer Aufgabe hinzuzuziehen, erwähnen Sie zunächst **formale Aspekte**, die Sie der Quellenangabe oder der Legende entnehmen können:

- Wie ist die Abbildung entstanden? Handelt es sich z. B. um ein normales Foto, das mit einer Kamera gemacht wurde oder um eine Infrarot- bzw. Röntgenfotografie, Ultraschallfotografie, Kurzzeit- oder Langzeitfotografie, um eine Satellitenaufnahme, eine licht- oder elektronenmikroskopische Aufnahme? Abbildungen können ebenfalls Ergebnis einer Magnetresonanztomografie oder einer Positronen-Emissions-Tomografie sein. Es gibt noch weitere Möglichkeiten.
- Benennen Sie die Bilderzeugungstechnik. Diese ist häufig für die Interpretation der Abbildung wichtig. Handelt es sich z. B. um eine schwarz-weiße oder eine farbige Fotografie?

Machen Sie dann **allgemeine Aussagen zu den Inhalten der Abbildung**:

- Handelt es sich zum Beispiel um eine mikroskopische Struktur in einer Zelle, um eine Vergrößerung eines Insektenorgans oder ein Satellitenbild bei Nacht?
- Benennen Sie den Ausschnitt und die Größenverhältnisse der Ihnen vorliegenden fotografischen Abbildung.

Jetzt erst ermitteln Sie die **zentrale(n) Aussage(n)** der Abbildung. Interpretieren Sie diese in Beziehung zur Aufgabenstellung und vor dem Hintergrund Ihrer Fachkenntnisse und Fachbegriffe. Ordnen Sie die Aussage der fotografischen Abbildung in den Kontext aller weiteren Materialien ein und bewerten Sie die Aussagekraft der fotografischen Abbildung hinsichtlich ihres Lösungsbeitrags.

Beispiel für die Interpretation von M3

Vorgegebener Text zur Abbildung: „Schaflausfliegen leben im Fell von Schafen. Diesen saugen sie Blut durch die Haut ab. Sie ähneln eher Läusen als Fliegen. Zur Ausbreitung der Tiere gibt der enge Kontakt der Schafe in der Herde reichlich Gelegenheit."
Mögliche Aufgabenstellung: **Beschreiben** Sie die Eigenschaften einer Schaflausfliege, die diese als Parasiten kennzeichnet.

M3 Schaflausfliege

Lösung: Schaflausfliegen besitzen lange, mit Haken versehene Beine, mit denen sie sich gut im Fell der Wirte festhalten können. Vorne am Kopf besitzen sie ein Saugorgan. Ihre Flügel sind verkümmert und ihr Körper ist abgeflacht, sodass sie sich gut im Haarkleid der Schafe vorwärts bewegen können.

Umgang mit schematischen Abbildungen (vgl. Aufg. 2, 4 – 10)

Viele Aufgabenstellungen enthalten schematische Zeichnungen, die vereinfachte Strukturen (z. B. Bau einer Zelle) oder Abläufe (z. B. Stoffwechselwege, Verlauf eines Experiments) veranschaulichen.

Beschreibung schematischer Darstellungen

Ordnen Sie in einem ersten Schritt diese Abbildungen in einen größeren thematischen Rahmen bzw. Sachzusammenhang ein, erfassen Sie allgemeine Aspekte und **beschreiben** Sie:

- Welchem Themengebiet kann die Abbildung zugeordnet werden?
- Welche Informationen geben Ihnen Beschriftungen und Legende einer Abbildung?
- Werden Strukturen, Abläufe oder Funktionszusammenhänge dargestellt?
- Beschreiben Sie die gezeigten Strukturen, Abläufe oder Bezüge. Gehen Sie dabei möglichst systematisch vor, z. B. von links nach rechts, von unten nach oben oder von außen nach innen. Ausgangspunkt können auch auffällige Elemente im Schema sein. Vermeiden Sie eine reine Aufzählung von Bildelementen.

Interpretation schematischer Darstellungen

- Nennen Sie die Funktion der Abbildung im Kontext der Aufgabenstellung. Dient sie z. B. als Veranschaulichung, Begründung, Erläuterung, Versuchsbeschreibung?
- Gliedern Sie die in der Abbildung enthaltenen Informationen, indem Sie die meist vorgegebenen Gliederungsmuster spiegeln.

- Beziehen Sie sich in Ihrer Auswertung auf diese Gliederung und stellen Sie Bezüge zu den Arbeitsanweisungen bzw. Operatoren der Aufgabe und zu den übrigen Materialien her.
- Wirft die Abbildung evtl. neue Fragen auf? Nennen Sie diese.

Umgang mit Experimenten (vgl. Aufg. 4, 6)

Der biologische Erkenntnisprozess geht von einer Naturbeobachtung aus, die sich zunächst nicht erklären lässt, der also keine Ursache zugeordnet werden kann. Der Forscher stellt Vermutungen über mögliche Ursachen an, die er begründet und als Hypothesen formuliert. Dies schließt auch die Vorhersage des aufgrund der Hypothese zu erwartenden Beobachtungsergebnisses ein.
Zur Überprüfung einer Hypothese wird ein **Experiment** entwickelt, das diese Hypothese bestätigen oder auch widerlegen kann.
Im Protokoll des Experiments werden neben der Frage und der Hypothese dann die verwendeten **Materialien** angegeben, die **Durchführung** wird beschrieben und die **Beobachtungsergebnisse** festgehalten. Die tatsächlich gemachten Beobachtungen werden dann **gedeutet**. Falls die Hypothese bestätigt werden kann, ist die Ausgangsfrage beantwortet. Kann sie nicht bestätigt werden, wird in einer **Diskussion** eine neue Hypothese aufgestellt.

Gängige Formen des zu bearbeitenden Aufgabenmaterials aufgrund eines Experiments:

1) Es wird die Durchführung eines Experiments geschildert. Sie haben die Aufgabe, die zugrunde liegende Fragestellung, die Hypothese und/oder das Ergebnis vorherzusagen.

Tipp

Lassen Sie sich nicht dadurch entmutigen, dass Ihnen das Experiment unbekannt ist. Häufig ist Ihnen die eingesetzte Methode bekannt: Dann beschreiben Sie diese in einem ersten Schritt. Erst dann versuchen Sie, Bezüge zur Aufgabenstellung herzustellen. Formulieren Sie in jedem Fall eine Frage und eine Hypothese. Stimmen Sie das Beobachtungsergebnis mit Ihrer aufgestellten Hypothese ab.

In einem Aufgabentext erfahren Sie z. B. über Rotalgen, dass sie im Gegensatz zu Grünalgen auch in den tieferen Schichten des Meeres Fotosynthese betreiben. Um mehr über Rotalgen zu erfahren, wird ein Blattextrakt der Rotalgen chromatografiert. Folgendermaßen sollten Sie vorgehen:

- **Beschreiben** Sie zunächst das, was Ihnen bekannt ist: die Methode des Blattextraktes und die Chromatografie von Blattfarbstoffen der Grünalgen. Dazu können Sie voraussagen, dass in dem Chromatogramm Chlorophyll a und b (grüne Banden) und Carotinoide (gelbe Bande) zu erkennen sein werden.
- Nun erst **stellen** Sie das Bekannte mit dem Unbekannten **gegenüber**. Es liegt auf der Hand, dass Rotalgen andere Blattfarbstoffe beinhalten als Grünalgen, sonst

wären sie ja nicht rot. Allerdings ist auch bei Ihnen Chlorophyll für die Fotosynthese nötig.

- Leiten Sie aus der Gegenüberstellung und dem Vergleich Beobachtungsergebnis, Hypothese und Fragestellung ab: Neben den grünen Banden, die Sie auch bei der Chromatografie des Rotalgenextraktes im Chromatogramm erwarten, sagen Sie noch eine andersfarbige, möglicherweise rötliche Bande vorher, die einen weiteren Blattfarbstoff der Rotalgen nachweist. Die Hypothese lautet also: Rotalgen besitzen noch einen anderen Blattfarbstoff als Grünalgen, mit dem Sie das Licht in den größeren Tiefen des Meeres für die Fotosynthese nutzen können. Die Ausgangsfrage lautet: Aus welchen Gründen können Rotalgen in tieferen Schichten des Meeres im Gegensatz zu Grünalgen Fotosynthese betreiben? Dazu war es hier nur nötig, das Statement im Aufgabentext zu einer Frage umzuformen.

Punktesammeltipp

Gehen Sie, auch wenn das nicht ausdrücklich in der Aufgabe gefordert wird, darauf ein, ob dieses Experiment Ihrer Meinung nach wirklich die von Ihnen formulierte Hypothese und auch die Ausgangsfrage bestätigt. Schließen Sie also eine **Diskussion** an. In diesem Fall wird nur ein Teil der Hypothese bestätigt: Es kann keine Aussage darüber gemacht werden, ob der vorhergesagte Farbstoff das Licht in größeren Tiefen tatsächlich absorbiert und für Fotosynthese nutzen kann. Auch die Ausgangsfrage kann noch nicht eindeutig beantwortet werden.
Beschreiben Sie kurz, aber mit den Ihnen bekannten Fachausdrücken die Durchführung der eingesetzten Methode, hier Chromatografie (des Rotalgenextrakts). Zu verwendende Fachbegriffe sind z. B. Chromatografiekammer, Chromatografieplatte, Laufmittel, Trägermaterial.

2) Aufgrund einer Fragestellung sollen Sie ein geeignetes Experiment schildern.

- Machen Sie sich klar, dass das geeignete Experiment eine Hypothese nicht nur bestätigen (verifizieren), sondern auch widerlegen (falsifizieren) kann.
- Erwägen Sie den Einsatz verschiedener fachspezifischer Methoden, z. B. Mikroskopieren, Anfärben, Einsatz von Enzymen, genetischer Fingerabdruck, DNA-Hybridisierung, Einsatz von Gen-Sonden, Vergleichen und Homologisieren.
- Ist eine bestimmte Methode geeignet, stellen Sie diese mit den erforderlichen Fachbegriffen oder auch Geräten vor.
- Ordnen Sie Ihr Experiment wie ein Protokoll in Materialien, Durchführung, voraussichtliches Beobachtungsergebnis.
- Illustrieren Sie die Durchführung des Experiments mit einer Skizze, z. B. mit einem Versuchsaufbau.

Punktesammeltipp

Zeichnen Sie mit Bleistift, benutzen Sie, falls nötig, das Radiergummi und/oder das Lineal.
Beachten Sie zusätzlich auch die Punktesammeltipps bei Aufgabenstellung 1.

3) Aufgrund eines skizzierten Versuchsaufbaus sollen Sie Fragestellung, Beobachtungsergebnis und Deutung des Experiments ableiten.
- In einem ersten Schritt beschreiben Sie den dargestellten Versuchsaufbau, auch wenn dies nicht ausdrücklich gefordert wird. Während dieser Beschreibung wird Ihnen i. d. R. klar, wie das zugrunde liegende Experiment durchzuführen ist.
- Gehen Sie dann vor wie in 1): Vom Bekannten zum noch nicht Bekannten.
- Erst im letzten Schritt leiten Sie Beobachtungsergebnis, Hypothese und Fragestellung ab und gleichen alles widerspruchsfrei aus.

4) Im Zusammenhang mit Beobachtungsergebnissen, deren Daten häufig in unübersichtlicher Form dargestellt sind, werden Sie gelegentlich aufgefordert, diese in eine übersichtlichere Form zu überführen.
- Beachten Sie dazu den Abschnitt „Umgang mit Diagrammen".

Umgang mit Hypothesen (vgl. Aufg. 2, 4–10)

Materialgebundene Aufgaben sehen manchmal vor, dass Sie nicht nur im Rahmen von Experimenten Hypothesen aufstellen, sondern erst über das Aufstellen von Hypothesen und deren Diskussion zu Lösung kommen.

Aufstellen von Hypothesen

Eine Hypothese ist eine begründete Vermutung, dass bestimmten Beobachtungen eine Gesetzmäßigkeit zugrunde liegt. Eine Hypothese muss mit den objektiven Daten in Einklang stehen und darf in sich keine Widersprüche aufwerfen.
- Sichten Sie zunächst das gesamte Material und stellen Sie für sich eine Beziehung zur Thematik der Aufgabe her.
- Arbeiten Sie das Material gemäß den Anweisungen durch und tragen Sie auf diese Weise möglichst viele Informationen zusammen, die Grundlage für die Bildung einer Hypothese sein können.
- Ordnen Sie dann die von Ihnen ausgewählten Informationen, fassen Sie sie unter bestimmten Gesichtspunkten zusammen.
- Formulieren Sie nun auf der Basis dieser Übersicht eine möglichst klare und präzise Hypothese, evtl. auch mehrere Hypothesen.
- Belegen Sie die formulierten Hypothesen mit Daten oder Fakten aus dem Arbeitsmaterial und wägen Sie dabei die Argumente genau ab. Wichtig dabei ist es, auch die (möglichen) Gegenargumente zu prüfen.
- Es kommt bei der Aufstellung von Hypothesen nicht darauf an, druckreife Formulierungen zu erstellen. Möglich sind alle, die sich logisch aus dem Arbeitsmaterial ableiten lassen.

Überprüfen von Hypothesen: So bestätigen (verifizieren) oder widerlegen (falsifizieren) Sie vorgegebene oder selbst aufgestellte Hypothesen

Nachdem Sie Ihre Hypothese aufgrund aller Daten mit eigenen Worten formuliert haben, blicken Sie noch einmal zurück (nach folgenden Punkten überprüfen Sie auch vorgegebene Hypothesen):

- Stehen alle Angaben und Informationen aus den Materialien mit der Hypothese im Einklang?
- Belegen Sie Ihre Hypothese umfassend mithilfe aller Materialien und stellen Sie diese in einen Begründungszusammenhang.
- Werden Widersprüche deutlich, verwerfen Sie die Hypothese und halten sich nicht weiter mit ihrer Begründung auf. Eine Hypothese ist widerlegt, wenn z. B. ein Versuchsergebnis nicht im Einklang mit der formulierten Hypothese steht.

Tipp

Beachten Sie bei den Formulierungen, dass Hypothesen stets vorläufigen Charakter haben und keine feststehenden Fakten sind.
Haben Sie den Auftrag, selbst eine Hypothese aufzustellen und hält die erste einer Prüfung nicht stand, suchen Sie ohne viel Zeit zu verlieren nach einer neuen Hypothese. Wenn Ihnen keine weitere einfällt, begründen Sie die Widersprüche und schlagen Sie vor, wie man vorgehen könnte, um eine Lösung herbeizuführen.
Sind mehrere Hypothesen vorgegeben, stellen Sie vor einer Überprüfung zunächst die Unterschiede klar heraus.

Umgang mit Modellen (vgl. Aufg. 7)

Modelle bilden die Wirklichkeit nach. Sie erfassen dabei nicht alle Merkmalseigenschaften des Naturobjekts, sondern dienen nur der Erklärung weniger, oft nur einer Eigenschaft. Sie können Strukturelemente oder Funktionszusammenhänge veranschaulichen. Dabei können sie die Wirklichkeit spiegeln oder aber nur hypothetischer Natur sein. Meist vereinfachen sie komplexe Sachverhalte und machen sie leichter vermittelbar.
Bei der Beschreibung und Erklärung von Modellen ist in den Formulierungen darauf zu achten, dass das Modell nicht mit der Wirklichkeit verwechselt wird. Das können Sie dadurch erreichen, dass Sie

- Modellebene und die Ebene der Wirklichkeit getrennt beschreiben und nicht miteinander vermischen,
- Elemente des Modells bestimmten Eigenschaften der Wirklichkeit zuordnen oder
- bei einem Funktionsmodell zunächst beschreiben, wie das Modell funktioniert, und dann erklären, welche Vorgänge in der Natur damit veranschaulicht werden sollen.

Tipp

Die Zuordnung von Modellelement und Naturmerkmal sowie seine Erklärungsfunktion können gut in einer Tabelle veranschaulicht werden.

So könnte z. B. die Funktion des Isoleucins in dem angedeuteten Stoffwechselweg (M4) mithilfe eines Schwammmodells (M5) in Tabellenform erklärt werden:

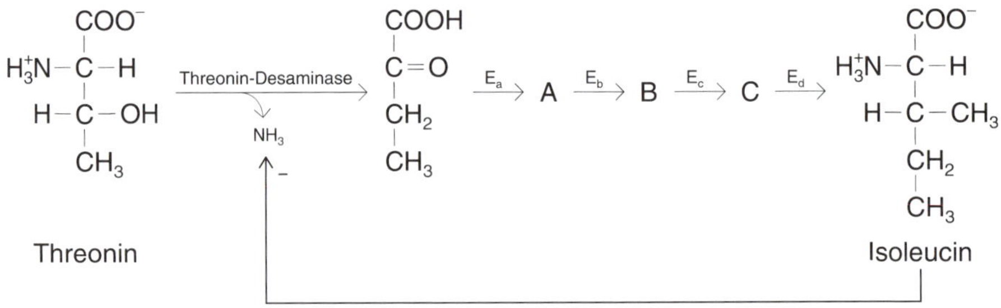

M4 Ausschnitt aus dem Threoninstoffwechsel

Modellstruktur (Funktion)	veranschaulichtes Objekt	Funktion
Schwammmodell der Abbildung M5	allosterisch gehemmte Threonin-Desaminase	allosterische Hemmung der Threonin-Desaminase durch Isoleucin
kleiner Keil aus Schwammmaterial, rechts	Threonin	Substrat
A (Wird der lange Keil in den Schlitz des Schwamms gesteckt, verändert dieser seine Gestalt.)	allosterisches Zentrum mit angelagertem Hemmstoff (Isoleucin)	bei Anwesenheit des Inhibitors Isoleucin wird Enzymstruktur verändert
B großer, veränderbarer Schwamm	Enzym Threonin-Desaminase	kann Threonin umsetzen (wenn nicht gehemmt)
C (Steckt der lange Keil nicht im Schlitz, kann die Lücke im Schwamm den kleinen Keil aufnehmen.)	aktives Zentrum	hier kann Threonin an das Enzym angelagert und dann umgesetzt werden

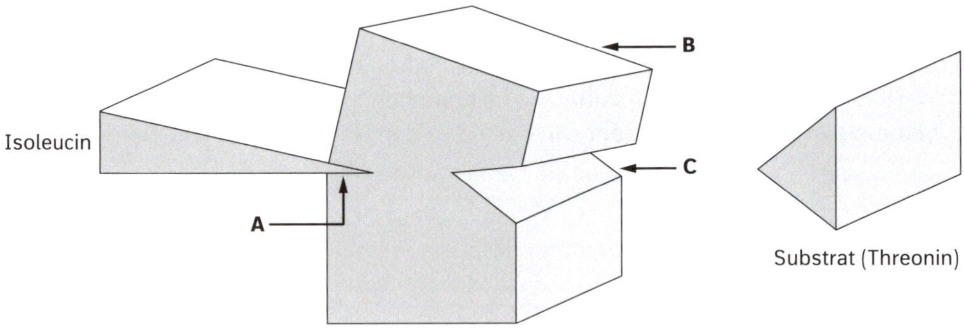

M5 Schwammmodell zur Erklärung der Funktion des Isoleucins im Threoninstoffwechsel

6 Übungsaufgaben

Angewandte Genetik: Werkzeuge und Verfahrensschritte der Gentechnik am Beispiel der PCR und des genetischen Fingerabdrucks

Aufgabe 1: CODIS, das genetische Fingerabdrucksystem des FBI

Einleitung

CODIS bedeutet **CO**mbined **D**NA **I**ndex **S**ystem und ist entwickelt worden, um möglichst alle Individuen einer Population unterscheiden zu können.
Basis dafür sind 13 verschiedene DNA-Abschnitte mit Wiederholungseinheiten. Die Molekulargenetiker bezeichnen diese sich wiederholenden DNA-Muster, deren Wiederholungseinheiten eine Länge von 2 bis 7 Basenpaaren haben, als STRs (short tandem repeats). In den untersuchten DNA-Anschnitten enthalten diese STRs etwa 10 – 100 Wiederholungseinheiten. Als VNTRs (variable number of tandem repeats) bezeichnet man DNA-Abschnitte, die eine Länge von insgesamt nur etwa 10 –100 bp (Basenpaaren bzw. Nukleotiden) besitzen.
VNTRs und STRs macht man sich in der Forensik bei der Identifikation von Personen zunutze. Sie liegen in bekannten DNA-Abschnitten, die mit Symbolen bezeichnet werden. Ein solcher Abschnitt heißt z. B. D7S280. Er liegt auf dem Chromosom 7. In der Bevölkerung der USA kann er zwischen 310 und 346 Basenpaaren lang sein.

Aufgabenstellung

1. **Untersuchen** Sie die Basensequenz des DNA-Abschnitts D7S280 aufgrund der Abbildung M1:
   (a) **Geben** Sie **an**, um welche Wiederholungseinheit es sich hier handelt und wie oft sie in der Abbildung M1 wiederholt wird.
   (b) **Leiten** Sie aufgrund der Angaben im Text und der Abbildung M1 alle variablen STRs mit der exakten Anzahl ihrer Wiederholungseinheiten im DNA-Abschnitt D7S280 für die amerikanische Bevölkerung **ab**. (Tipp: Ermitteln Sie dazu die Länge des DNA-Abschnitts D7S280, also die Gesamtzahl der Nukleotide, sowie die Anzahl der Repeats in M1. Die unterschiedliche Länge von D7S280 kommt in der Bevölkerung der USA ausschließlich durch eine unterschiedliche Anzahl an Repeats zustande. Rechnen Sie nun mit den Zahlen im letzten Satz der Einleitung.)
2. **Beschreiben** Sie, wie man aufgrund einer DNA-Spur in der Forensik experimentell vorgehen muss, um für eine bestimmte Person die STRs des DNA-Abschnitts

D7S280 zu ermitteln, also einen genetischen Fingerabdruck herzustellen. Wählen Sie folgende Methoden:
(a) PCR,
(b) Gelelektrophorese. Zeichnen Sie das Ergebnis der Gelelektrophorese für den DNA-Abschnitt D7S280 von Peter.

3. **Erläutern** Sie den Rechenweg für die Bestimmung der Wahrscheinlichkeit, einem Menschen zu begegnen, der das gleiche CODIS-STR-Muster aufweist wie Peter (vgl. M1).
4. (a) **Erklären** Sie, welche Schlussfolgerung ein Molekulargenetiker aufgrund des CODIS-STR-Musters bezüglich der Eigenschaften oder der Persönlichkeit der untersuchten Personen ziehen kann.
(b) **Beurteilen** Sie Möglichkeiten und Grenzen dieses gentechnischen Verfahrens in der Kriminalistik.

Material

M1 Nukleotidlänge mit darin enthaltenen Wiederholungseinheiten von D7S280

3′-Ende	1	[AATTTTTGTA	TTTTTTTTAG	AGACGGGGTT	TCACCATGTT
	41	GGTCAGGCTG	ACTATGGAGT	TATTTTAAGG	TTAATATATA
	81	TAAAGGGTAT	GATAGAACAC	TTGTCATAGT	TTAGAACGAA
	121	CTAACGATAG	ATAGATAGAT	AGATAGATAG	ATAGATAGAT
	161	AGATAGATAG	ATAGACAGAT	TGATAGTTTT	TTTTTATCTC
	201	ACTAAATAGT	CTATAGTAAA	CATTTAATTA	CCAATATTTG
	241	GTGCAATTCT	GTCAATGAGG	ATAAATGTGG	AATCGTTATA
	281	ATTCTTAAGA	ATATATATTC	CCTCTGAGTT	TTTGATACCT
	321	CAGATTTTAA	GGCC] 5′-Ende		

M1 Nukleotidsequenz des DNA-Abschnitts D7S280 auf dem Chromosom 7 eines Amerikaners. Die Zahlen am Beginn der Zeile kennzeichnen die Nummer der ersten Base bzw. des ersten Nukleotids des folgenden DNA-Abschnitts. Nach jeder 10. Base wurde zur besseren Übersichtlichkeit eine Lücke gesetzt.

M2 Die CODIS-DNA-Abschnitte

DNA-Abschnitt	D3S1358	vWA	FGA	D8S1179	D21S11	D18S51	D5S818
STR-Muster (Peter)	15, 18	16,16	19, 24	12, 13	29, 31	12, 13	11, 13
Häufigkeit USA	8,2 %	4,4 %	1,7 %	9,9 %	2,3 %	4,3 %	13,0 %

DNA-Abschnitt	D13S317	D7S280	D16S539	THO1	TPOX	CSF1PO
STR-Muster (Peter)	11, 11	10, 10	11, 11	9, 9	8, 8	11, 11
Häufigkeit USA	1,2 %	6,3 %	9,5 %	9,6 %	3,5 %	7,2 %

M2 Alle 13 DNA-Abschnitte, die von CODIS erfasst werden. Darunter ist jeweils eine mögliche STR-Kombination einer bestimmten Person (Peter) angegeben zusammen mit der Häufigkeit, mit der diese bestimmte Kombination in der Bevölkerung der USA auftritt. Peter hat z. B. im DNA-Abschnitt FGA einmal 19 und auf dem anderen homologen Chromosom 24 Tandem Repeats. Nur 1,7 % der Bevölkerung weisen an diesem FGA-Ort das gleiche STR-Muster von 19/24 auf.

Benötigte Fachkenntnisse

DNA: Aufbau aus Nukleotiden, Informationsgehalt codogener und nichtcodogener Abschnitte (S. 20 ff.)

Benötigte Methodenkenntnisse

PCR , Gelelektrophorese, Restriktionsenzyme, Umgang mit Diagrammen (S. 90 ff.)

Lösungen

1. (a) Länge der Wiederholungseinheit: 4 bp aus GATA; GATA tritt 12-mal auf in einem 334 bp langen D7S280 DNA-Abschnitt.
   (b) In einem 310 bp langen D7S280 DNA-Abschnitt 6-mal GATA. In einem 346 bp langen D7S280 DNA-Abschnitt 15-mal GATA. Für die amerikanische Bevölkerung gibt es im DNA-Abschnitt D7S280 variable STR-Muster von 6 bis 15 GATA-Wiederholungseinheiten.

2. (a) Ablauf der PCR:
   In der Polymerase-Kettenreaktion wird die Replikation der zellulären DNA im Reagenzglas nachgestellt. Zur Replikation muss der Doppelstrang zunächst in seine beiden Einzelstränge getrennt werden. Anschließend kann die DNA-Polymerase jeweils einen Einzelstrang als Matritze nutzen, an die sie Nukleotide in komplementärer Weise zu einem neuen, gegenläufigen Strang zusammenbaut. Als Regel gilt, dass die DNA Kettenverlängerung nur über das 3′ Ende der Ribose erfolgen kann. Nach der semikonservativen Replikation liegt dann ein Doppelstrang aus einem „alten" und einem neu zusammengesetzten Einzelstrang vor.
   Anders als bei der natürlichen Replikation werden bei der PCR nicht die gesamte DNA der Zelle, sondern nur spezifische Fragmente vermehrt. Die Startpunkte der DNA-Polymerase – und damit die Größe des vermehrten DNA-Fragmentes – wird durch die Wahl von sogenannten Primern bestimmt. Ein Primer ist ein etwa

20 Nukleotide langes DNA-Fragment, welches chemisch synthetisiert werden kann und an dessen 3' Ende eine Kettenverlängerung erfolgen kann. Die Primersequenz ist ein kurzes, einzelsträngiges DNA-Stück.

Für eine PCR benötigt man zwei unterschiedliche Primer, von denen einer komplementär zu einer Sequenz auf dem einem Einzelstrang der DNA und der zweite komplementär zu einer Sequenz auf dem gegenläufigen Einzelstrang ist. Die zwischen den Primern liegende Sequenz kann dann in der PCR vermehrt werden. Zu der DNA wird ein Reaktionsansatz gegeben, der aus einem Puffer, DesoxyNukleotiden und aus einer thermostabilen Variante des Enzyms DNA-Polymerase besteht, der Taq-Polymerase (aus dem Bakterium *Thermus aquaticus*).

Die PCR ist eine zyklische Reaktion. Jeder PCR-Zyklus besteht aus drei wesentlichen Schritten:

- Denaturierung: Durch kurzzeitiges Erhitzen der DNA-Lösung auf 95 °C werden die beiden Stränge des DNA-Moleküls getrennt.
- Hybridisierung: Bei 56 °C lagern sich die beiden Primer an die DNA-Stränge an.
- Polymerisierung: Bei 72 °C werden die DNA-Stränge durch die Taq-Polymerase repliziert.

Für die aufeinander folgenden PCR-Zyklen verwendet man einen Thermocycler, in dem die drei Schritte der Reaktion in der Regel etwa 30- bis 35-mal wiederholt werden.

(b) Das Ergebnis der Gelelektrophorese sieht für Peter an der Stelle D7S280 folgendermaßen aus:

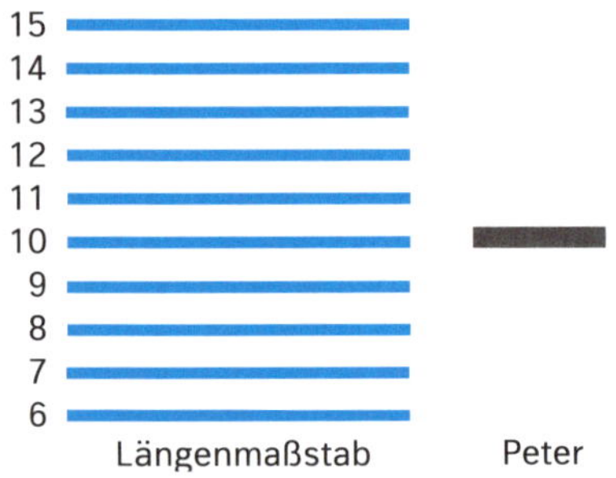

Ergebnis der Gelelektrophorese des DNA-Genabschnitts D7S280 für Peter

Erklärung zur Abbildung: Der Längenmaßstab von 6 bis 15 Wiederholungseinheiten wurde deshalb gewählt, weil im D7S280 DNA-Abschnitt nur diese Möglichkeiten von STRs vorkommen können. In der DNA-Probe von Peter taucht nur eine Bande auf, da gemäß dem STR-Muster von Peter von 10/10 in diesem Bereich jeweils 10 Wiederholungseinheiten auf den homologen Chromosomen liegen.

3. Der Rechenweg für die Bestimmung der Wahrscheinlichkeit, einem Menschen zu begegnen, der das gleiche CODIS-STR-Muster aufweist wie Peter (vgl. M2) besteht in der Multiplikation der Wahrscheinlichkeiten (Prozentangaben): 0,082 × 0,044 × 0,017 × 0,099 × 0,023 usw.

4. (a) Da sich die STRs in nicht codogenen Abschnitten der DNA befinden, enthalten sie keine Information über die Merkmale, auch nicht über die Persönlichkeitsmerkmale eines Individuums. Das Wissen um diese STRs berührt daher keine Persönlichkeitsrechte. Der Einsatz des genetischen Fingerabdrucks dient also lediglich der Identifizierung einer Person und nicht einer Merkmalsbeschreibung.
(b) Da das Verfahren keine Persönlichkeitsrechte verletzt, zudem relativ sicher ist und eine hohe Nachweiswahrscheinlichkeit hat, ist sein Einsatz zu begrüßen.

Selbstdiagnosebogen

Aufgabe Nr.	Kernkompetenz	AFB	Punkte	erreichte Punkte	Förderung
1(a)	Tandem-Repeats der DNA in einer vorgegebenen Basensequenz erkennen	II	2		molekularer Aufbau der DNA, Unterscheidung Exon, Intron, nicht-codogene Abschnitte, Tandem-Repeats (S. 20 ff.), Berechnung von Basensequenzeinheiten, Dreisatz
1(b)	Erfassen der variablen Wiederholungen von Basenfolgen innerhalb eines DNA-Abschnitts	II	4		
2(a)	Beschreibung PCR	I	4		PCR (S. 28), Gelelektrophorese, Auswertung und Zeichnung von Gelelektropherogrammen, Bedeutung der Banden und des Längenmaßstabs
2(b)	Beschreibung Gelelektrophorese	I	3		
2(c)	Erfassung eines vorgegebenen STR-Musters und Zeichnung des entsprechenden Gelelektropherogramms	II	4		
3	einfache Wahrscheinlichkeitsberechnung	II	2		Wahrscheinlichkeitsrechnung
4(a)	Schlussfolgerungen aus dem molekularen Aufbau der DNA ziehen können.	III	3		Bedeutung von Introns und nicht-codogenen Abschnitten der DNA (S. 20 ff.), Bedeutung des genetischen Fingerabdrucks (S. 28 ff.)
4(b)	Urteilsbildung aufgrund der vollständigen Erfassung eines gentechnischen Verfahrens	III	2		

Gesamtpunkte: 24, davon AFB I: 7 Punkte (30 %); AFB II: 12 Punkte (50 %); AFB III: 5 Punkte (20 %)

Materialgrundlage:

Köhnemann, S.: Einsatz spurenkundlicher und molekulargenetischer Untersuchungen in der Rechtsmedizin. Institut für Rechtsmedizin, Universitätsklinikum Münster 2009
http://campus.uni-muenster.de/fileadmin/einrichtung/rechtsmedizin/medizin/molekulargenetik.PDF
http://www.fbi.gov/about-us/lab/codis
http://www.biology.arizona.edu/human_bio/activities/blackett2/str_description.html

Analyse von Familienstammbäumen: Proteinbiosynthese und Genwirkketten; Gentechnik: Gensonde als Werkzeug der Gentechnik

Aufgabe 2: Glutarazidurie Typ I bei den Amish

Einleitung

Die Glutarazidurie Typ I (GA I) ist eine sehr seltene Stoffwechselerkrankung, die weltweit mit einer Häufigkeit von 1 auf 100 000 Neugeborenen vorkommt. Dagegen leidet eins von 400 Kindern bei den Amish an dieser Erbkrankheit. Die Amish gehören einer Glaubensgemeinschaft an, die heute vornehmlich in den USA und Kanada lebt. Sie sind bekannt dafür, dass sie viele Formen des technischen Fortschritts ablehnen und Neuerungen nur nach sorgfältiger Überlegung akzeptieren. Sie legen großen Wert auf Familie, Gemeinschaft und Abgeschiedenheit von der Außenwelt. Überwiegend stammen sie von Südwestdeutschen oder Deutschschweizern ab und sprechen untereinander meist Pennsylvaniadeutsch.

Aufgabenstellung

1. **Erklären** Sie die abweichende Häufigkeit der GA I bei den Amish.*
2. **Beschreiben** Sie die Erbkrankheit Glutarazidurie Typ I durch Auswertung der Materialien M1 bis M5 und **begründen** Sie Ihre Schlussfolgerungen. **Benennen** Sie auch den genetischen Defekt.
3. **Ermitteln** Sie mithilfe der Materialien M5 und M6 die Unterschiede im Bau der Glutaryl-CoA-Dehydrogenase von Gesunden und GA I-Patienten.
4. **Erläutern** Sie, wie mithilfe der Amniozentese und einer Gensonde festgestellt werden kann, ob ein menschlicher Embryo die Krankheit Glutarazidurie Typ I in den ersten Lebensjahren ausbilden oder nicht ausbilden könnte.
5. **Begründen** Sie mithilfe von M1, wie bei einem Neugeborenen die Krankheit Glutarazidurie Typ I biochemisch festgestellt werden könnte.
6. **Beurteilen** Sie die Aufnahme eines Glutarazidurie-Tests in die Testverfahren, die jedes Neugeborene durchlaufen muss (Neugeborenenscreening).
7. **Stellen Sie eine Hypothese auf** für eine Glutarazidurie-Typ I-Therapie.

* **Ergänzung Aufgabe 1** (für LK bzw. Klausur, falls HARDY-WEINBERG-Formel durchgenommen wurde): **Ermitteln** Sie mithilfe der HARDY-WEINBERG-Formel $p^2 + 2\,pq + q^2 = 1$ den Anteil homozygoter und heterozygoter Merkmalsträger für das Gen für Glutarazidurie Typ 1 (a) weltweit und (b) bei den Amish.

Material

M1 Ausschnitt aus dem Aminosäurestoffwechsel

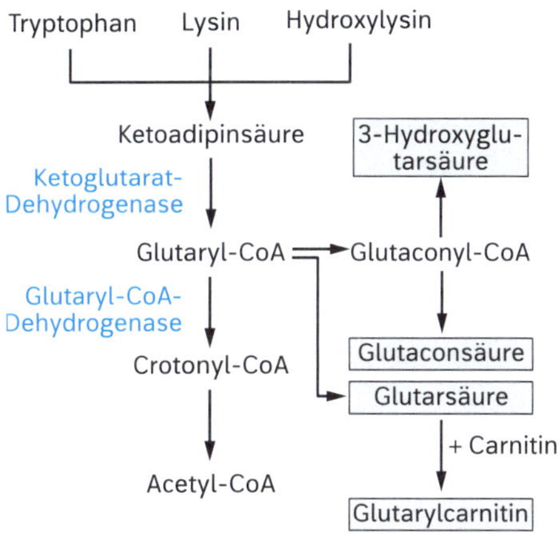

M1 Abbauwege der Aminosäuren Tryptophan, Lysin und Hydroxylysin. Das Abbauprodukt Acetyl-CoA kann z. B. im Citratzyklus weiterverarbeitet werden. Bei Patienten mit GA I kommt es zur Anreicherung von Glutaryl-CoA. Im Urin dieser Kranken findet man vor allem das *harmlose* Glutarylcarnitin, aber auch die *giftigeren* Stoffe Glutarsäure, Glutaconsäure und die *besonders gefährliche* 3-Hydroxyglutarsäure. Hinweis: Enzyme in blauer Schrift

M2 Symptome von GA I-Patienten

Die meisten Patienten mit GA I erleiden in den ersten Lebensjahren eine einzige enzephalopathische Krise. In wenigen Minuten werden dabei bestimmte Neurone im Bewegungszentrum des Gehirns zerstört. Die Folge ist eine äußerst schwere Bewegungsstörung. Die Intelligenz der Kinder dagegen ist weitgehend unbeeinträchtigt. Bleibt die Erkrankung unbehandelt, entwickelt sich in späteren Jahren oft zusätzlich eine geistige Retardierung. Ungefähr 25 Prozent der Patienten erleiden keine enzephalopathischen Krisen, sondern entwickeln schleichend eine Bewegungsstörung unterschiedlichen Ausmaßes.

M3 Strukturelle Ähnlichkeit des Neurotransmitters Glutamat

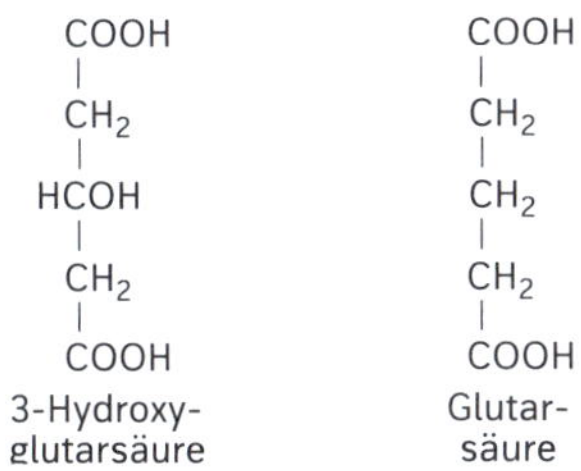

M3 Das Salz der Glutarsäure Glutamat ist ein wichtiger erregender Neurotransmitter im Gehirn. Die Glutarsäure ist der 3-Hydroxyglutarsäure strukturell sehr ähnlich.

M4 Lokalisation des Gens für das Enzym Glutaryl-CoA-Dehydrogenase

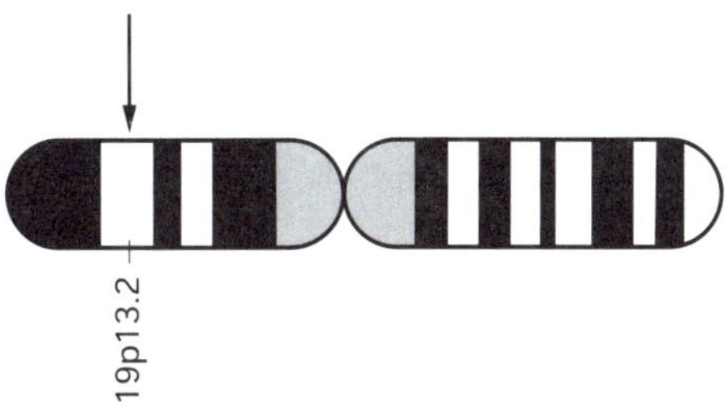

M4 Chromosoms 19 (schematisch): Das Gen für das Enzym Glutaryl-CoA-Dehydrogenase *GCGH* befindet sich auf dem kurzen Arm (p) des Chromosoms 19 an Position 13.2.

M5 Veränderung im *GCGH*-Gen

Das menschliche Glutaryl-CoA-Dehydrogenase-Gen *GCGH* enthält 11 Exons und umfasst 7 kb. Die Exons bestehen aus 438 Basentripletts. Das 421. Basentriplett von GA I-Patienten unterscheidet sich im codogenen Strang von dem der gesunden Menschen:

421. Basentriplett im Matrizenstrang des *GCGH*-Gens	**gesunde Person**	3′ CGT 5′
421. Basentriplett im Matrizenstrang des *GCGH*-Gens	**GA I-Patient**	3′ CAT 5′

M6 Der genetische Code

Genetischer Code als Code-Sonne S. 22

Benötigte Fachkenntnisse

Proteinbiosynthese, Ein-Gen-ein-Enzym-Hypothese, Punktmutation durch Basenaustausch als Form der Genmutation (S. 20 ff.)

Benötigte Methodenkenntnisse

Stammbaumanalyse (populationsgenetische Modellberechnungen), Umgang mit Texten, Diagrammen und Hypothesen (S. 90, 98).

Lösungen

1. Dass der Anteil an Trägern des GCGH-Gens bei den Amish besonders hoch ist, liegt daran, dass sie sich anderen menschlichen Gruppen gegenüber abgrenzen und nur einen kleinen Genpool bilden, der sich nicht neu mischt. Dadurch können auch defekte Gene unter ihnen schneller Verbreitung finden.

2. Die Erbkrankheit Glutarazidurie Typ I ist eine Stoffwechselkrankheit, die aufgrund eines Enzymdefekts entsteht. Arbeitet die Glutaryl-CoA-Dehydrogenase nicht mehr, kann Glutaryl-CoA nicht mehr zu Crotonyl-CoA abgebaut werden (M1). Dann reichert sich das Glutaryl-CoA an und wird zu Glutarsäure, 3-Hydroxyglutarsäure und Glutaconsäure umgebaut. Diese Stoffe können den Körper schädigen und werden mit dem Urin ausgeschieden. Die Glutarsäure kann vorher noch zum weniger giftigen Glutarylcarnitin umgewandelt werden. M3 legt nahe, dass die 3-Hydroxyglutarsäure deshalb besonders gefährlich ist, weil sie im Gehirn aufgrund ihrer strukturellen Ähnlichkeit anstelle des Neurotransmitters Glutamat angelagert werden kann. Das kann zu Fehlfunktionen im Gehirn führen (M3). Während einer enzephalopathischen Krise werden in frühen Lebensjahren Neuronen des Bewegungszentrums zerstört, sodass es zu Fehlfunktionen in der Bewegung kommt (M2).
   Die Krankheit ist auf ein defektes Gen zurückzuführen, das auf dem kurzen Arm des Chromosoms 19 liegt (M4). Es ist, die Introns nicht eingerechnet, 438 Basentripletts

lang. Das 421. Basentriplett ist gegenüber dem gesunden Gen verändert, im Basentriplett CGT befindet sich an der zweiten Position anstelle von Guanin Adenin (M5). Hier handelt es sich um eine Punktmutation. Als Folge davon wird in dem Enzym Glutaryl-CoA-Dehydrogenase an der 421. Stelle eine falsche Aminosäure eingebaut. Dieser Fehler macht das Enzym unbrauchbar, möglicherweise deshalb, weil das aktive Zentrum von der Mutation betroffen ist.

3. Mithilfe der Code-Sonne kann herausgefunden werden, dass bei der Krankheit als 421. Aminosäure in der Glutaryl-CoA-Dehydrogenase anstelle von Alanin (mRNA 5′ GCA 3′) Valin (mRNA 5′ GUA 3′) eingebaut wird.

4. Wenn die Basensequenz des *GCDH*-Gens bekannt ist, lässt sich dazu eine komplementäre Gensonde, die mit einem Fluoreszenzfarbstoff markiert ist, synthetisieren. Sinnvoll wäre es, den entsprechenden DNA-Abschnitt des Chromosoms 19 mithilfe von Restriktionsenzymen herauszuschneiden und mit der PCR zu vervielfältigen. Oft benötigt man keine Restriktionsenzyme, wenn man geeignete Primer für die PCR zur Verfügung hat. Nach dem Auftrennen der isolierten DNA (durch erhöhte Temperatur) in die Einzelstränge könnte man nun die Gensonde hinzufügen. Nach dem Abkühlen sind dann DNA-Hybride aus DNA-Fragmenten mit dem *GCDH*-Gen und der Gensonde zu erwarten, allerdings nur dann, wenn alle Basentripletts des *GCDH*-Gens mit der Gensonde übereinstimmen. Findet man also fluoreszierende DNA-Hybride, ist das Kind mit Sicherheit gesund. Für diesen Nachweis lassen sich die Zellen des Embryos aus dem Fruchtwasser der Mutter gewinnen, da der Embryo abgestorbene Hautzellen in das Fruchtwasser abgibt.
   Findet man keine entsprechenden DNA-Hybriden, wäre es möglich, dass das Kind die Glutarazidurie in einer enzephalopathischen Krise ausbilden könnte. Allerdings kann die Gensonde auch dann keine DNA-Hybride bilden, wenn nicht das 421. Basentriplett betroffen wäre, sondern ein anderes, das z. B. aufgrund einer folgenlosen stummen Mutation vorliegen könnte.

5. Da kranke Neugeborene einen erhöhten Glutarylcarnitin-Spiegel im Urin aufweisen, könnte man diesen mit geeigneten Reagenzien nachweisen.

6. Beim Neugeborenenscreening werden alle Neugeborenen auf verschiedene genetische Erkrankungen untersucht. Die Aufnahme eines „Windeltests“ auf Glutarazidurie Typ I in das Neugeborenen-Screening ist zu begrüßen, da die Krankheit vor allem in den ersten Lebensjahren in Erscheinung treten kann. Allerdings ist ein Test nur dann sinnvoll, wenn sich das Ausbrechen dieser schweren Krankheit nach der Diagnose verhindern ließe. Aus M2 geht hervor, dass die Erkrankung behandelbar ist, sodass sich auch eine in späteren Jahren zusätzliche geistige Retardierung verhindern lässt. Aber auch diese Tatsache ist für den Gesetzgeber nicht allein maßgeblich, wenn ein solcher Test zusätzlich in einem Screening aufgenommen werden soll. Die Kosten dafür müssen in einem vernünftigen Verhältnis zur Häufigkeit dieser Krankheit stehen. Auch bei hohen Kosten sollten aufgrund der Schwere der Krankheit die Neugeborenen der Amish im Screening auf Glutarazidurie Typ I untersucht werden, da bei

ihnen die Krankheit gehäuft auftritt. Sicherlich muss auch dann untersucht werden, wenn in bestimmten Familien die Krankheit schon aufgetreten ist und das Genom der Eltern noch nicht hinsichtlich eines defekten *GCDH*-Gens untersucht wurde. Um im Gesundheitssystem die Kosten nicht zu sehr in die Höhe zu schrauben, wäre es aufgrund des seltenen Auftretens dieser Krankheit volkswirtschaftlich vernünftiger, bei einem Massenscreening auf diesen Test zu verzichten. Solange die Kosten tragfähig sind, sollte man aber nicht darauf verzichten, da den Betroffenen viel Leid erspart würde.

7. Aufgrund der Materialien lassen sich für eine Therapie folgende Hypothesen aufstellen: Da der Abbau von Tryptophan, Lysin und Hydroxylysin bei einem Defekt der Glutaryl-CoA-Dehydrogenase zu einer Erhöhung der Glutaryl-CoA-Konzentration im Körper führt, die für die Krankheit verantwortlich ist, könnte eine Diät, die möglichst wenig Tryptophan, Lysin und Hydroxylysin enthält, und die vor allem in den ersten Lebensjahren eingehalten werden muss, weiterhelfen, sodass es gar nicht erst zu einer enzephalopathischen Krise kommt. Da zur Entgiftung der Glutarsäure Carnitin benötigt wird, könnte man diesen Stoff zuführen, sodass Glutarsäure sofort zu dem weniger giftigen Glutarylcarnitin umgesetzt werden kann. Weil die Bildung von Glutarsäure aus Glutaryl-CoA und ihre Weiterverarbeitung zu Glutarylcarnitin mit der Synthese der gefährlichen 3-Hydroxyglutarsäure aus Glutaryl-CoA konkurriert, wäre es möglich, durch die Carnitin-Gaben auch die Konzentration von 3-Hydroxyglutarsäure zu senken.
Anmerkung: Diese beiden Maßnahmen reichen, wenn sie in den ersten sechs Lebensjahren beachtet werden, tatsächlich aus, um die Krankheit dauerhaft nicht ausbrechen zu lassen.

* **Ergänzung Aufgabe 1:** (a) Der Anteil der GA I-Kranken und damit der homozygoten Merkmalsträger entspricht weltweit 0,001 %, damit ist $q^2 = 0{,}00001$ und q rund 0,00316. Da $p + q = 1$, ist p 1 – 0,00316 = 0,99684. Der Anteil der Heterozygoten ist dann 2 x 0,99684 x 0,00316 = 0,0063, das sind 0,63 % der Bevölkerung weltweit.
(b) Bei den Amish ist der Anteil der GA I-Kranken und damit der homozygoten Merkmalsträger 0,25 %, damit ist $q^2 = 0{,}0025$ und q rund 0,05. Da $p + q = 1$, ist p 1 – 0,05 = 0.95. Der Anteil der Heterozygoten ist dann 2 x 0,95 x 0,05 = 0,095, das sind 9,5 % der Amish, das heißt, etwa jeder 10. Amish trägt das defekte Gen in sich.

Selbstdiagnosebogen

Aufgabe Nr.	Kernkompetenzen	AFB	Punkte	erreicht	Förderung
1 *1(a) *1(b)	Interpretation von Genfrequenzen, Genfrequenzen HARDY-WEINBERG-F.	III II II	2 4 4		Wdhl. HARDY-WEINBERG-Formel und Üben ihrer Anwendung
2	Erfassen von Genwirkketten (Diagramms) Erfassen der Symptome der Glutarazidurie sowie der Ursachen (Text und Abbildungen Analyse und begründete Einordnung der Krankheit in einen größeren Zusammenhang	II I II II	4 4 4 5 7		Ein-Gen-ein-Enzym-Hypothese, Enzyme, Texterfassung und Umgang mit Diagrammen und Abbildungen (S. 90 f.), Aufbau der DNA, Mutationstypen und ihre molekularen Grundlagen (S. 20 ff.)
3	Umcodierung der DNA in mRNA und in Aminosäuren	II	6		Proteinbiosynthese, Transkription und Translation (S. 20 ff.)
4	Darstellen eines gentechnischen Werkzeugs (Gensonde zur Genanalyse und Interpretationsmöglichkeiten des Ergebnisses)	I II	9 4 2 S		DNA-Hybridisierung, gentechnische Ge nomanalysen, z. B. mit Gensonden; genetische Beratung
5	Ableitung einer Nachweismöglichkeit (Analyse von Aufgabenmaterial)	III	3		Diagnose und Therapie von PKU, Umgang mit Diagrammen (S. 90)
6	Darstellung und Beurteilung von Tests im Massenscreening von Neugeborenen mit eigener Stellungnahme	I II III	5 4 4		Neugeborenenscreening, kriteriengeleitete Beurteilung
7	Aufstellen einer Hypothese zu Therapiemöglichkeiten aufgrund einer Materialanalyse analog zur PKU-Diät aufgrund der Analyse von M1	III III	3 2 2 S		Therapie PKU, Umgang mit Abbildungen und Diagrammen (S. 90 ff.)

Gesamtpunkte: 72, davon AFB I: 20 Punkte (28 %); AFB II: 38 Punkte (53 %); AFB III: 14 Punkte (19 %), zusätzlich 4 Sonderpunkte (S)

Materialgrundlage:

Hoffmann G. F.: Glutarazidurie Typ I. In: Deutsches Ärzteblatt 94, Heft 15, April 1997
Bayrhuber H., Hauber W., U. Kull (Hrsg.): Linder Biologie, Schroedel 2010
http://www.welt.de/reise/article4769200/Amish-People-leben-noch-so-wie-vor-300-Jahren.html
http://www.uni-duesseldorf.de/AWMF/ll/027-018.htm
http://www.ncbi.nlm.nih.gov/

Neobiota, Schädlingsbekämpfung, Populationsdynamik, Beziehungen zwischen Populationen, LOTKA-VOLTERA-Regeln, nachhaltige Nutzung und Erhaltung von Ökosystemen

Aufgabe 3: Neozoen in Kalifornien

Einleitung

Pflanzen und Tiere haben immer neue Lebensräume besiedelt, z. T. sogar erobert. Diese Fähigkeit zur Ausbreitung und Anpassung an veränderte Lebensbedingungen stellt eine überlebenswichtige Eigenschaft dar. Die vielfältigen Formen der Samenverbreitung sind hierfür ebenso ein Beispiel wie die unterschiedlichsten Mechanismen zur Bewegung in Wasser, auf dem Land und in der Luft.
Seit der Mensch begonnen hat, Verkehrswege anzulegen, Waren zu verschiffen und selbst zu reisen, haben natürliche Barrieren wie Ozeane, Wüsten und Bergketten ihre Wirksamkeit verloren.
So gilt unter Naturschützern die Einwanderung oder Einschleppung neuer Arten mittlerweile als großes ökologisches Problem. Denn wenn fremde Organismen in neuen Lebensräumen erscheinen, kann sich ein Ökosystem gravierend verändern.

Aufgabenstellung

1. **Definieren** Sie den Begriff Neobiota. **Erläutern** Sie für alle im Material aufgeführten Neozoen mögliche Ursachen für deren Populationsentwicklung. **Prüfen** Sie, ob es sich bei den aufgeführten Neozoen um invasive Arten handelt.
2. **Beschreiben** Sie **zusammenfassend** die Veränderungen in der Populationsdichte von Wollschildlaus und Marienkäfer (Abb. 3) und **erklären** Sie die möglichen Ursachen der Schwankungen.
3. **Nennen** Sie die 1. und 2. LOTKA-VOLTERRA-Regel und **prüfen** Sie, ob diese ein geeignetes Erklärungsmodell für die Beziehung zwischen Marienkäfer und Wollschildlaus darstellen.
4. **Bewerten** Sie die Effektivität des Einsatzes von DDT, indem Sie die Folgen des Gifteinsatzes für die Populationen von Wollschildläusen und Marienkäfern **erläutern**.

Material

M1 Basisinformationen

Die Australische Wollschildlaus erreicht als ausgewachsene Imago eine Körperlänge von bis zu 15 Millimetern. Dabei ist der weiße, längsgerillte Eisack, den die Weibchen mit sich tragen, für die Länge ausschlaggebend, da er mehr als zweimal länger als das Weibchen ist. Im Eisack befinden sich zwischen 100 und 1500 Eier. Es werden durchschnittlich drei Generationen pro Jahr erzeugt.
Da die Weibchen Zwitter mit der Fähigkeit zur Selbstbefruchtung sind, die wiederum nur Weibchen hervorbringen, sind Männchen sehr selten
Die Schildläuse saugen Pflanzensaft. In ihrem ursprünglichen Verbreitungsgebiet findet man sie vor allem auf Akazien und auf anderen derblaubigen, immergrünen oder holzigen Pflanzen.
Ein Befall mit Wollschildläusen verursacht Verfärbungen und Missbildungen und kann bis zur Vertrocknung der Pflanze führen. Wollschildläuse scheiden zuckerhaltigen Kot aus, den sogenannten Honigtau. Auf ihm siedeln sich Rußtaupilze an, die zu einer weiteren Schädigung der Wirtspflanze führen.

M2 Biologische Bekämpfung der australischen Wollschildlaus

In Kalifornien gab es bereits Mitte des 19. Jahrhunderts ausgedehnte Plantagen für Zitrusfrüchte wie Orangen und Zitronen. Im Jahr 1868 oder 1869 wurde die australische Wollschildlaus vermutlich mit einer Lieferung Akazien nach Kalifornien eingeschleppt. Es stellte sich heraus, dass die Läuse Citruspflanzen sogar noch stärker als die Akazien bevorzugen. 1886 standen die kalifornischen Zitrusfarmer durch die explosionsartige Vermehrung der australischen Wollschildlaus vor dem Ruin.
Erst ein Jahr zuvor hatte der amerikanische Forscher CHARLES RILEY Australien als Ursprungsland der Schildlaus entdeckt. Auf mehreren Expeditionen fand der vom Kongress beauftragte FRAZER CRAWFORD heraus, dass die parasitische Fliege *Cryptochaetum iceryae* in Australien der natürlicher Feind der Schildlaus ist.
Nach einer ersten kleineren Lieferung dieser Fliegen schickte CRAWFORD im Herbst 1888 12.000 Exemplare nach Kalifornien. In dieser Lieferung befanden sich ebenfalls 129 Marienkäfer, auf die CRAWFORD während einer Exkursion anlässlich der Weltausstellung 1888 in Melbourne aufmerksam geworden war. Die Fliegen wurden sorgfältig auf die einzelnen Plantagen verteilt, die Marienkäfer lediglich unter einem Baum freigelassen. Ein Jahr später konnte die parasitische Fliege nur noch in geringer Zahl vorwiegend in Küstenregionen wiedergefunden werden, die Käferpopulation war geradezu explodiert. Die Ernte hatte sich innerhalb dieses Jahres verdreifacht und die australische Wollschildlaus stellte für die nächsten 60 Jahre in Kalifornien kein Problem mehr dar.
Da aus den kalifornischen Zitrusplantagen keine statistischen Daten zur Populationsgröße von Wollschildläusen und Marienkäfern im ausgehenden 19. Jahrhundert vorliegen, haben Biologen und Mathematiker den Versuch unternommen, die Populationsgrößen beider Arten in einem abgegrenzten Bereich unter Zuhilfenahme von Computerprogrammen modellhaft nachzubilden.

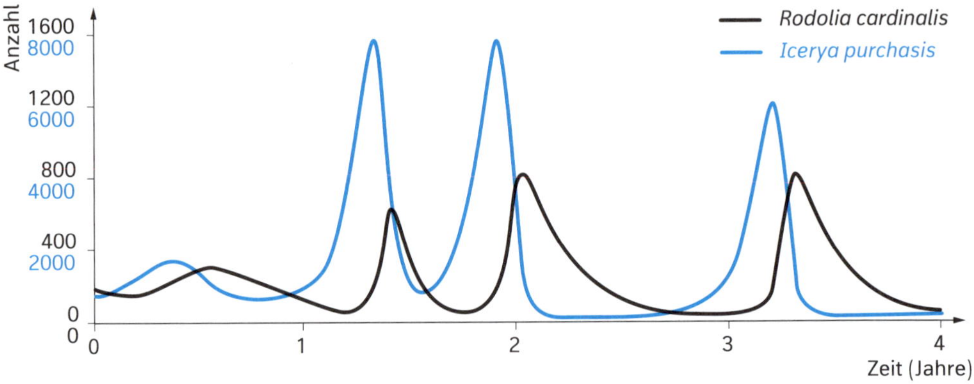

M2 Populationsentwicklung von australischer Wollschildlaus (*Icerya purchasi*) und Marienkäfer (*Rodolia cardinalis*) auf einer Zitrusplantage in Kalifornien in den ersten vier Jahren nach Einführung des Marienkäfers (Computermodell)

M3 Chemische Bekämpfung der australischen Wollschildlaus

Ab dem Jahr 1947 wurde in den kalifornischen Zitrusplantagen erstmalig das Insektizid DDT eingesetzt. Weil DDT nahezu alle Insekten und oft über 99 % der jeweiligen Populationen tötet, galt DDT als „Wundermittel" gegen jegliche Art von Schadinsekten. Die Populationsgrößen der Wollschildlaus und damit die Schäden für die Plantagenbesitzer stiegen in den Folgejahren jedoch enorm, obwohl immer wieder neue Marienkäfer ausgesetzt und verstärkt DDT eingesetzt wurde. Erst mit dem Verbot von DDT in den USA im Jahre 1972 sanken die Populationsgrößen der Wollschildlaus auf die Werte zu Beginn des Jahrhunderts.

Benötigte Fachkenntnisse
Neobiota, Beziehungen zwischen Organismen und abiotischen Habitatfaktoren, Konzept der ökologischen Nische, Konkurrenz, Beziehungen zwischen Populationen: LOTKA-VOLTERRA-Regeln, Schädlingsbekämpfung (vgl. Basiswissen S. 35 ff.)

Benötigte Methodenkenntnisse
Umgang mit Diagrammen, Umgang mit Modellen (S. 99 ff.)

Lösungen

1. Unter dem Begriff Neobiota werden alle Arten zusammengefasst, die seit 1492 durch direkten oder indirekten Einfluss des Menschen in Regionen kommen, in denen sie nicht beheimatet waren, und dort neue Lebensräume für sich erschließen.
   Im vorliegenden Fall sind mit der australischen Wollschildlaus, der auf ihr parasitierenden Fliege *Cryptochaetum iceryae* und dem Marienkäfer *Rodolia cardinalis* drei Arten von *Neozoen* nach Kalifornien gebracht worden.
   Die australische Wollschildlaus muss bei ihrer Einschleppung im Jahre 1868/1869 abiotische und biotische Faktoren vorgefunden haben, die ihr Überleben in Kalifornien begünstigt haben. Das Fehlen natürlicher Feinde dürfte die von Natur aus sehr hohe Vermehrungsrate (Selbstbefruchtung, mehrere Generationszyklen pro Jahr, Vielzahl an Eiern pro Zyklus) noch gefördert haben. Durch die Erschließung der Monokulturen der Zitrusplantagen als Lebensraum herrschte nahezu keine intraspezifische und interspezifische Konkurrenz um Ressourcen wie Nahrung und Lebensraum, so dass es zur beschriebenen Massenvermehrung der Wollschildlaus und den von ihr verursachten Schäden in den kalifornischen Plantagen kam.
   Mit dieser Massenvermehrung herrschte für die als natürliche Feinde eingeführte parasitische Fliege *Cryptochaetum iceryae* und den Marienkäfer Rodolia cardinalis ebenfalls ein enormes Nahrungsangebot. Während die Fliege in den Plantagen jedoch nur in einigen Küstenregionen überlebte, obwohl sie mehrfach gezielt ausgesetzt wurde, vermehrte sich der Marienkäfer „explosionsartig“.
   Nach dem Konzept der ökologischen Nische sind neben der Nahrung eine Vielzahl von weiteren biotischen und abiotischen Umweltfaktoren auch Evolutionsfaktoren für das Leben bzw. Überleben einer Art in einem Ökosystem von Bedeutung. In den Zitrusplantagen muss für die Fliege zumindest einer dieser Faktoren außerhalb ihres Toleranzbereiches gelegen haben, so dass ein Überleben dort nicht möglich war.
   Invasive Neobiota verdrängen einheimische Arten aus ihrem Lebensraum. Da sich *Cryptochaetum iceryae* offensichtlich nicht dauerhaft etablieren konnte, kann es sich bei ihr nicht um eine invasive Art handeln. Bei der australischen Wollschildlaus handelt es sich hingegen um ein invasives Neozoon, da sie die Überlebensfähigkeit der Zitruspflanzen stark beeinträchtigt und zu einer Veränderung der Lebensraumbedingungen im Ökosystem führt, die auch weitere Arten betreffen muss. Der Marienkäfer *Rodolia cardinalis* etabliert sich als natürlicher Feind der Wollschildlaus und vermindert letztendlich aber die Folgen der Einschleppung der Wollschildlaus. Daher ist er nach der Definition nicht als invasive Art anzusehen.

2. Abbildung M2 zeigt die Veränderungen in der Populationsgröße von Wollschildlaus und Marienkäfer über einen Zeitraum von vier Jahren.
   Die Populationsgröße der Wollschildlaus schwankt dabei, zwischen ca. 100 und 8.000, wobei die Maxima am Beginn und Ende des zweiten und am Beginn des vierten Jahres liegen.
   Die Populationsgröße des Marienkäfers schwankt, zwischen ca. 50 und 800, wobei die Maxima mit einem starken Rückgang der Schildlauspopulation einhergehen.

Da sich die Marienkäfer in den Plantagen vor allem von Wollschildläusen ernähren, schwankt ihr Populationsmaximum um einige Monate zeitversetzt zu dem der Wollschildläuse.
Eine zunehmende Zahl an Räubern (Marienkäfer) sorgt für eine Abnahme der Beutepopulation, deren Rückgang zu einer Verminderung der Räuberpopulation aufgrund von Nahrungsmangel führt.

3. 1. LOTKA-VOLTERRA-Regel: Die Individuenzahlen von Räuber und Beute schwanken periodisch; Maxima und Minima folgen einander phasenverzögert.
   2. LOTKA-VOLTERRA-Regel: Die Mittelwerte beider Population bleiben langfristig konstant.
   Die LOTKA-VOLTERRA-Regeln scheinen ein Erklärungsmodell für den gegebenen Fall sein, da sie auf die in M2 B dargestellten Entwicklungen der Populationszahlen zutreffen. Auch die Voraussetzungen der Regel, nämlich die wechselseitige Beeinflussung (Beutezahl reguliert die Räuberzahl, Räuberzahl reguliert die Beutezahl) scheint unter den speziellen Bedingungen auf den Zitrusplantagen gegeben zu sein.

4. Mit dem Einsatz des Breitbandinsektizids DDT in den kalifornischen Zitrusplantagen stiegen die Schäden durch die Wollschildlaus wieder an. Diese Schäden konnten auch durch einen verstärkten DDT-Einsatz (führte zu Kostensteigerung, Belastung der Böden) nicht kompensiert werden, so dass es zu Einnahmeausfällen gekommen sein dürfte. Da sich die Zahl der Wollschildläuse erst mit dem Verbot von DDT wieder normalisierte, kann der Einsatz von DDT nur als äußerst ineffektiv beurteilt werden. Die biologischen Ursachen für dieses Phänomen liegen in der Unspezifität des DDT. Da es nahezu die gesamten Populationen aller Insekten vernichtet, werden neben den Wollschildläusen auch ihre „natürlichen“ Feinde, die Marienkäfer, getötet. Aufgrund der deutlich höheren Vermehrungsrate der Wollschildläuse und des fehlenden Nahrungsangebotes für die Marienkäfer, erholt sich die Population der Wollschildläuse – nahezu ohne natürlichen Feind – deutlich schneller (3. LOTKA-VOLTERRA-Regel) und führt zu den beschriebenen Schäden in den Plantagen.

Selbstdiagnosebogen

Aufgabe Nr.	Kernkompetenzen	AFB	Punkte	erreicht	Förderung
1	Definition Neobiota Darstellung der Faktoren, die zur Massenvermehrung der Wollschildlaus beitragen Erläuterung der kurz- und langfristigen Folgen Erläuterung der Populationsentwicklung von Marienkäfer und Fliege Beurteilung der Neozoen als invasive Arten	I I II II III	4 3 3 6 6		Neobiota (S. 35 ff.) Texterfassung, dichteabhängige Faktoren (S. 33 ff.) Konzept der ökologischen Nische, ökologische Kompetenz (S. 33 ff.)
2	Beschreibung der Populationsentwicklung von Wollschildlaus und Marienkäfer Erläuterung der Wirkmechanismen	I II	6 6		Umgang mit Diagrammen und Abbildungen (S. 99), Beziehungen zwischen Populationen (S. 34 f.)
3	LOTKA-VOLTERRA-Regeln (1+2) Überprüfung der Anwendbarkeit auf den vorliegenden Fall	I III	6 4		Beziehung zwischen Populationen: LOTKA-VOLTERRA-Regeln (1+2, S. 34 f.)
4	Erläuterung der Folgen des DDT-Einsatzes Beurteilung des Einsatzes von DDT	II III	5 5		Maßnahmen zur Schädlingsbekämpfung, LOTKA-VOLTERRA-Regel (S.34 ff.)

Materialgrundlage:

Cerutti H.: Von Tieren – die göttlichen Serienkiller; in NZZ – Folio 03/2000

Geiter O., Homma S., Kinzelbach R.: Bestandsaufnahme und Bewertung von Neozoen in Deutschland, Forschungsbericht 296 89 901/01 für das Bundesministeriums für Umwelt, Naturschutz und Reaktorsicherheit, Berlin 2002

Groenert H., Leisen J.: Modellbildung und Modellbildungssysteme in den mathematisch-naturwissenschaftlichen Fächern – Skript zum Wahlpflichtkurs

Hoddle M.S.: Biological Control of Icerya purchasi with Rodolia cardinalis in the Galapagos Islands; auf: http://www.biocontrol.ucr.edu

Hoy M. A.: Biological Control in U.S. Agriculture: Back to the future. American Entomologist 1993: 140 – 150

Sawyer, R.C.: To Make a Spotless Orange: Biological Control in California, Ames, 1996

Energiestoffwechsel, Organelle, Zellatmung, Energiebilanz, Stofffluss, Energiepyramide, Neurotransmitter, Synapse

Aufgabe 4: Insekten im Mais

Einleitung

Mais spielt als Nahrungspflanze für die Energieversorgung von Mensch und Nutztieren eine global bedeutsame Rolle. Maisanbau in Monokultur führt aber auch zu größeren ökologischen Problemen, weil sich z. B. die natürlichen Konsumenten des Mais stark vermehren können. Das führt wie bei allen Nutzpflanzen zu wirtschaftlichen Schäden, denen der Mensch auf unterschiedliche Weise begegnet. Die ökologischen und physiologischen Aspekte reichen vom Energiestoffwechsel auf Zellebene über Stoff- und Energieflüsse in „künstlichen" Ökosystemen und die Einflüsse menschlicher Tätigkeit auf diese Ökosysteme bis hin zu den neurophysiologischen Aspekten eines Insektizids.

Aufgabenstellung

1. (a) **Zeichnen** und **beschriften** Sie Querschnitte durch die Zellorganellen, die für den Energiestoffwechsel einer pflanzlichen Zelle relevant sind.
   (b) **Zeichnen** Sie die in Material M1 mit X markierte Zelle und beschriften Sie sie.
   (c) **Beschreiben** Sie mithilfe von M2 den Bau eines Insektenbeins auf Organ-, Gewebe- und Zellebene sowie auf subzellulärer Ebene und **erläutern** Sie die Funktion der gezeigten subzellulären Strukturen.
   (d) **Geben** Sie die vollständige Summengleichung der Zellatmung für Glucose **an**. **Benennen** Sie die wesentlichen Teilprozesse dieses Stoffwechselprozesses unter Angabe des Reaktionsortes innerhalb der Zelle.
   (e) **Stellen** Sie eine Energiebilanz für die Veratmung von Glucose **auf** und **berechnen** Sie den Wirkungsgrad dieser Zellatmung (Material M3).

2. (a) **Beschreiben** Sie den Kohlenstofffluss in einem natürlichen Ökosystem.
   (b) **Stellen** Sie die in M5 gegebenen Daten in Form einer Energiepyramide **dar** und **stellen** Sie **fest**, wie der Energieverlust energiereicher Stoffe aus dem Ökosystem (hier z. B. durch Fortschwemmen von Pflanzenteilen und Tierleichen sowie Abwanderung lebender Tiere) berechnet wird.
   (c) **Erläutern** Sie mithilfe von M4 bis M6 den Energiefluss in einer Mais-Rind-Monokultur im Vergleich zum Energiefluss in einem natürlichen Ökosystem.
   (d) **Vergleichen** Sie die Auswirkungen der drei Insektengifte (M 7, M 8) auf das Ökosystem und **bewerten** Sie ihren Einsatz unter ökologischen Gesichtspunkten.

3. (a) **Fertigen** Sie die **beschriftete** Zeichnung einer chemischen Synapse an.
   (b) **Formulieren** und **begründen** Sie mithilfe von M7 und M8 eine Hypothese, die zum Einen die Wirkung des Clothianidins am Acetylcholinrezeptor von Insekten erklärt und zum Anderen, warum dasselbe Gift am Acetylcholinrezeptor beim Menschen keine Wirkung zeigt.

Material

M1 LM-Foto pflanzlicher Zellen der Wasserpest *(Elodea canadensis)*

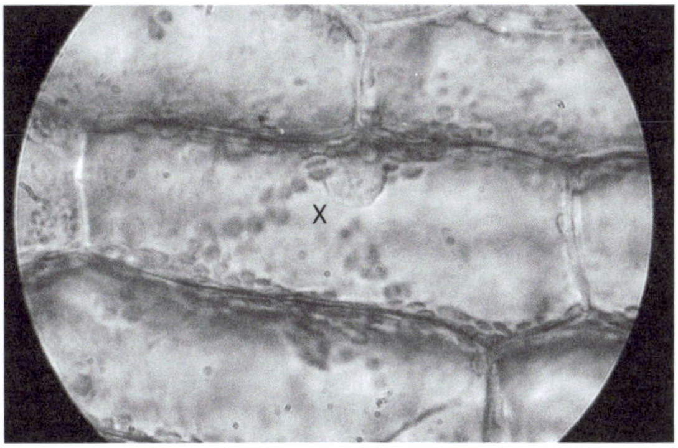

M1 Elodea canadensis

M2 Zeichnung nach einem EM-Foto eines Querschnitts des Beines (linker Schenkel, vordere Hälfte) einer Wespe

Hinweis: Die Tracheen verlaufen außerhalb der gezeigten Schnittebene in das Innere des Insektenbeins.

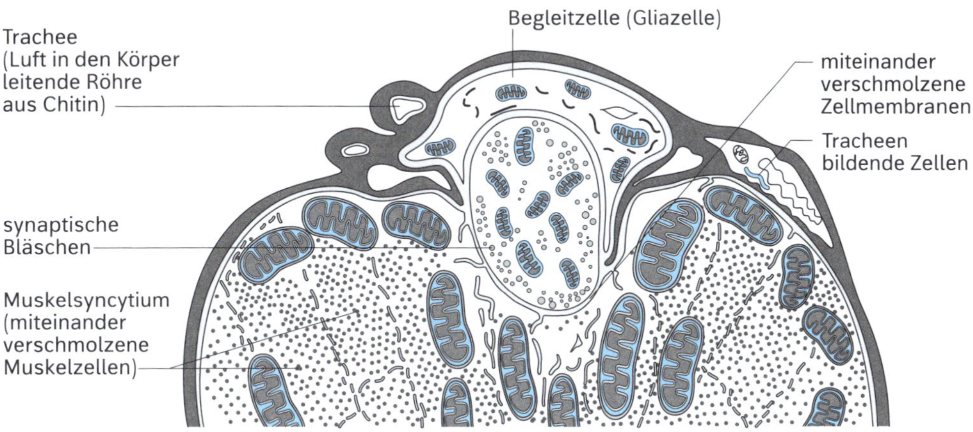

M2 Querschnitt eines Wespenbeins

M3 Wirkungsgrad der Zellatmung

Glucose hat einen Brennwert von 2870 kJ/mol (wenn man sie anzündet und verbrennt). Bei der Phosphorylierung von ADP zu ATP werden 30,5 kJ/mol gespeichert.

M4 Nutzpflanze Mais

Der Mais ist eine ursprünglich in Mexiko beheimatete Getreideart, die von Kolumbus nach Europa eingeführt wurde. Nachdem der Mais Jahrhunderte lang in Europa eher ein Schattendasein führte, wird er seit den 1970er-Jahren vermehrt angebaut. Ein großer Teil der Ernte wird überwiegend an Rinder verfüttert; in zunehmendem Maße wird Mais als Substrat in Biogasanlagen verwendet.

M5 Energiefluss in einem natürlichen Ökosystem

Hinweis: Die gesamte jährliche Energieeinstrahlung im untersuchten Ökosystem beträgt etwa 8 500 000 kJ/m².

1	2	3	4	5	6
Nahrungsebene	**aufgenommene Energie**	**Energieverlust durch Atmung**	**Weiterverwertung der Biomasse durch**		
			Aufnahme durch Konsumenten	**Aufnahme durch Zersetzer**	**Abfluss aus dem System***
Produzenten	87 402	50 503	14 146	(16 234)	(6519)
Konsumenten 1. Ordnung	14 146	7938	1609	(4050)	(549)
Konsumenten 2. Ordnung	1609	1327	88	(120)	(74)
Konsumenten 3. Ordnung	88	55		(19)	(14)

M5 Energiefluss in einem subtropischen aquatischen Ökosystem [kJ/m² · Jahr]; Angaben in Klammern: geschätzt; sonstige Angaben: teilweise gerundet. *Zufluss durch z. B. Tierwanderungen vernachlässigbar gering

M6 Energiefluss in einer „Mais-Rind-Monokultur“

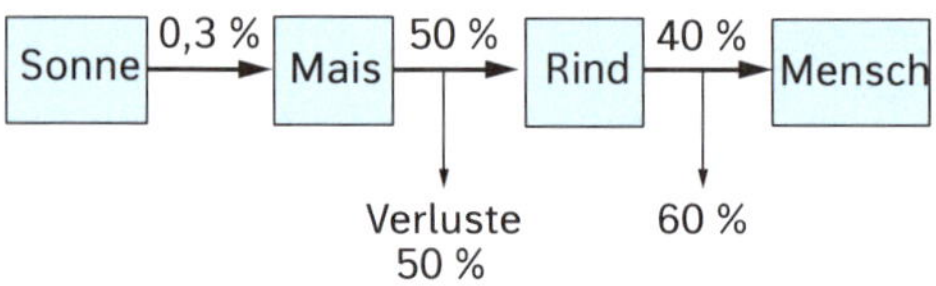

M6 Energiefluss

M7 Maisschädling Maiswurzelbohrer

1992 wurde aus Mexiko der Maiswurzelbohrer eingeschleppt, ein Käfer, der sich seitdem in Europa rasant ausbreitet und hohe Schäden in der Maisernte verursacht. Man kann ihn mit Clothianidin wirksam bekämpfen. Dieses Gift wirkt auf alle Insekten. Es beeinflusst die postsynaptischen Acetylcholinrezeptoren des Zentralnervensystems. Zum Schutz vor den Käfern wurde im Frühling 2008 in den gefährdeten Regionen gebeiztes Saatgut ausgebracht. Die Maiskörner waren mit dem Insekten tötenden Wirkstoff Clothianidin behandelt. Prompt starben in den betroffenen Gegenden millionenfach Honigbienen. Das Insektizid war bei der Aussaat durch mechanischen Abrieb von den Körnern gelöst worden und gelangte auf Pflanzen in der Umgebung, wo es die Bienen vergiftete.

M8 experimentelle Befunde dreier Insektizide

	Clothianidin	Diflubenzuron	DDT
LD_{50} (Ratte) [mg/kg] : letale (tödliche) Dosis, bei der 50 % der Versuchsratten sterben	> 5000	> 5000	250
Bioakkumulation [relativ] : Maß für die Anreicherung in Nahrungsketten	1	4	6
Zeit bis zum 50 %igen natürlichen Abbau [Tage]	bis zu 1155	14 – 150	3650

Benötigte Kompetenzen

Grundkenntnisse von Bau und Funktion pflanzlicher und tierischer Zellen, Chloroplasten, Mitochondrien, Synapse, Transmitter, Aktin, Myosin, Energieumwandlung, ATP, Kohlenstofffluss, Energiefluss, Zellatmung, ATP-Bilanz (S. 79 ff., 87 ff.)

Benötigte Methodenkenntnisse

Umgang mit Abbildungen, Hypothesen bilden (S. 94, 98)

Lösungen

1. (a) Einfache Skizzen von Chloroplasten und Mitochondrien, die jeweils folgende Bestandteile zeigen: äußere Membran, nichtplasmatische Phase, innere Membran mit Membraneinstülpungen (Chloroplasten: Stroma- und Granathylakoide; Mitochondrien: einfache Einstülpungen), Plasma, DNA-Ring

   (b) Zeichnung von M1:

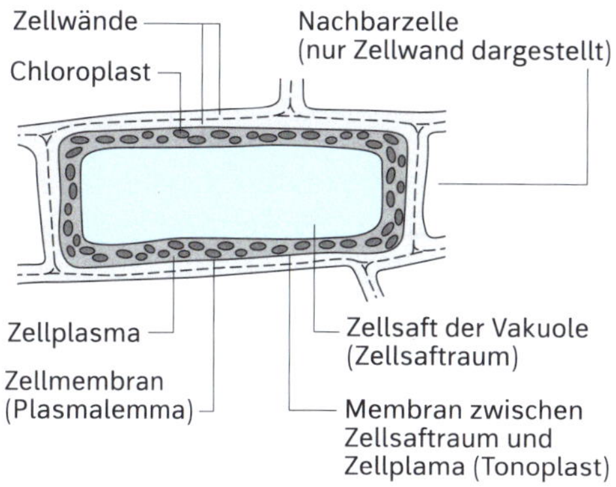

   (c) Beschreibung: Ein Insektenbein ist von einem Chitinpanzer umhüllt, der als Außenskelett Ansatzstellen für die innen liegende Muskulatur bietet. Starre Tracheen aus Chitin versorgen durch Diffusion das Gewebe mit Luftsauerstoff und leiten das entstehende CO_2 ab. Der größte Teil des Beins wird von Muskelgewebe erfüllt, das

parallel zur Längsachse des Beins verläuft und aus vielen miteinander verschmolzenen Muskelzellen besteht. Im vorderen Bereich verlaufen längs zur Beinachse direkt unter dem Chitinpanzer Gliazellen, die die darunter liegende Nervenzelle größtenteils umhüllen. Durch Einbuchtungen und zusätzliche Hohlräume ist der Chitinpanzer im vorderen Bereich verstärkt und dient zur Lagestabilisierung der Glia- und Nervenzelle. Das dahinter liegende Muskelgewebe erfüllt vollständig den restlichen Raum des Beins zu etwa 80 bis 90 Prozent.
Glia-, Nerven- und Muskelzellen sind durch gemeinsame Zellmembranen zu einer Einheit verbunden. In allen Zelltypen befinden sich Mitochondrien im Zellplasma. Ihre Menge und Größe ist in den verschiedenen Zelltypen unterschiedlich. Gliazellen enthalten wenige Mitochondrien, Nervenzellen mehr. Besonders viele und große Mitochondrien befinden sich in dem aus vielen Muskelzellen verschmolzenen Muskelgewebe. Die Nervenzelle enthält viele synaptische Bläschen, die unregelmäßig im Zellplasma verteilt sind. In den Muskelzellen befinden sich in gleich großem Abstand parallel zur Längsachse des Beins die Myofibrillen der Muskelfasern.

Erläuterung: An subzellulären Strukturen sind Membranen, Mitochondrien, synaptische Bläschen, Zellplasma und Aktin-Myosinfäden im Querschnitt zu erkennen. Die miteinander verschmolzenen Zellmembranen grenzen die Zellen voneinander ab und enthalten Transportproteine, die der Regulation des physiologischen Milieus im Inneren der Zellen dienen. Sie enthalten darüber hinaus Glykoproteine, die zur Kommunikation der Zellen dienen. Synaptische Bläschen sind Bestandteil von Synapsen und enthalten Transmittersubstanzen, die bei auftretenden Aktionspotenzialen an den Nervenzellmembranen durch Exocytose ausgeschüttet werden und in den benachbarten Muskelzellen zur Kontraktion durch Ineinandergleiten der Aktin-Myosinfilamente führen. Da die Membranen von Nervenzellen und Muskelzellen miteinander verschmolzen sind, können die Transmittersubstanzen in die plasmatischen Grenzräume der miteinander verschmolzenen Muskelzellen diffundieren. Die Muskelkontraktionen sind daher besonders schnell. Um eine große Schnelligkeit zu gewährleisten, ist ein schneller und hoher Energieumsatz notwendig. In den Muskelzellen sind daher die besonders vielen und großen Mitochondrien von Vorteil.

(d) Als Zellatmung bezeichnet man die Umwandlungsprozesse von energiereichen organischen Verbindungen (insbesondere Kohlenhydrate und Fette, aber auch Proteine) zu Kohlendioxid und Wasser unter Sauerstoffverbrauch. Die vollständige Summengleichung der Zellatmung für Glucose lautet:
$C_6H_{12}O_6 + 6\ O_2 \rightarrow 6\ CO_2 +$ Energie.
Der Abbau lässt sich in vier Teilprozesse untergliedern:
- Glykolyse (findet im Cytoplasma statt),
- oxidative Decarboxylierung (Mitochondrienmatrix),
- Citratzyklus (Mitochondrienmatrix) und
- Atmungskette (innere Mitochondrienmembran).

(e) Die Energiebilanz lautet bei maximaler Ausnutzung:

Glykolyse	2 $NADH^+ + H^+$		+ 2 ATP
Oxidative Decarboxylierung	2 $NADH^+ + H^+$		
Citratzyklus	6 $NADH^+ + H^+$	+ 2 $FADH_2$	+ 2 ATP
Atmungskette			34 ATP
			38 ATP

In 38 Mol ATP sind (38 x 30,5 kJ =) 1159 kJ gespeichert. Glucose hat aber einen Brennwert von 2870 kJ. Das bedeutet, dass bei der vollständigen Oxidation von Glucose nur 40 % (1159 kJ von 2870 kJ) der Energie in ATP gespeichert werden kann, die restliche freigesetzte Energie geht als Wärme verloren.

2. (a) Der Kohlenstofffluss in einem natürlichen System ist zunächst dadurch gekennzeichnet, dass kulturelle Einflüsse (Verbrennung fossiler Energieträger durch Menschen, Heizung von Wohnungen, Produktion elektrischer Energie usw.) nicht berücksichtigt werden. Derartig vom Menschen unbeeinflusste Ökosysteme existieren auf der Erde nicht, da z. B. CO_2 aus Verbrennung fossiler Energieträger in der gesamten Atmosphäre zu finden ist. Vom Menschen unbeeinflusste Ökosysteme sind also nur in der Vergangenheit zu finden.
Ein derartiges Ökosystem enthält in der Regel Pflanzen als Produzenten, die Kohlenstoff in Form von CO_2 der Atmosphäre aufnehmen und ihn in der Fotosynthese in Kohlenhydraten fixieren. Konsumenten und Destruenten nehmen diese Kohlenstoffverbindungen auf und wandeln sie zusammen mit anderen Substanzen in körpereigene Baustoffe wie Kohlenhydrate oder Proteine um. Der allergrößte Teil der aufgenommenen Kohlenhydrate wird jedoch zum Energiegewinn benötigt; CO_2 als energiearmes Endprodukt wird dabei wieder abgegeben.
Ein bestimmter Teil der kohlenstoffhaltigen Biomasse wird, wenn die Biomasse nicht verwertet wird, ggf. im Faulschlamm von Gewässern gelagert, durch weitere Überlagerungen durch Sedimente von der Atmosphäre abgeschlossen und kann dann nicht mehr veratmet oder mithilfe von Sauerstoff oxidiert werden. Diese Biomasse wird durch hohen Druck unter anhaltendem Sauerstoffabschluss nach sehr langer Zeit zu Kohle bzw. Erdöl und Erdgas.

(b) Die entsprechende Pyramide besteht aus Stufen bzw. Blöcken, die dem Energiebetrag der Spalte 2 entsprechen. Der den jeweils folgenden Trophieebenen zufließende Energiebetrag (Spalte 2) errechnet sich aus der Differenz der aufgenommenen Energie, dem Energieverlust durch Atmung, der Aufnahme durch Zersetzer und dem Abfluss aus dem System (Betrag Spalte 2 minus Summe der Beträge aus Spalten 3, 5 und 6).

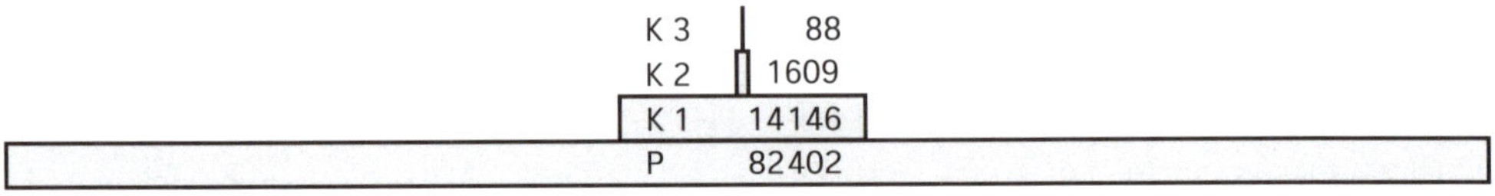

Der Energieverlust, also der Abfluss von Energie aus dem System, ergibt sich aus der Energieaufnahme minus der Summe aller Verluste im System (Spalten 3, 4 und 5).

(c) Der Mais nimmt 0,3 % der Sonnenenergie auf, der Rest wird nicht absorbiert. 50 % der Energie gehen durch Atmung nachts sowie durch abgestorbene oder nicht verfütterte Pflanzenteile verloren. Die restlichen 50 % werden an Rinder verfüttert, die wiederum 60 % für ihren Stoffwechsel verbrauchen. 40 % der Energie wird von den Menschen genutzt.
Im natürlichen Ökosystem werden 1 – 2 % der Sonnenenergie genutzt. In natürlichen Ökosystemen (in denen Nahrungsketten in der Regel länger sind als Mais – Rind – Mensch) nutzt jede Ebene ca. 10 % der Energie der vorangehenden Ebene.
Unter energetischen Gesichtspunkten ist die Mais-Rind-Monokultur viel effektiver als ein natürliches Ökosystem. Das ist schließlich vom Menschen so gewollt und gesteuert.

(d) Von Clothianidin braucht man relativ große Mengen. Es reichert sich kaum in Nahrungsketten an, wirkt aber sehr lange.
Diflubenzuron muss in ähnlich großen Mengen eingesetzt werden. Es wirkt längst nicht so lange, reichert sich aber mehr in Nahrungsketten an.
DDT muss in wesentlich geringeren Mengen eingesetzt werden, wirkt länger als die beiden anderen Gifte und reichert sich wesentlich mehr in den Nahrungsketten an. Entscheidend für die Lebensgemeinschaft ist die Anreicherung; unter diesem Gesichtspunkt ist Clothianidin das am wenigsten schädliche Gift. Nur wenig davon lässt sich in höheren Trophieebenen nachweisen. (Obwohl Sekundärkonsumenten wenig Risiko haben, vergiftet zu werden, sind die Auswirkungen auf das Ökosystem gravierend, da die Maiswurzelbohrer als Nahrungsquellen ausscheiden.)

3. (a) Siehe Bau einer Synapse S. 55 ff.

(b) Die Besetzung des Rezeptors durch Clothianidin kann unterschiedliche Folgen haben: Das Acetylcholin kann nicht mehr andocken, wodurch der Informationsfluss an der Synapse unterbrochen wird, oder das Gift löst durch den Andockprozess Membranpotenzialänderungen aus, wodurch die Übertragung der Information auf die Muskeln nicht mehr steuerbar ist.
Der Rezeptor muss bei Insekten und Menschen unterschiedlich aufgebaut sein. Das ist möglich, da der Rezeptor ein Protein ist, dessen Primär-, Sekundär- oder Tertiärstruktur bei Insekten und Menschen unterschiedlich sein kann.

Selbstdiagnosebogen

Aufgabe Nr.	Kernkompetenzen	AFB	Punkte	erreicht	Förderung
1(a), (b)	Chloroplasten und Mitochondrien Zeichnen biologischer Präparate, biologische Sachverhalte beschreiben	I/II	6/9		Angepasstheiten bei Pflanzen zeichnerisch darstellen (S. 79 ff., 94 f.)
1(c)	Eukaryotische Zellen in Bau und Funktion beschreiben und erläutern	II/III	10/5		Umgang mit Grafiken (S. 90 ff.)
1(d), (e)	Zellatmung , Mitochondrien, Energiebilanz	I/II	5/5		Energieumwandlung (S. 87 ff.), Experimente zur Zellatmung nachvollziehen (S. 87 ff.)
2(a)	Kohlenstofffluss	II	5		Kohlenstofffluss (S. 37)
2(b), (c)	Kosten-Nutzen-Analyse Modelle anwenden	II	15		Nervenzellmodelle erläutern (S. 55 ff.)
2(d)	Wirkung von Giften	II/III	6/2		
3 (a)	Zeichnen einer Synapse	I/II	6/2		Synapse (S. 55 ff.), Umgang mit Zeichnungen (S. 90 f.)
3 (b)	Vorgänge an Synapsen	II/III	4/8		

Gesamtpunkte: 88, davon AFB I: 17 Punkte (19 %); AFB II: 56 Punkte (64 %); AFB III: 15 Punkte (17 %)

Materialgrundlage:

Jannan, M.: Der Eine-Milliarde-Dollar-Käfer – Unterrichtsmaterialien Biologie Sek II Nr. C1.58 –Loseblattsammlung. Stark-Verlag ca. 2010
Linder Biologie Lehrermaterialien. Schroedel 2000
Feldermann, D. (Hrsg): Linder Biologie, Lehrermaterialien. Schroedel 2006, S. 88
Schuster, M.: Ökologie und Umweltschutz – 3. Auflage. Bayrischer Schulbuchverlag 1980, S. 56, 57
http://www.welt.de/wissenschaft/article4263258/Gegen-diesen-Feind-ist-noch-kein-Kraut-gewachsen.html

Sprosspflanze, Blütenpflanze, Leitbündel, Stärkebildung, Neophyt, Stammbaum der Pflanzen, Zellatmung, Ökosystem See, Eutrophierung, Konkurrenz

Aufgabe 5: Die Wasserpest – eine Rarität

Einleitung

Elodea canadensis, die Wasserpest, zählt zu den vom Menschen nach Europa eingeführten Pflanzen (Neophyten). Die Untersuchung des Verhaltens dieser Pflanze in ihrem neuen Lebensraum beinhaltet Aspekte des Energiestoffwechsels, des Lebensraums dieser Pflanze sowie die Wechselwirkungen zwischen dieser Pflanze und ihrer belebten und unbelebten Umwelt bis hin zu Zusammenhängen, die auf die evolutionsgeschichtliche Herkunft der Pflanze verweisen.

Aufgabenstellung

1. (a) **Beschreiben** Sie mithilfe von M1 den Bau von *Elodea canadensis*.
   (b) **Vergleichen** Sie den Bau von *Elodea canadensis* mit dem einer Kartoffelpflanze (*Solanum tuberosum*, M2) und **erläutern** Sie die Ähnlichkeiten und Unterschiede.
   (c) **Beschreiben** Sie einen Versuch, mit dem sich nachweisen lässt, dass *E. canadensis* Stärke bildet.
   (d) **Erläutern** Sie möglichst genau, was mit der von *Elodea canadensis* gebildeten Stärke geschieht. Gehen Sie dabei sowohl auf den Energiestoffwechsel von *Elodea* wie auch mithilfe von M1 auf ökologische Aspekte ein.

2. (a) **Beschreiben** Sie die räumliche und zeitliche Gliederung eines eutrophen Süßwassersees und begründen Sie den Standort von *Elodea canadensis*.
   (b) **Erläutern** Sie mithilfe von M1 und M5 die Auswirkungen eines Massenbefalls von *Elodea* in einem eutrophen See.
   (c) **Entwerfen** Sie mithilfe von M1, M4 und M5 ein Beziehungsgefüge, das Nahrungsbeziehungen und Konkurrenzverhältnisse von Elodea mit anderen Arten im Biotop beschreibt.
   (d) **Nehmen Sie Stellung** zu den in M4 und M5 genannten Thesen zum Rückgang von *Elodea* in Mitteleuropa.

3. (a) **Fassen** Sie mithilfe von M7 und M8 die Stammesgeschichte der Samenpflanzen **zusammen**.
   (b) **Ordnen** Sie mithilfe von M1 und M7 *Elodea canadensis* zeitlich in die Entwicklung der Samenpflanzen **ein** und **erläutern** Sie Ihre Darstellung.

Material

M1 Die Wasserpest

M1 a *Elodes canadensis* Habitus

M1 b Ökologie und Stammesgeschichte

Elodea canadensis kommt in künstlichen und natürlichen Stillgewässern, in Gräben und in langsam fließenden Bächen und Flüssen bis in Tiefen von 4 m vor. Ihr Körperbau (vgl. M1 c) weist sie als Sprosspflanze aus. Nur äußerst selten findet man in Europa blühende Exemplare; der Aufbau ihrer stark reduzierten Blüten wird durch jeweils drei Blütenblätter und einen dreiteiligen Fruchtknoten bestimmt. Diese Dreiteiligkeit zeichnet sie als einkeimblättrige Pflanze aus. Sie gehört aufgrund ihres Aufbaus zur Gruppe der froschlöffelähnlichen Gewächse, die sich insgesamt durch eine starke Reduzierung ihrer Blüten auszeichnen, wobei man eine stammesgeschichtliche Entwicklung der Pflanzen von der Insektenblütigkeit über die Windblütigkeit bis hin zur Bestäubung im Wasser beobachten kann. Ebenfalls zu den einkeimblättrigen Pflanzen gehören Gruppen wie Lilien, Gräser und Orchideen.

Das Wachstum der Wasserpest wird durch die Einleitung von Abwässern gefördert. *E. canadensis* hat einen Schwerpunkt in meso- bis eutrophen Gewässern und vermehrt sich in Europa nur vegetativ über zerbrochene Sprossabschnitte. In ihrem ursprünglichen Verbreitungsgebiet Kanada bildet sie auch Blüten und pflanzt sich somit sexuell über die Ausbildung von Samen fort.

Wasserpest-Arten werden als zusätzliche Nahrungsquelle von Vögeln und Fischen sowie als Baumaterial von Köcherfliegenlarven oder als Laichsubstrat von Fischen genutzt.

Die Pflanze enthält 18 % Eiweiß, 42 % Stärke und 2,5 % Fett in der Trockensubstanz und wurde in den 80er Jahren des 19. Jahrhunderts sogar als Viehfutter empfohlen, weil sie keinerlei Giftstoffe enthält.

M1 c Sprossquerschnitt von *Elodea canadensis.*

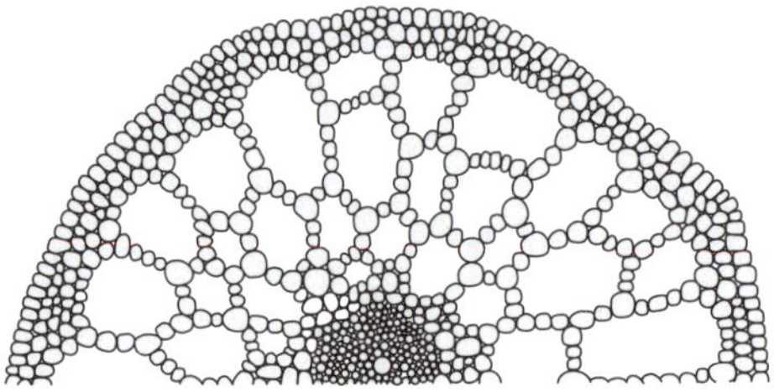

M1 c Der Querschnitt des Sprosses enthält zentral ein Leitbündel, umgeben von chloroplastenhaltigem Durchlüftungsgewebe

M2 Kartoffel

M2 a Kartoffelpflanze (Habitus)

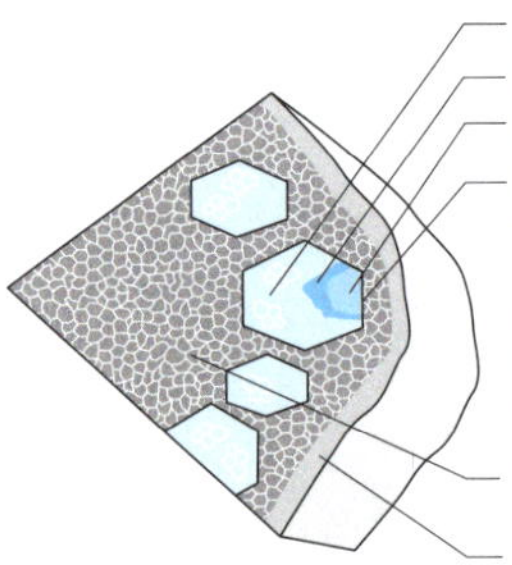

M2 b Sprossquerschnitt (nach EM-Foto)

M3 Ausbreitung des Neophyten *Elodea canadensis*

1836 wurde die Kanadische Wasserpest *Elodea canadensis* für Europa das erste Mal in Irland beschrieben. Zunächst galt sie als Zierpflanze und wurde in botanischen Gärten kultiviert. Nachdem 1859 Pflanzen aus dem Berliner Botanischen Garten in nahe gelegene Gewässer ausgesetzt wurden, begann die Verbreitung in Deutschland. Über Kanäle wurden bald Havel und Oder erreicht.

Das Hannoversche Tageblatt schrieb am 9. Oktober 1910: „Es erhob sich überall ein schreckliches Heulen und Zähneklappern, denn der Tag schien nicht mehr fern, da alle Binnengewässer Europas bis zum Rande mit dem Kraute gefüllt waren, so daß kein Schiff mehr fahren, kein Mensch mehr baden, keine Ente mehr gründeln und kein Fisch mehr schwimmen konnte."

Wieder Erwarten setzte wenig später ein Rückgang der Verbreitung ein. Nachdem dies auf den Britischen Inseln schon etwa 50 Jahre nach den Erstfunden beobachtet worden war, konnte man dies auch in Deutschland nachweisen. War das Steinhuder Meer etwa um 1915 noch völlig mit der Kanadischen Wasserpest bedeckt, so war es Anfang der 1930er Jahre kaum noch nachweisbar.

M4 Konkurrenzverhältnisse

An manchen Orten wurde *Elodea canadensis* in letzter Zeit durch die sich heute stark ausbreitende *Elodea nuttallii* ersetzt. Ob letztere tatsächlich für den Rückgang der Kanadischen Wasserpest ursächlich verantwortlich ist, ist noch nicht genügend geklärt. Nach Langzeitbeobachtungen dringt *Elodea canadensis* in ursprünglich oligotrophe Gewässer erst nach deren Verunreinigung ein.
Umgekehrt kann im hoch-eutrophen Bereich gerade der Rückgang der Nährstoffgehalte, z. B. nach Einführung phosphatfreier Waschmittel und Phosphateliminierung in Abwässern, die Konkurrenzkraft von Planktonalgen hemmen und damit durch die besseren Lichtverhältnisse *Elodea* fördern.
Im Zuge der Entwicklung von *Elodea*-Massenbeständen gehen andere Wasserpflanzen mindestens lokal zurück. Betroffen sind neben Makrophyten auch Planktonalgen und die auf ihnen gründende Nahrungskette (z. B. Wasserflöhe). Dies scheint jedoch nur zu veränderten Dominanzverhältnissen, nicht zum Verschwinden von Arten zu führen. Da die *Elodea*-Dominanz nicht lange anhält, ist besonders die langfristige Bilanz unklar.

M5 Thesen zum Rückgang von *Elodea canadensis*

These A: Der Rückgang ist durch nachlassende Vermehrungskraft der vegetativen Vermehrung zu erklären.
These B: Der Rückgang von *Elodea canadensis* ist auf Nematoden zurückzuführen, die die Vegetationskegel der Pflanzen zerstören.
These C: Der Rückgang von *Elodea canadensis* ist auf den Rückgang des Phosphatgehalts im Wasser zurückzuführen. Dies geschah mit der Verwendung von phosphatfreien Waschmitteln seit den 70er-Jahren des letzten Jahrhunderts und der chemischen Ausfällung von Phosphaten in Kläranlagen.

M6 Stammbaum der Samenpflanzen

Hinweis: Die Breite der dargestellten „Äste“ des Stammbaums gibt die relative Artenzahl an. Von den heute lebenden Nacktsamer-Gruppen sind nur die häufigsten angegeben. Für einige der angegebenen Gruppen gibt es keine deutschen Namen oder passende Übersetzungen.

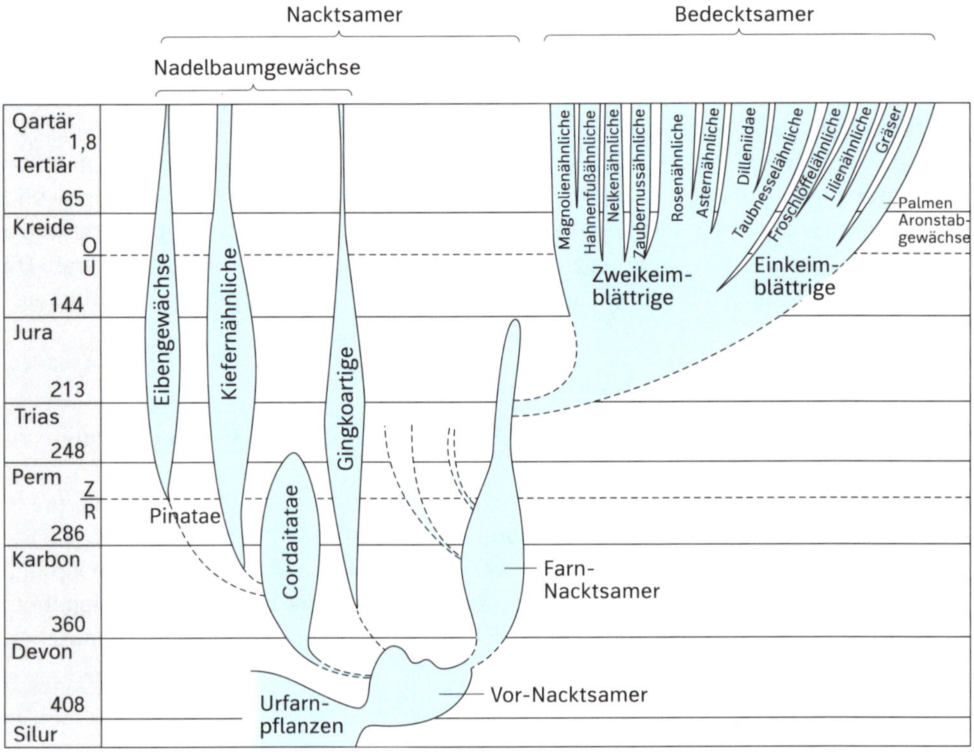

M7 Auftreten ausgewählter Lebensformen im Laufe der Erdentwicklung

Periode (Beginn vor Millionen Jahren)	**Epoche (Beginn vor Millionen Jahren)**	**Lebensformen**	**Klima**
Quartär (1,6)	Jetztzeit (0,01) Pleistozän (1,6)	Zeitalter des Menschen, Aussterben vieler Pflanzen und Tiere	Wechsel von kalt und warm, häufiges Vordringen und Schmelzen von Gletschern
Tertiär (65)	Pliozän (5,2)	erstes Auftreten von Menschenaffen	Trockenheit und Kälte, beginnende Vereisung der Nordhemisphäre
	Miozän (23,2)	Ausbreitung von Grasland und Rückzug der Wälder. Grasende Tiere, Auftreten von Affen	gemäßigtes Klima, in der Südhemisphäre Beginn einer erneuten, ausgedehnten Vereisung

Periode (Beginn vor Millionen Jahren)	**Epoche (Beginn vor Millionen Jahren)**	**Lebensformen**	**Klima**
	Oligozän (35,4)	große grasende Säugetiere, erste Affenartige, Auftreten vieler moderner Pflanzengattungen	
	Eozän (56,5)	starke Ausbreitung von Warmblütern (Säugetiere und Vögeln)	mildes bis sehr warmes Klima
	Paläozän (65)	frühe insektenfressende Säugetiere	mild bis kühl
Kreide (145)		Bedecktsamer und viele Insektengruppen treten zum ersten Mal auf, die Artenvielfalt dieser Gruppen nimmt schnell zu. Reptilien herrschen vor. Am Ende der Periode sterben die Dinosaurier aus.	mildes, überall gleiches Klima
Jura (208)		Bei den Pflanzen herrschen Nacktsamer vor, erste Vögel treten auf.	mildes Klima, Kontinente ohne größere Gebirge, große Teile der Erde von Meeren bedeckt
Trias (245)		Wälder aus nacktsamigen Pflanzen, erste Dinosaurier und erste Säugetiere	Die Klimate der Erde sind sehr unterschiedlich, weil die Kontinente sehr gebirgig sind. Es gibt nur eine große zusammenhängende Landmasse mit großen Trockengebieten.
Perm (290)		Erste Vorkommen von verschiedenen Formen der Nacktsamer. Die Gruppe der Reptilien wird artenreicher. Am Ende der Periode sterben die meisten Arten höherer Lebewesen aus.	ausgedehnte Vereisungen der Südhemisphäre zu Beginn der Periode, viele trockene Gebiete
Karbon (362)		Auftreten von Amphibien und Ausbreitung großer Wälder	warm, geringe jahreszeitliche Schwankungen in den Tropen, viele Sümpfe
Devon (408)		Zeitalter der Fische, Ausbreitung von Landpflanzen und Aussterben der ursprünglichen Gefäßpflanzen, erste Insekten	mild
Silur (439)		erste Landpflanzen	mild

Benötigte Kompetenzen

Grundkenntnisse von Bau und Funktion pflanzlicher Zellen bzw. einer Pflanze, Gewebe und Organe, abiotische und biotische Faktoren, Nahrungsnetze und ihrer Bedeutung, ökologische Nische, Angepasstheit, Kohlenstofffluss, Konkurrenz, Stammesgeschichte (S. 30 ff.)

Benötigte Methodenkenntnisse

Umgang mit Abbildungen, Hypothesen bilden (S. 94, 98)

Lösungen

1. (a) Die kanadische Wasserpest ist in einen grünen Spross und grüne Blätter gegliedert. Vermutlich ist sie mit einer Wurzel im Untergrund des Gewässers verankert. Die Blätter sind schmal lanzettlich und sitzen quirlständig am Spross. Die Blüten sind stark reduziert und in jeweils drei Bestandteile gegliedert. Der Spross von Elodea enthält zentral ein stabilisierendes Leitbündel. Nach außen hin befinden sich chloroplastenhaltige Zellen von Durchlüftungsgewebe und Abschlussgewebe.

   (b) Ähnlichkeiten: Beide Pflanzen gehören zu den Sprosspflanzen mit grünen Laubblättern (und wahrscheinlich mit Blüten) und Wurzeln.
   Unterschiede lassen sich im Bau des Sprosses und der Form der Blätter erkennen. Elodea besitzt im Spross zentral stabilisierende Leitbündel und ist damit gut an die im Wasser herrschenden Strömungsverhältnisse mit ihrer Zugbelastung angepasst. Kartoffelsprosse zeigen im Querschnitt randlich angeordnete Leitbündel und sind damit an seitlichen Winddruck und Abbiegekräfte angepasst.

   (c) Zwei Ansätze mit Elodea werden eine Zeit lang im Dunkeln gehalten, um die in der Pflanze vorhandene Stärke durch die Pflanze veratmen und damit abbauen zu lassen. Einer der beiden Versuchsansätze wird danach belichtet, der andere nicht. Nach der Belichtung wird das störende Chlorophyll mit einem Lösungsmittel aus den Pflanzen beider Versuchsansätze entfernt. Die Pflanzen werden dann mit dem Stärkenachweismittel Jodkaliumjodid (Lugolsche Lösung) behandelt. Nur in der belichteten Pflanze sollte Stärke nachzuweisen sein.

   (d) (Hinweis: Für die Erläuterung sind auch Skizzen hilfreich!) In Dunkelphasen (also nachts) baut *Elodea* Stärke ab, sodass durch Zellatmung Energie gewonnen wird. Dazu wird die Stärke zunächst enzymatisch in Glucosebausteine zerlegt. Sodann wird Glucose mithilfe von ATP phosphoryliert. Das Glucosephosphat wird dann im Cytoplasma enzymatisch in C_3-Körper gespalten. Diese werden oxidiert. Dabei entstehen Reduktionsäquivalente ($NADH+H^+$) und ATP. Endprodukt ist der C_3-Körper Brenztraubensäure (BTS).

BTS wird in das Plasma von Mitochondrien transportiert und dort decarboxyliert. CO_2 wird dabei abgespalten. Es entsteht ein C_2-Körper, der sich mit einem C_4-Körper zu Citronensäure verbindet. Im Citronensäurezyklus wird der C_2-Körper vollständig oxidiert. Die so entstandenen zwei Moleküle werden abgegeben. Dabei entstehen Reduktionsäquivalente und ATP.
Die Reduktionsäquivalente gelangen an die innere Mitochondrienmembran, wo sie durch membrangebundene Redoxsysteme oxidiert werden. Der Wasserstoff wird in Elektronen und Protonen gespalten. Die Protonen werden in den Raum zwischen die beiden Mitochondrienmembranen geleitet. Der in der nichtplasmatischen Phase entstehende Protonenüberschuss wird ähnlich wie bei einem Stausee für die Energiegewinnung genutzt, indem die Protonen durch die ATPase der inneren Membran geführt werden. Dadurch kann ATP gebildet werden. Die nun im Mitochondrienplasma befindlichen Protonen werden zusammen mit den aus den Reduktionsäquivalenten stammenden Elektronen an ein Sauerstoffatom angelagert, wobei Wasser (H_2O) entsteht. Dadurch kann ein Protonengefälle zwischen der nichtplasmatischen Phase und dem Mitochondrienplasma aufrecht erhalten werden.

2. (a) Beschreibung der räumlichen Gliederung: Je nach Tiefe ist ein See in eine obere Nährschicht, in die Licht einstrahlen kann, und eine lichtlose untere Zehrschicht, in der keine Pflanzen existieren können, gegliedert. Der Randbereich des Sees lässt sich im Bereich der Nährschicht nach den dort jeweils vorherrschenden Pflanzengesellschaften gliedern: Vom Ufer aus finden sich der Schilfgürtel, es folgt der Schwimmblattgürtel und danach der Tauchblattgürtel.
Beschreibung der zeitlichen Gliederung: Aufgrund der unterschiedlichen Dichte des Wassers in Abhängigkeit von der Temperatur lassen sich drei Phasen des Seewassers unterscheiden: 1. Bei Lufttemperaturen unter 0 °C gibt das Wasser an der Oberfläche Wärmeenergie ab und kühlt dabei aus, bis es gefriert. Da Eis eine geringere Dichte hat als flüssiges Wasser, bildet sich eine Eisschicht auf dem See. Das dichteste Wasser befindet sich mit 4 °C unter der Eisschicht und füllt das Seevolumen bis zum Grund aus. Im Frühling erwärmt die Luft das Eis, bis es taut und ebenfalls eine Temperatur von 4 °C annimmt. Da dann keine stabile Schichtung des Wassers mehr vorliegt, kann es leicht durch Wind in Bewegung gebracht werden. Es kommt zur Frühjahrsvollzirkulation. Im Sommer erwärmt sich die obere Wasserschicht, die dadurch eine geringere Dichte bekommt. Sie bildet das Oberflächenwasser, in dem nur noch eine Teilzirkulation möglich ist. Im untersten Bereich, dem Hypolimnion, entwickelt sich ein Raum ohne vertikale Wasserbewegungen (Sommerstagnation). Im Herbst erfolgt der umgekehrte Prozess mit abnehmenden Temperaturen (Herbstvollzirkulation): Das Wasser der oberen Schicht (Epilimnion) nimmt mit abnehmender Temperatur an Dichte solange zu, bis das Wasser etwa 4 °C erreicht hat und somit die gleiche Dichte wie die unteren Wasserschichten besitzt. Die labile Schichtung wird durch Winde an der Seeoberfläche durchmischt, sodass mit der Durchmischung aller Schichten auch ein entsprechender Stofftransport erfolgt. Mit weiter abnehmender Auskühlung unter 4 °C des Epilimnions nimmt die Dichte des Wassers wieder zu. In tieferen Schichten befindet sich das Wasser mit

der größten Dichte, also Wasser mit 4 °C. Dadurch wird die Zirkulation unterbrochen und es kommt zur Winterstagnation.
Elodea ist überall dort anzutreffen, wo Licht in das Wasser gelangen kann, also in allen Randbereichen des Sees bis zu einer Tiefe von etwa 4 m, und wo der Raum nicht durch andere Pflanzen beschattet wird.

(b) Nährstoffe können in *Elodea* festgelegt werden, die Trübung durch konkurrierende Planktonalgen und die daraus folgende Menge des Zooplanktons können zurückgehen. Damit kann sich Elodea noch weiter ausbreiten. Nach Absterben der Pflanzen am Ende der Vegetationsperiode kann es zu starker Sauerstoffzehrung kommen. Es besteht die Gefahr erhöhter Faulschlammbildung und weiterer Eutrophierung bis hin zum „Umkippen“ des Sees, weil durch die Sauerstoffzehrung alle anderen Organismen, die zum Energiegewinn Sauerstoff benötigen (Pilze, Pflanzen, Tiere), gefährdet sind. Durch Beschleunigung der Sedimentation tragen Massenbestände von *Elodea* zur Verlandung bei.

(c) Darstellung eines Beziehungsgefüges (auch andere Darstellungen sind möglich).

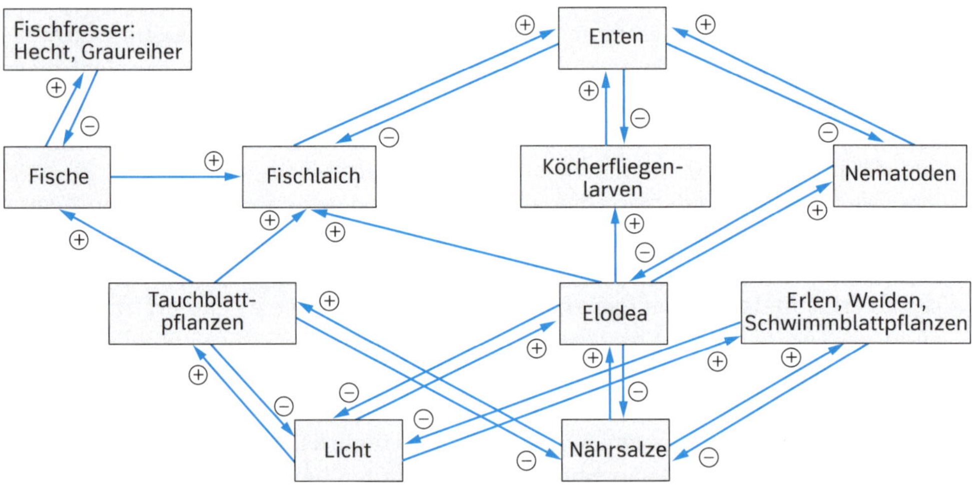

(d) Mögliche Gründe für den Rückgang sind: Genetische Gründe (Nachlassen der vegetativen Vermehrungsfähigkeit nach einer bestimmten Zahl von Zellteilungen), ökologische Gründe (Einstellen eines Gleichgewichtes mit natürlichen Gegenspielern, z. B. Nematoden-Befall an Vegetationspunkten), physiologische Gründe (Nährstoffmangel durch Entzug bestimmter Nährstoffe oder zunehmende Gewässerverschmutzung in Form von Hypereutrophierung und Sauerstoffmangel).
Die geforderte Stellungnahme wäre jeweils stichhaltig (s. o.) zu begründen.

3. (a) Die Samenpflanzen sind typische Landpflanzen und entwickelten sich vor etwa 400 Millionen Jahren im Devon aus einer Gruppe von Urfarnpflanzen, den Vor-Nacktsamern. Diese urtümlichen Nacktsamer, die heute ausgestorben sind, bildeten unter anderem im Karbon mehrere Gruppen, nämlich die Cordaitatae, die am Ende des Perm ausstarben, die Gingkoartigen, von denen heute noch einige Arten existieren, und die inzwischen ausgestorbenen Farn-Nacktsamer. Im Perm entwickelten sich unter kühlem bis kaltem und trockenem Klima aus den Cortaitatae die Eibengewächse und Kiefernähnliche. Sie waren offensichtlich besser an die herrschenden Klimabedingungen angepasst, denn die Cortaitatae starben aber am Ende dieser Periode aus. Die Farn-Nacktsamer waren im Gegensatz zu den Cortaitatae so gut an die kühlen und trockenen Lebensbedingungen angepasst, dass sie noch bis zum Ende des Jura, in dem es wieder milder geworden war, überlebten. Aus den Farn-Nacktsamern gingen im Perm mehrere Gruppen von weiteren Nacktsamern und am Ende der Trias vor etwa 215 Millionen Jahren die Vorfahren der Bedecktsamer hervor.
   Erst im Kreidezeitalter vor etwa 100 Millionen Jahren entwickelten sich die zweikeimblättrigen Pflanzen und wuchsen parallel zur Gruppe der Insekten zu einer sehr artenreichen Gruppe heran. Am Ende der Kreide entstanden die Einkeimblättrigen, die verschiedene Gruppen von besonders angepassten Formen hervorbrachten. Diese Arten findet man heute im Wasser (Froschlöffelähnliche), in periodisch trockenen winterkalten Gebieten (Gräser und Lilienartige) sowie in trockenen und warmen Regionen (Palmen, Orchideen).

   (b) *Elodea canadensis* entstand relativ spät als Gruppe der Lilienartigen im Tertiär. Ihre Vorfahren waren zunächst typische Landpflanzen, die von Insekten bestäubt wurden. Aufgrund des Selektionsdruckes durch weltweite Abkühlung und Austrocknung von Regionen im Miozän und Pliozän wurden die Vorfahren von Elodea, ähnlich wie die Vorfahren der Gräser, an Blütezeiten und an Regionen angepasst, in denen weniger Insekten zur Bestäubung zur Verfügung standen. Schließlich gelang es durch Mutation den Vorfahren von Elodea, sich bei weiter anhaltendem Selektionsdruck durch Trockenheit und Kälte an das Leben im Wasser anzupassen, in dem unter bestimmten Bedingungen Kälteperioden besser zu überstehen sind. Dies setzte voraus, dass sich die Bestäubungsmechanismen von der Windblütigkeit zur Wasserblütigkeit weiter entwickelten. Da bei Windblütigkeit eine r-Strategie von Vorteil ist, die durch eine hohe Anzahl von Pollen gekennzeichnet ist, und diese r-Strategie wegen der geringen „Treffsicherheit“ der Pollen auch im Wasser von Bedeutung ist, genügten einige Mutationen am Bau der Pollen, um diese in wahrscheinlicheren Kontakt mit der Blütennarbe bzw. der weiblichen Blüte zu bringen. Beispiele sind die Entwicklung der Schwimmfähigkeit der Pollen und der gleichzeitigen Entwicklung von weiblichen Schwimmblüten.

Selbstdiagnosebogen

Aufgabe Nr.	Kernkompetenz	AFB	Punkte	erreichte Punkte	Förderung
1(a)	Sachverhalte beschreiben und erklären	I	6		Stoffwechsel von Pflanzen, Zellatmung (S. 79 ff.)
1(b)	Beschreiben und vergleichen	II	6		
1(c)	Experimente planen und hypothesenbezogen auswerten	II	5		Umgang mit Experimenten (S. 96 ff.)
1(d)	Energiestoffwechsel	II	10		
2(a)	Ökosystem See	I/II	8/2		Eutrophe und oligotrophe Seen (S. 40 ff.)
2(b)	Konkurrenz, Parasitismus und Symbiose, Physiologische und ökologische Potenzen	II	5		
2(c)	Nahrungsbeziehungen	III	5		Beziehungsgefüge verschiedener bekannter Organismen entwerfen
2(d)	Hypothesen, Biodiversität beschreiben	II/III	12/4		
3(a)	Stammesgeschichte unter Verwendung geeigneter Fachbegriffe beschreiben und erklären	II/III	2/5		Grundprinzipien der Evolution (S. 65 ff.)
3(b)	komplexe biologische Fragestellungen, deren Lösungen strittig sind, diskutieren.	I/II	2/8		Hypothesen zur stammesgeschichtlichen Entwicklung der Primaten erläutern (S. 74 ff.)

Gesamtpunkte: 80, davon AFB I 16 (20 %), AFB II 50 (62,5 %), AFB III 14 (17,5 %)

Materialgrundlage:

Martensen, H.O. u. Probst, W.: Farn- und Samenpflanzen in Europa. Gustav Fischer Verlag Stuttgart 1990, S. 75, Abb. 30
Raven, P.H. u. Evert, R.E. u. Eichhorn, S.: Biologie der Pflanzen. De Gruyter Berlin 2000, S. U2.
Reichholf, J.H.: Die Zukunft der Arten. dtv Wissen München 2009, S. 90
Strasburger. Lehrbuch der Botanik, G. Fischer Stuttgart 1991, S. 136, Abb. 1.2.9
Strasburger. Lehrbuch der Botanik, G.Fischer Stuttgart 1991, S.173, Abb. 1.3.18 A
http://www.floraweb.de/neoflora/handbuch/elodeacanadensis.html (12.6.2012)
http://www.biologie.uni-hamburg.de/b-online/d06/rastxant.htm
http://www.floraweb.de/neoflora/handbuch/elodeacanadensis.html (12.06.2012)

Funktionelle Gliederung des Waldes, Kohlenstofffluss, Holz, Pilze, Symbiose, Enzyme, Evolution

Aufgabe 6: Pilze im Ökosystem Wald

Einleitung

Das Ökosystem des mitteleuropäischen Waldes ist in seinen Ausprägungen sehr vielfältig. Eine in diesen Ökosystemen stets auftretende Organismengruppe sind die Pilze, die für den Stoff- und Energiefluss im System eine wesentliche Rolle spielen.
Als heterotrophe Lebewesen gelangen Pilze durch die Abgabe von Verdauungsenzymen an die notwendigen Energie- und Baustoffe. Umweltgifte wie z. B. Ozon beeinflussen die Aktivität der Organismen im Wald in unterschiedlicher Weise. Eine Störung der Enzymaktivitäten bei Pilzen durch Ozon beeinflusst Stoff- und Energieflüsse im System. Auch die Artenvielfalt der Pilze wird durch zu hohe Ozonwerte verändert.
Einige Pilze bilden zusammen mit bestimmten Pflanzen Lebensgemeinschaften, die sich im Lauf der Evolution herausgebildet haben und deren stammesgeschichtliche Entwicklung mithilfe des Vergleichs von Enzymproteinen untersucht werden kann.

Aufgabenstellung

1. (a) **Erläutern** Sie allgemein die Gliederung eines Ökosystems.
   (b) **Erläutern** Sie mithilfe der Angaben in M1 a den Kohlenstofffluss in einem mitteleuropäischen Waldsystem.
   (c) Beschreiben Sie mithilfe von M1 und M2 den Zusammenhang zwischen Biomasse, Produktion und Energiefluss in einem mitteleuropäischen Laubwald.

2. **Erläutern** Sie mithilfe von M3 und M4 die physiologische Bedeutung der Pilze im Ökosystem Wald.

3. (a) **Erläutern** Sie die Befunde in M4 b mithilfe der Angaben in M4 a bis M 4d.
   (b) **Werten** Sie die Angaben in M4 unter ökologischen Aspekten **aus**.

4. **(a) Beschreiben** Sie mithilfe von M5 b den Einfluss von erhöhter Ozonkonzentration der Luft auf Mykorrorhiza-Pilze.
   (b) **Erläutern** Sie mögliche Folgen des Ozoneinflusses auf das Ökosystem Wald.
   (c) **Überprüfen** Sie die Hypothese in M5 c mithilfe der dort gegebenen Daten.

5. **Entwickeln** Sie mithilfe der Angaben in M3 b und M6 einen **hypothetischen** Stammbaum der Landpflanzen und der sie begleitenden Pilzformen.

Material

M1 Gliederung des Waldes

Das Ökosystem Wald lässt sich räumlich, zeitlich und funktionell gliedern. Die Abbildungen zeigen zwei Kombinationen von räumlicher und funktioneller Gliederung.
Abb. a veranschaulicht die räumliche Gliederung eines Waldes und gibt die Biomassenverteilung sowie die jährliche Produktion der verschiedenen Raumelemente an. Abb. b beschreibt allgemein den Strom organischer und anorganischer Substanz zwischen bestimmten Organismengruppen des Waldes.

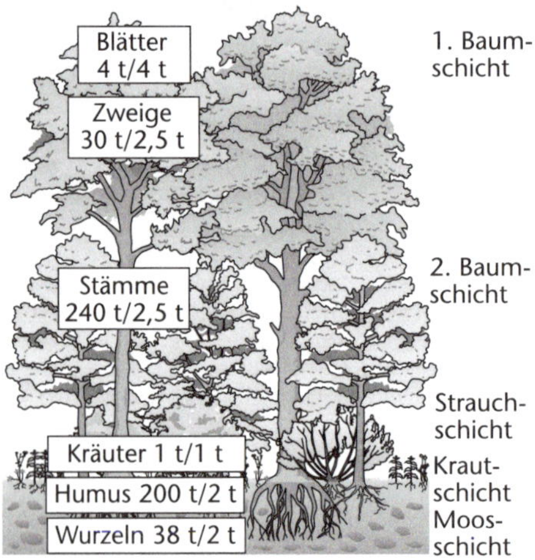

M1 a Räumliche Gliederung sowie Biomasse und Produktion eines Eichen-Hainbuchen-Mischwaldes. Erste Zahl: Biomasse (Trockensubstanz (TS) pro Hektar (ha), zweite Zahl : jährliche Produktion (TS/ha)

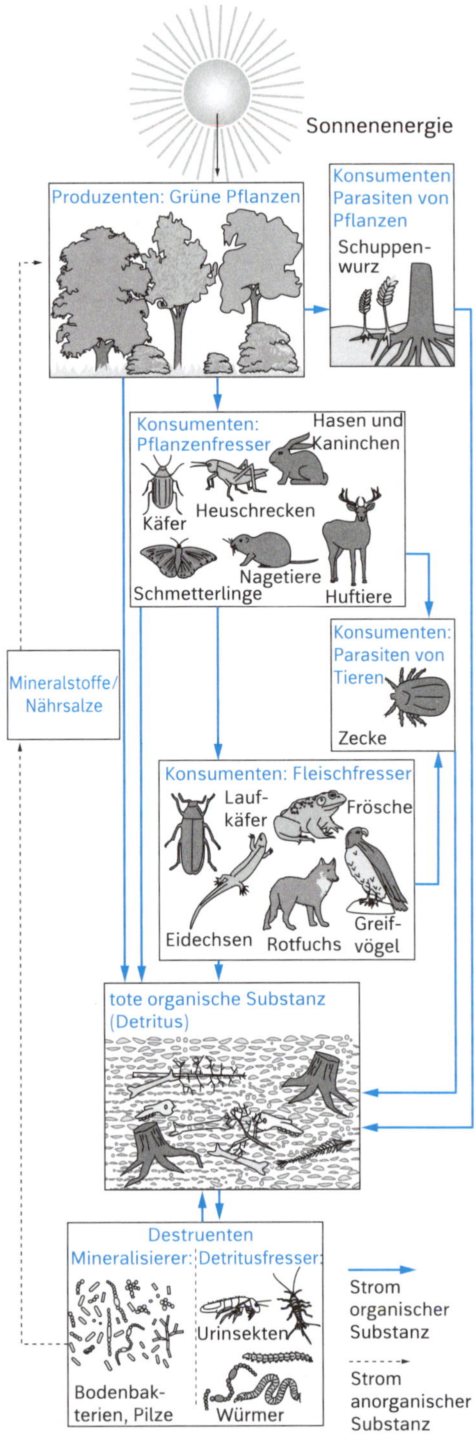

M1 b Funktionelle Gliederung des Waldes

M2 Energiefluss

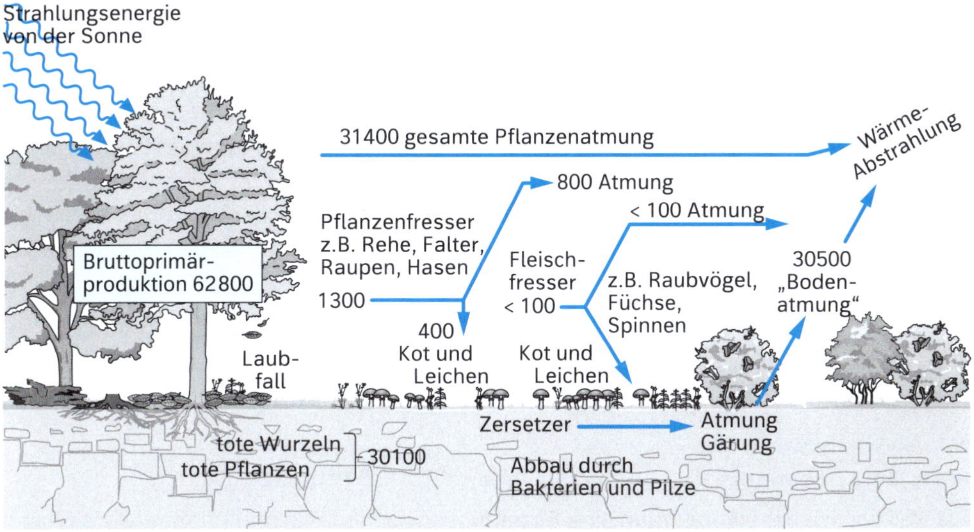

M2 Energiefluss durch die Biozönose eines mitteleuropäischen Laubwaldes in kJ/m² Blattfläche x Jahr

M3 Pilze in der Biozönose Wald

M3 a Lebewesen Pilz

Pilze bilden neben Pflanzen und Tieren eine eigenständige Gruppe der Eukaryoten. Sie enthalten im Plasma ihrer Zellen u.a. einen von einer doppelten biologischen Membran umhüllten Zellkern, Mitochondrien und ein Cytoskelett. Die Gruppe ist sehr vielgestaltig. So zählen zu ihr nicht nur Ständerpilze (Hutpilze), sondern auch Schimmelpilze und Backhefe.

Pilze pflanzen sich geschlechtlich und ungeschlechtlich fort. Sie bilden dazu Sporen aus. Mit ihren manchmal sehr langlebigen Myzelien (lockeres Gewebe aus Pilzfäden) breiten sie sich vegetativ aus und vermehren sich dabei. Die Pilzfäden werden Hyphen genannt. Sie sind im Querschnitt sehr klein, da der Faden aus einer Aneinanderreihung von Zellen besteht. Im Gegensatz zu Pflanzen bilden Pilze Zellwände aus Chitin aus, eine Substanz, die auch im Exoskelett der Insekten zu finden ist.

Viele Pilze im Wald gehören zu den Destruenten. Die Zellen der Hyphen sind in der Lage, verschiedene Enzyme nach außen abzugeben. Sie scheiden u. a. Phenoloxydasen (für Ligninabbau), Chitin abbauende Enzyme, Kohlenhydrat abbauende Enzyme und Cellulasen (für Celluloseabbau) aus. Die Abbauprodukte sowie Wasser und Nährsalze können mithilfe von membrangebundenen Transportproteinen in die Zelle aufgenommen werden. Hinzu kommt die Fähigkeit des Pilzes, organische Säuren auszuscheiden (s. M4 c). Hierdurch können Phosphat, Stickstoff, Kalium und Magnesium besser aufgenommen werden. Gleiches gilt für Eisen und einige weitere Nährsalze.

M3 b Pilze als Holzzersetzer

Pilze sind für die Stoff- und Energieflüsse im Wald unentbehrlich, denn viele Pilzarten gewinnen als heterotrophe Organismen ihre Energie aus dem Abbau von Biomasse. Eine bestimmte Gruppe von Ständerpilzen baut z. B. das im Holz vorhandene Lignin ab. Der Abbauprozess, der zu dieser Form der Holzzerstörung führt, wird Weißfäule genannt. Sie kann schon an lebenden Pflanzen auftreten, besonders an Laubbäumen wie Buche, Birke, Esche und Eiche. Weißfäulepilze bauen die Zellwandbestandteile Cellulose, Hemicellulose und Lignin ab. Durch die Weißfäule zerfasert das befallene Holz, die Stabilität des Holzes verringert sich dramatisch. Es entsteht eine gleichmäßige weißlich-graue Verfärbung, das Holz verliert an Glanz. Im Endstadium macht das Holz einen schwammigen Eindruck und ist z. T. mit marmorartigen Streifen durchsetzt.

M4 Mykorrhiza

M4 a Eine besondere Beziehung zwischen Pilz und Pflanze

Als Mykorrhiza bezeichnet man eine Beziehung zwischen Pilz und Pflanze, die sich von einer reinen Ernährungsbeziehung unterscheidet. Man unterscheidet zwei Formen:
Die Ektomykorrhiza kommt bei den meisten unserer Baumarten vor, und zwar sowohl bei Laubbäumen (z. B. Buche, Eiche, Birke), als auch bei Nadelbäumen (z. B. Fichte, Lärche, Tanne, Kiefer und Douglasie). Die Hyphen der Pilze wachsen auf die Wurzelspitzen zu und umhüllen die Wurzelspitzen mit einem dichten Geflecht aus Mycel. Diese verdickten Wurzelspitzen sind häufig mit bloßem Auge gut zu erkennen. Ektomykorrhizen sind z. B. von Steinpilzen, Pfifferlingen und Maronenröhrlingen bekannt.
Bei der Endomykorrhiza dringen die Hyphen zwar in die Wurzelzellen, aber nicht in das Leitgewebe ein. Hier sind eher sehr ursprüngliche Pilze beteiligt, die sich nicht über Fruchtkörper sondern über unterirdisch gebildete Sporen vermehren. Diese Endomykorrhiza findet sich vor allem bei krautigen Pflanzen, aber auch an Esche, Ahorn, Kirsche und Rosskastanie.
Durch die weit ausstrahlenden Hyphen wird die aufnehmende Oberfläche durch die Mykorrhizierung auf das 100- bis 1000-fache vergrößert. Mit radioaktiven Markern konnte nachgewiesen werden, dass das Myzel eines einzigen Pfifferlings sich im Boden in einem Durchmesser von 20 m ausgebreitet hatte. Selbst kleinste Bodenzwischenräume, in die Feinwurzeln und selbst Wurzelhaare nicht mehr eindringen können (weil diese einen 10-fach größeren Durchmesser als Pilzhyphen haben), werden von den Pilzhyphen noch erschlossen. Die Pilze sorgen für eine verbesserte Wasser- und Nährstoffausnahme für die Pflanzen und werden im Gegenzug von der Pflanze mit Zucker versorgt.

M4 b Überlebensfähigkeit von Buchensämlingen mit und ohne Mykorrhiza

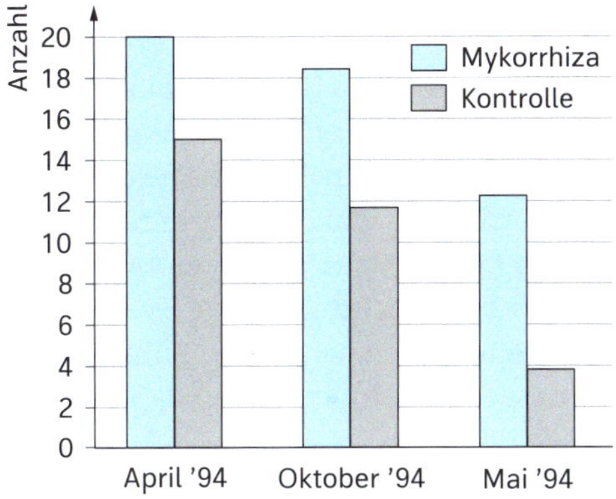

M4 b Überlebensfähigkeit

M4 c Keimlingswachstum einer Kiefernart mit und ohne Mykorrhiza

Keimlingwachstum von *Pinus virginiana* mit und ohne Mykorrhiza		
	Mykorrhizakeimlinge	**Kontrollen (pilzfrei)**
	(Zahlenwerte in mg)	
Frischgewicht	1230	592
Trockengewicht (T)	323	152
Stickstoff (% i.T.)	1,72	1,88
Stickstoff / Keimling	5,75	2,87
Phosphor (% i.T.)	0,18	0,097
Phosphor / Keimling	0,60	0,15
Kalium (% i.T.)	0,66	0,62
Kalium/ Keimling	2,17	0,96

M4 c Keinmlingswachstum in Abhängigkeit der Mykorrhiza

M4 d Enzymsekretion bei Mykorrhiza-Pilzen

Im Gegensatz zu den saprophytisch oder parasitisch lebenden Pilzen scheiden die meisten Mykorrhizapilze keine Phenoloxydasen und keine Cellulasen aus. Das gilt allerdings nur, solange ihnen ausreichende Glucosemengen angeboten werden. Sobald die Zufuhr stockt, wird Cellulase synthetisiert, und der bis dahin symbiotisch lebende Pilz geht zu parasitischer Lebensweise über. Mykorrhizapilze bevorzugen leicht saure Böden; pH-Werte zwischen 4,0 und 5,0 sind optimal. Oberhalb von pH 7 können sie nicht existieren. In calciumreichen Böden (z. B. in Kalkbuchenwäldern) sind Mykorrhizen extrem selten, bzw. nur rudimentär ausgebildet.

Mithilfe ihrer nach außen abgegebenen Enzyme verdauen die Pilzfäden der Endomykorrhiza punktförmig die Zellwände und Zellmembranen der Wurzelzellen ihrer Wirtspflanzen. Dadurch dringen sie in die äußeren Zellen der Wurzel ein und bilden im Cytoplasma der Zellen Fadenknäuel. Dort nehmen sie aus dem Cytoplasma der Wurzelzellen Kohlenhydrate auf und verwenden sie für ihre Energieversorgung. Sobald die Konzentration der Kohlenhydrate und bestimmter Eiweiße im Cytoplasma der Wurzelzelle abnimmt, beginnt die Pflanze ihrerseits, Verdauungsenzyme zu erzeugen, die die chitinhaltigen Zellwände der Pilzfäden aufbrechen, sodass das Cytoplasma der Pilzzellen mit den darin enthaltenen Substanzen (Wasser, stickstoffhaltige Eiweiße und Aminosäuren sowie Elektrolyte, also im Wasser geladene mineralische Substanzen) nun von der Pflanze verdaut bzw. von der Pflanzenzelle übernommen wird.

M5 Der Einfluss von Ozon auf Mykorrhiza-Gemeinschaften

M5 a Entstehung von Ozon

Bodennahes Ozon entsteht aus Stickstoffoxiden. Seine Bildung wird durch starke Sonnenstrahlung gefördert. Stickstoffdioxid wird dabei durch UV-Strahlung in Stickstoffmonoxid und ein Sauerstoffatom gespalten. Dieser atomare Sauerstoff verbindet sich mit einem Sauerstoff-Molekül zu Ozon.
Die beispielsweise von einem PKW emittierten Abgase tragen wesentlich zur Ozonbildung in den bodennahen Luftschichten bei. Besonders an heißen wolkenlosen Sommertagen und starkem Kraftfahrzeugverkehr entsteht so der photochemische Sommersmog.

M5 b Einfluss von Ozon auf Mykorrhiza-Gemeinschaften

In einem Freilandexperiment wurde der Einfluss einer erhöhten Ozonkonzentration auf die Enzymaktivitäten von Mykorrhizapilzen gemessen. Dazu wurden aus Gewebeproben der Pilze insgesamt acht verschiedene Enzyme, die an der Holzzersetzung und der Verdauung anderer organischer Substanzen beteiligt sind, isoliert und identifiziert (Enzyme 1 bis 8 in der Tabelle).
Die Ozonbehandlung erfolgte auf einer Versuchsfläche in der Nähe von Freising/Bayern (490 m ü. NN) durch eine zweifach erhöhte Ozonkonzentration gegenüber dem jeweiligen Normalwert im Zeitraum von Mai 2000 bis Oktober 2007. Auf zwei Kontrollflächen, die der normalen Ozonkonzentration ausgesetzt waren, wurden die Vergleichswerte bestimmt. Die Ergebnisse sind in der folgenden Tabelle zusammengefasst:

Enzyme	Zeitpunkt der Probenentnahme			
	Oktober 2007	Mai 2008	November 2008	April 2009
Enzym 1	–	–	+	kM
Enzym 2	kM	kM	+	+
Enzym 3	–	–	+	kM
Enzym 4	–	kM	kM	+
Enzym 5	–	–	–	+
Enzym 6	–	–	+	kM
Enzym 7	–	–	kM	kM
Enzym 8	+	kM	kM	kM

M5 b Aktivitätsänderungen der Verdauungsenzyme von Mykorrhizapilzen auf Ozonbehandlung (kM = keine Messung, + = signifikante Erhöhung der Enzymaktivität, – = signifikante Verringerung der Enzymaktivität)

M5 c Einfluss von Ozon auf die Entwicklung der Artenvielfalt (Diversität) der Mykorrhiza-Gemeinschaft

Weitere Messungen und Beobachtungen bezogen sich auf die Veränderung der Artenzahl der Mykorrhizapilze. Die **Hypothese** zu diesem Versuchsteil lautete:
Langjährig erhöhte Ozonkonzentrationen bewirken eine veränderte Zusammensetzung von Mykorrhiza-Gemeinschaften, wobei es zu einer Abnahme der Diversität kommt. Die Ergebnisse zur Messung der Artenvielfalt sind in der Tabelle dargestellt.
Die funktionelle Diversität ist ein Maß für die Artenvielfalt, wobei die Aktivität verschiedener Enzyme der gefundenen Pilzarten gemessen und in relative Werte umgerechnet wird. Die Diversität ist dabei umso höher, je höher der errechnete relative Wert ist.

Zeitpunkt Probenentnahme	Flächen	Diversität der Enzyme							
		Enzym 1	Enzym 2	Enzym 3	Enzym 4	Enzym 5	Enzym 6	Enzym 7	Enzym 8
Oktober 2007	KF1	4,5	4,6	4,6	3,7	4,6	4,5	1,2	3,4
	KF2	2,5	3,5	3,3	3,4	2,5	2,4	1,2	4,6
	OF	7,1	6,2	7,3	8,1	8,1	7,5	6,0	6,0
Mai 2008	KF1	5,9	6,2	5,0	6,0	6,0	4,7	4,6	4,8
	KF2	4,7	4,8	4,9	4,7	4,7	4,8	4,5	3,6
	OF	8,7	8,5	7,4	8,2	8,3	8,2	6,2	7,4
November 2008	KF1	3,6	4,3	4,6	3,6	4,5	4,6	1,1	3,4
	KF2	2,3	2,4	2,4	3,3	2,4	2,5	1,1	1,2
	OF	5,7	5,7	4,9	5,8	5,9	5,7	1,2	4,5
April 2009	KF1	4,4	4,6	3,7	4,5	4,6	4,7	2,5	3,5
	KF2	3,6	4,5	4,3	4,3	4,3	4,5	2,1	2,3
	OF	6,2	7,0	6,1	7,1	7,1	6,2	2,4	7,0

M5 c Funktionelle Diversität der Mykorrhiza-Gemeinschaften auf Versuchs- und Kontrollflächen. KF1 = Kontrollfläche 1; KF2 = Kontrollfläche 2; OF = mit zusätzlichem Ozon behandelte Versuchsfläche

M6 Die Evolution der Holzzersetzer

M6 a Erste Pilzfunde

Die ersten Pilzfunde stammen aus dem Ordovicium vor 470 Millionen Jahren (s. Zeittabelle M6 c) und können bestimmten Mykorrhizapilzen zugeordnet werden. Der erfolgreiche Landgang der Pflanzen wäre ohne „Pilzsymbiosen" vermutlich nicht möglich gewesen. Fossile Pilze sind ferner aus Bernsteinfunden in Steinkohlelagern aus dem Karbon in Schottland und England, aus dem Obertrias in Deutschland und in bemerkenswerter Artenvielfalt aus kreidezeitlichem kanadischen Bernstein sowie dem mexikanischen, dominikanischen und baltischen Bernstein (alle Tertiär) bekannt.

M6 b Weißfäule

Die für Weißfäule (M3 b) nötigen physiologischen Grundlagen traten wahrscheinlich das erste Mal gegen Ende des Karbons vor rund 300 Millionen Jahren auf.
Gleichzeitig nahm die Ablagerung in Form heutiger Steinkohle stark ab. Das Aufkommen von Lignin abbauenden Pilzen wird deshalb als eine Ursache für diesen Rückgang gesehen. Neue Untersuchungen legen einen Zusammenhang zwischen der Bildung mächtiger Kohleflöze und der Evolution von Weißfäule nahe. Denn einerseits gab es im Kambrium noch keine Lebewesen, die Lignin abbauen konnten, anderrseits entwickelten die heutigen Weißfäulepilze Enzyme zum Ligninabbau erst im Tertiär. In der Zeit danach konnte sich Kohle nur noch unter Luftabschluss bilden.

M6 c Zeittabelle der geologischen Zeitalter

Zeitraum vor heute (Millionen Jahre)	Name	Vorhandene Pflanzen
65 bis 2	Tertiär	Alle heute lebenden Pflanzengruppen
145 bis 65	Kreide	Alle heute lebenden Pflanzengruppen
205 bis 145	Jura	Nacktsamer (Nadelbäume), Farne, Schachtelhalmgewächse, Bärlappgewächse, Algen
250 bis 205	Trias	Nacktsamer (Nadelbäume), Farne, Schachtelhalmgewächse, Bärlappgewächse, Algen
290 bis 250	Perm	Nacktsamer (Nadelbäume), Farne, Schachtelhalmgewächse, Bärlappgewächse, Algen
355 bis 290	Karbon	Farne, Schachtelhalmgewächse, Bärlappgewächse, Algen
405 bis 355	Devon	Urlandpflanzen, Algen
440 bis 405	Silur	Erste Urlandpflanzen, Algen
490 bis 440	Ordovicium	Erste Urlandpflanzen, Algen
540 bis 490	Kambrium	Algen (Einzeller und Mehrzeller)

M6 c Geologische Zeitalter

Benötigte Kompetenzen

Grundkenntnisse von Bau und Funktion pflanzlicher Zellen, Gewebe und Organe (S. 79 ff.), von abiotischen und biotischen Faktoren, Nahrungsnetzen und ihrer Bedeutung (S. 30ff.); Grundbegriffe: räumliche und zeitliche Gliederung eines Ökosystems, Biotop, Biozönose, Sukzession, Klimaxstadium, ökologische Potenz, Biomasse, Enzyme und Enzymwirkung, ökologische Nische, Stofffluss, Energiefluss, Angepasstheit, Konkurrenz, Stammesgeschichte (S. 65ff.).

Benötigte Methodenkenntnisse

Beschreiben und erklären durch Beobachtung und Vergleich, Hypothesen bilden (S. 98f.), Kosten-Nutzen-Analyse biologischer Phänomene, naturwissenschaftliche Texte anaysieren und deuten, Abbildungen, Tabellen, Diagramme usw. beschreiben, analysieren, deuten (S. 90 ff).

Lösungen

1. (a) Ein Ökosystem lässt sich funktionell, zeitlich und räumlich gliedern. Funktionell unterteilt man es in Biotop und Biozönose. Zwischen den Elementen des Biotops mit seinen abiotischen Faktoren und den Organismen der Lebensgemeinschaft (Biozönose) bestehen vielfältige stoffwechselphysiologische, biochemisch-kommunikative, mechanische und physikalische Wechselbeziehungen, die sich z. B. in den Phänomenen Licht (z. B. Sonnenblatt-Schattenblatt), Bodenverhältnisse (z. B. bei der Wurzel), Luftfeuchtigkeit (z. B. beim Blattaufbau) und Lebensgemeinschaften (z. B. bei Mykorrhiza sowie den Verhältnissen der Produzenten, Konsumenten und Destruenten) äußern. Die zeitliche Gliederung eines Ökosystems beschreibt den Einfluss der Jahreszeiten auf die Elemente des Ökosystems sowie die Entwicklung eines Ökosystems über bestimmte Zeiträume, z. B. Sukzessionen und Klimaxgesellschaft. Eine räumliche Gliederung zeigt sich häufig in Abhängigkeit von Lichtverhältnissen und der Schwerkraft (Ökosysteme See, Wald, Fließgewässer).

   (b) Mithilfe von Sonnenenergie produzieren grüne Pflanzen des Waldes in der Fotosynthese aus CO_2 und Wasser Kohlenhydrate. Daraus bauen sie Biomasse auf. Die Kohlenstoffverbindungen dieser Produzenten werden von Konsumenten erster Ordnung, von Destruenten und Pflanzenparasiten zur Energiegewinnung und zum Aufbau eigener Biomasse genutzt. Sekundär- und Tertiärkonsumenten sowie Parasiten der Primärkonsumenten wie auch Destruenten nutzen die Kohlenstoffverbindungen als Nahrung. Produzenten, Konsumenten, Parasiten und Destruenten geben als Endprodukt ihres Energiestoffwechsels (Zellatmung) CO_2 ab. Das in der Atmosphäre vorhandene CO_2 wird wiederum von Produzenten aufgenommen und in der Fotosynthese fixiert.

   (c) Ein mitteleuropäischer Eichen-Hainbuchen-Mischwald produziert jährlich 13,5 t Biomasse (gemessen als Trockensubstanz) auf einem Hektar Fläche. Einen Anteil von 5 bis 6 t TS/ha an der Produktion haben die einjährigen Organe und Bestandteile des Waldes (Blätter der Bäume, krautige Pflanzen, Moose, Algen im Humus). Verholzte Teile (Zweige, Stämme, Wurzeln) sowie Mikroorganismen im Humus speichern jährlich etwa 8 t TS/ha. Insgesamt enthält ein solcher Wald etwa 513 t TS/ha, wovon ein großer Teil (200 t TS/ha) auf die Humusschicht fällt, ein anderer großer Teil (270 t TS/ha) auf Stämme und Zweige.
   Die große Menge an Biomasse im Humus zeigt, dass die Destruenten eine sehr wichtige Rolle für Stoff- und Energieflüsse spielen. Diese Biomasse im Humus besteht größtenteils aus Kohlenhydraten, die veratmet werden; der kleinere Teil enthält Mineralstoffe, die in den organischen Bestandteilen enthalten sind.
   M2 zeigt, dass die gesamte Bruttoprimärproduktion eines mitteleuropäischen Laubwaldes zu 50 % von den Pflanzen selbst veratmet wird; Konsumenten nehmen einen nur sehr kleinen Teil der Energie (1300 kJ/m2 Blattfläche und Jahr von insgesamt 62800 kJ/m2 Blattfläche und Jahr) auf und veratmen diese oder bauen sie in ihre Biomasse ein. Fast die Hälfte der Bruttoprimärproduktion wird von Destruenten verbraucht. Schließlich gelangt die gesamte aufgenommene

und zeitweilig gespeicherte Energiemenge in Form von Wärmeabstrahlung in die Atmosphäre.

2. Als heterotrophe Lebewesen sind Pilze auf die Existenz organischer Verbindungen angewiesen, mit denen Sie Bau- und Energiestoffe gewinnen. Andererseits sind Pilze für den Stofffluss im Ökosystem Wald unentbehrlich, da sie als Destruenten eine wichtige Aufgabe im Zuge der Mineralisierung haben. Besonders die großen Holzmengen, die als Biomasse im Wald anfallen, werden so wieder in die Stoffflüsse zurückgebracht. Dazu produzieren sie verschiedene Enzyme und scheiden sie über Transportproteine in der Zellmembran nach außen ab. Dieses Prinzip der Verdauung ist von den meisten heterotrophen Organismen, also auch Bakterien, Einzellern und Tieren, bekannt. Nach Aufnahme der durch die Verdauungsenzyme gewonnenen Substanzen (Kohlenhydrate, Aminosäuren) verwerten sie diese in ihrem Baustoffwechsel zur Herstellung von Proteinen und anderen körpereigenen organischen Verbindungen oder als Energiespender im Rahmen der Zellatmung. Pilze sind Glieder von Nahrungsketten und Nahrungsnetzen, über die vielfältige Stoffflüsse laufen.

3. (a) M4 b zeigt die Überlebensrate von Buchensämlingen mit und ohne Mykorrhiza-Infektion.
Von jeweils 20 Samen keimten im April 1994 19 Sämlinge, die infiziert waren; nur 14 keimten ohne eine Mykorrhizainfektion. Im Oktober des gleichen Jahres lebten noch 18 Sämlinge mit, aber nur 11 ohne Mykorrhiza. Zwei Jahre später, im Mai 1996, lebten 12 Sämlinge, die von Beginn an mit einer Mykorrhiza infiziert waren und nur noch 4 ohne Mykorrhiza.
M4 c zeigt, dass Kiefern mit Mykorrhiza kräftiger gebaut sind als solche ohne Mykorrhiza. Dies äußert sich in einem höheren Frischgewicht und höherem Trockengewicht. Das höhere Trockengewicht ist u. a. auf höhere Gehalte von Stickstoff-, Phosphor- und Kaliumverbindungen zurückzuführen.
Offensichtlich ist eine Infektion von keimenden Buchensamen mit einem Mykorrhizapilz für die Buchen vorteilhaft. M4 a beschreibt diese Vorteile. Sie bestehen in einer starken Vergrößerung des Raumes, der für die Aufnahme von Wasser und Nährsalzen durch die Pflanzenwurzeln zur Verfügung steht. Der Pilz versorgt somit zusätzlich die Pflanzenwurzel mit Wasser und darin gelösten Nährsalzen, wenn er sich mit einem Teil seines Mycels in der direkten Umgebung der Pflanzenwurzel befindet und wenn ihm von der Pflanze Kohlenhydrate zur Verfügung gestellt werden, die der Pilz im Fall der Ektomykorrhiza durch die Verdauung einer äußeren Wurzelzellschicht bzw. Teilen davon erhält.

(b) Die Mykorrhiza ist eine vorteilhafte Beziehung zwischen zwei Organismen, bei der durch die Wechselbeziehung die Auswirkungen abiotischer und biotischer Faktoren verändert werden. Durch die Erweiterung des Wurzelsystems mithilfe der Pilzfäden wird die Wasser- und Nährsalzaufnahme der Pflanze verbessert. Die Ausnutzung der Sonnenenergie wird optimiert, da nicht nur die autotrophe Pflanze, sondern auch der heterotrophe Pilz von dieser Energiegewinnung profitiert.

Die Vorteile der Symbiose bestehen somit in der Ausweitung der ökologischen Potenz beider Partner. Beide erzielen eine höhere Fitness, besonders beim Auftreten von äußeren Mangelzuständen – für die Pflanze in Form von Wasser- und Nährsalzmangel, für den Pilz in Form von Mangel an organischen Verbindungen.
Durch die Mykorrhiza können Lebensräume besiedelt werden, die ohne die Mykorrhiza nicht besiedelt werden können. Es handelt sich zudem häufig wegen der dort herrschenden Mangelzustände um Biotope ohne oder mit wenig Konkurrenz. Im Zuge einer Sukzession gelingt es allerdings nach einiger Zeit auch anderen Symbiosepartnern, mit ihrer Mykorrhiza diese Räume zu besiedeln und damit zu Konkurrenten zu werden.
Betrachtet man die Mykorrhiza unter dem Aspekt einer Kosten-Nutzen-Rechnung, zeigt sich, dass der Nutzen (Erweiterung der ökologischen Potenz, Besiedlung neuer Lebensräume, höhere Überlebensrate) die Kosten (Investition in Biomasse durch Pilz und Pflanze, Produktion von zusätzlichen Verdauungsenzymen unter Mineralsalzverbrauch) überwiegt.

4. (a) Werden Mykorrhizapilze einer erhöhten Ozonkonzentration ausgesetzt, wirkt sich das auf die Aktivität verschiedener Enzyme aus. Vom Ende des überhöhten Ozoneinflusses bis ein halbes Jahr danach war die Enzymaktivität fast aller untersuchten Enzyme signifikant verringert. Ein Jahr nach Abschluss der Ozonbehandlung konnte eine signifikante Erhöhung fast aller Enzymaktivitäten gemessen werden. Die Aktivität des Enzyms 5 blieb aber noch weiter verringert, bis nach 16 Monaten wieder eine Erhöhung der Enzymaktivität festgestellt wurde.

   (b) Die Verringerung der Enzymaktivitäten bedeutet eine Abnahme der Holzzersetzung. Diese Phase dauert offensichtlich nicht nur solange an, wie das Ökosystem der erhöhten Ozonkonzentration ausgesetzt ist, sondern wirkt auch viele Monate nach. Je nach Dauer dieser Störung werden die Abbauprozesse verlangsamt, ehe sich das System wieder erholt und in den ursprünglichen Funktionszusammenhang zurückkehrt.
   Die direkten Folgen für das Ökosystem bestehen durch die Verringerung der Abbauprozesse in einer geringeren Verfügbarkeit von Mineralstoffen für Pflanzen und damit einer Verringerung des Pflanzenwachstums sowie in einer Abnahme der Pilzbiomasse.

   (c) Auf den mit Ozon behandelten Flächen ist die funktionelle Diversität immer höher als auf den Kontrollflächen. Das bedeutet, dass der erste Teil der Hypothese zutrifft, weil sich die Veränderung in einer Veränderung der funktionellen Diversität widerspiegelt.

Der zweite Teil der Hypothese kann mit den Befunden aus M5 c nicht bestätigt werden. Zwar nimmt die Diversität im Untersuchungszeitraum vom Beginn der Messung, die ja nach Ende der Ozon-Begasung erfolgte, zunächst ab, steigt dann aber wieder. Sie ist am Ende der Untersuchung aber immer noch höher als auf den Kontrollflächen. Die Tendenz, dass nach Ende der Ozonbehandlung die Diversität auf den Untersuchungsflächen zunächst abnimmt und dann wieder ansteigt, ist sehr viel deutlicher ausgeprägt als die entsprechende Entwicklung auf den Kontrollflächen.

(Hinweis: Der folgende Stammbaum ist nicht die einzige Möglichkeit der Darstellung)

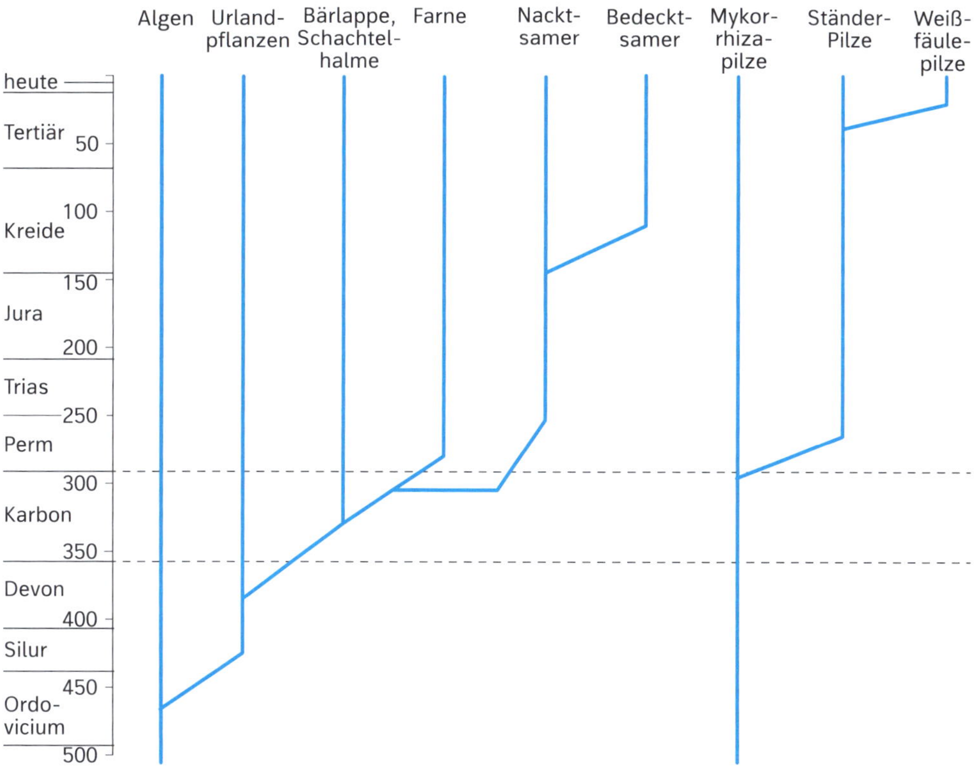

Selbstdiagnosebogen

Aufgabe Nr.	Kernkompetenz	AFB	Punkte	erreichte Punkte	Förderung
1(a)	biologische Sachverhalte unter Verwendung geeigneter Fachbegriffe beschreiben und erklären	I	7		Zusammenhänge im terrestrischen Ökosystem (S. 43 f.) Umgang mit Abbildungen (S. 94)
1(b)	Ökosystem und Biosphäre: Kohlenstoffkreislauf am Beispiel Wald	I II	7 3		Kohlenstoffkreislauf (S. 37 ff.)
1(c)	Physiologische und ökologische Potenzen Biologische Sachverhalte beschreiben und vergleichen	I II	5 5		Potenz (S. 30 ff.)
2	Naturwissenschaftliche Abbildungen analysieren und deuten Enzymaktivität Enzyme: Substrat- und Wirkungsspezifität, Redoxreaktion, Energieumwandlung, Energieentwertung, ATP/ADP-System) Konkurrenz, Parasitismus und Symbiose	I II	4 6		Zusammenhänge im terrestrischen Ökosystem (S. 43 ff.) Umgang mit Abbildungen (S. 94) Zellatmung und Gärung (S. 87 ff.)
3 (a) 3 (b)	Abbildungen, Tabellen, Diagramme usw. beschreiben, analysieren, deuten Naturwissenschaftliche Texte analysieren und deuten Kosten-Nutzen-Analyse biologischer Phänomene Konkurrenz, Parasitismus und Symbiose Ökologische Nische	II II	10 10		Umgang mit schematischen Abbildungen und Experimenten (S. 94 und 96) Umweltfaktoren, ökologische Nische (S. 30 ff.)

Aufgabe Nr.	Kernkompetenz	AFB	Punkte	erreichte Punkte	Förderung
4(a)	Beschreiben und erklären durch Beobachtung und Vergleich Abbildungen, Tabellen, Diagramme usw. beschreiben, analysieren, deuten	II	3		Umgang mit schematischen Abbildungen und Experimenten (S. 94 und 96)
	Enzyme: Substrat- und Wirkungsspezifität Redoxreaktion, Energieumwandlung, Energieentwertung, ATP/ADP-System	III	6		Zellatmung und Gärung wiederholen (S. 87 ff.)
4(b)	Ökologische Nische Evolutionsfaktoren und ihr Zusammenspiel	II	7		Umweltfaktoren, ökologische Nische (S. 30 ff.)
4(c)	Hypothesen entwickeln Abbildungen, Tabellen, Diagramme usw. beschreiben, analysieren, deuten Biodiversität auf versch. Ebenen beschreiben	II III	4 5		Umgang mit Abbildungen (S. 94), Umgang mit Hypothesen (S. 98)
5.1	Abbildungen, Tabellen und Diagramme analysieren und deuten Evolutionsfaktoren und ihr Zusammenspiel	II III	8 8		Umgang mit schematischen Abbildungen (S. 96), Evolutionshinweise und Theorien (S. 68 ff.)

Gesamtpunkte 100, davon AFB I 27 (27 %), AFB II 54 (54 %), AFB III 19 (19 %)

Materialgrundlage:

COMB (1938) in: Botanik online - The Internet Hypertextbook, Internationale Version: Botany online. Ein Multiautoren-Netzwerk - © Peter v. Sengbusch, Hamburg

http://www.waldwissen.net/wald/pilze_flechten/lwf_mykorrhiza/index_DE

http://www.mycorrhiza.de/mycorrhiza_ist.html

http://www.waldwissen.net/wald/pilze_flechten/lwf_mykorrhiza/index_DE

http://www.biologie.uni-hamburg.de

J. Ernst: Effekte einer mehrjährigen Ozonbehandlung von Fichten (Picea abies (L.) Karst.) auf die Struktur und Funktion von Ektomykorrhiza-Gemeinschaften. Diss. TU München 2013

Dimitrios Floudas, Manfred Binder u. a.: The Paleozoic Origin of Enzymatic Lignin Decomposition Reconstructed from 31 Fungal Genomes. (html) In: Science. 336, Nr. 6089, Juni 2012, S. 1715 – 1719

Molekulare und cytologische Grundlagen: Erregungsentstehung, Erregungsleitung, Synapsenvorgänge

Aufgabe 7: Schmerzen

Einleitung

Jeder dritte Europäer leidet einmal pro Woche unter Schmerzen, mancher vor allem an chronischen, also dauerhaften Schmerzen. Schmerzforscher suchen nach Lösungen, um nicht nur akute, sondern gerade auch chronische Schmerzen nachhaltig zu lindern.

Aufgabenstellung

1. **Erläutern** Sie die Entstehung von Schmerzen:
   (a) **Stellen** Sie allgemein **dar**, wie eine Sinneszelle durch einen Reiz erregt werden kann und erläutern Sie, in welcher Form und unter welchen Bedingungen die Erregung weitergeleitet wird.
   (b) **Stellen** Sie eine **Hypothese auf** über die Entstehung von Schmerzerregungen in den freien Nervenzellen (M1) und ihre Modulation durch Prostaglandine (M5).
2. **Erläutern** Sie die Erregungsleitung:
   (a) **Erläutern** Sie, wie eine Erregung über ein Axon geleitet wird. Vergleichen Sie dazu die kontinuierliche mit der saltatorischen Erregungsleitung.
   (b) **Begründen** Sie, welcher der beiden Fasertypen des Schmerz wahrnehmenden Systems (M2) den ersten und welcher den zweiten Schmerz von der Hand zum ZNS leitet.
3. **Erläutern** Sie mithilfe von M3 die Weitergabe der Schmerzerregung an die Neuronen der Schmerzbahn im Hinterhorn des Rückenmarks.
4. **Beschreiben** Sie Veränderungen der synaptischen Verschaltung (M4) der Schmerzbahn im Hinterhorn des Rückenmarks bei chronischen Schmerzen, und **entwickeln** Sie eine **Hypothese** über den Mechanismus des Schmerzgedächtnisses.
5. (a) **Erklären** Sie die schmerzlindernde Wirkung von Aspirin.
   (b) **Begründen** Sie, warum eine fortgesetzte Einnahme von Aspirin die Magenwände angreifen kann.

Material

M1 Nozizeptoren

Die freien Nervenendigungen der Schmerzfasern reichen bis in die Oberhaut. Sie werden als Schmerzrezeptoren oder Nozizeptoren bezeichnet. Ihre Membranen enthalten Rezeptoren, die z. B. auf Serotonin oder auf Acetylcholin ansprechen. Bei Verwundungen der Haut wird Serotonin von den Blutplättchen an der verletzten Stelle freigesetzt und verengt dort kleine Blutgefäße, sodass die Wunde schneller geschlossen wird. Serotonin ist zugleich auch ein Neurotransmitter, der ähnlich wie z. B. Acetylcholin in chemischen

Synapsen für die Erregungsübertragung von einem Neuron auf das nächste Neuron als Botenstoff wirkt.

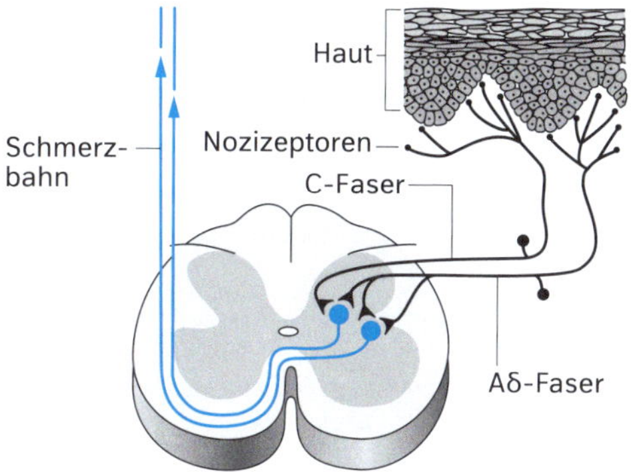

M1 Nozizeptoren der C- Fasern und Aδ-Fasern sind die reizaufnehmenden Strukturen der Schmerzbahn

M2 Zwei Arten von Schmerzfasern

Beim Öffnen einer Konservendose kann es vorkommen, dass man sich an der scharfen Kante des Dosendeckels schneidet. Ein erster stechend brennender Schmerz zeigt die Verletzung an. Die Wunde wird versorgt und ein Pflaster verhindert die Blutung. Erst jetzt setzen je nach Schwere der Verletzung bohrende dumpfe Schmerzen ein. Dafür macht man zwei Arten von Schmerzfasern des Schmerz wahrnehmenden Systems verantwortlich: Aδ-Fasern sind relativ dicke Axone (ca 3 – 5 μm), die von einer Myelinscheide umhüllt sind. C-Fasern sind dünn (ca 1 μm) und nicht von einer Myelinscheide umhüllt.

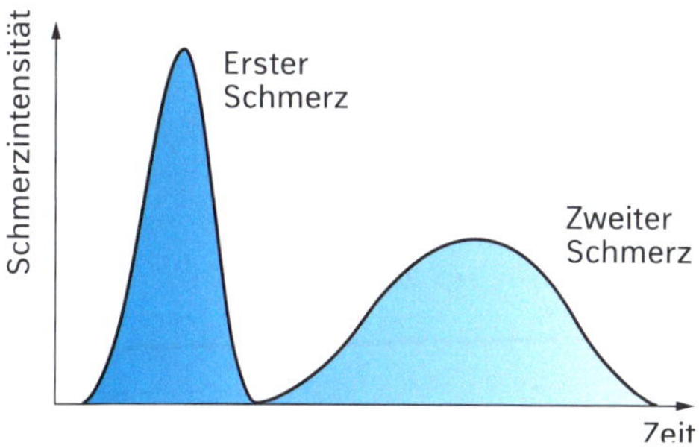

M2 zeitlicher Verlauf unterschiedlicher Schmerzwahrnehmungen nach einer Verletzung

M3 Synaptische Verschaltung der Schmerzbahn im Rückenmark

Über Synapsen im Hinterhorn des Rückenmarks werden akute Schmerzerregungen an das Gehirn weitergeleitet.

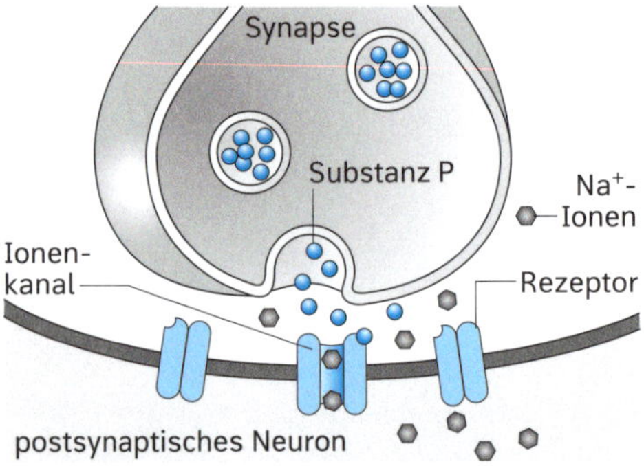

M3 Synapse aus der Schmerzbahn im Hinterhorn des Rückenmarks.

M4 Veränderungen chemischer Synapsen der Schmerzbahn im Hinterhorn des Rückenmarks

Durch lang anhaltende oder besonders starke Schmerzreize werden die Neuronen im Hinterhorn des Rückenmarks verändert. Die dadurch hervorgerufenen physiologischen Veränderungen bezeichnet man als Schmerzgedächtnis.

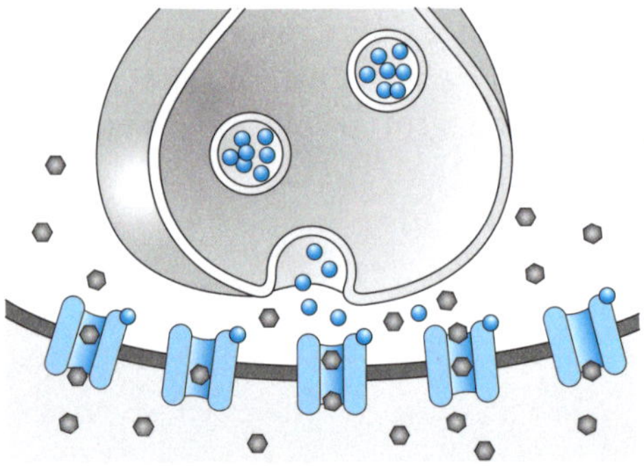

M4 veränderte Synapse aus der Schmerzbahn im Hinterhorn des Rückenmarks

M5 Prostaglandine und Acetylsalicylsäure

Prostaglandine werden von zwei Enzymen in unterschiedlichen Geweben synthetisiert, sie heißen Cyclooxygenase-1 (COX-1) und Cyclooxygenase-2 (COX-2). Während COX-1 in den blutgerinnungsauslösenden Blutplättchen (Thrombozyten) vorkommt, wird COX-2 in entzündeten oder verletzten Geweben synthetisiert. Die Prostaglandine aktivieren bei Verletzungen der Haut die Thrombozytenaggregation und fördern somit den Wundverschluss. Sie fördern allerdings auch Entzündungsreaktionen und senken dabei gleichzeitig den Schwellenwert in den Schmerzrezeptoren. Zudem hemmen sie die Sekretion von Magensaft.

Acetylsalicylsäure (ASS) ist ein Schmerzmittel, das erstmals 1897 in reiner Form hergestellt wurde. Es ist in Tablettenform unter dem Namen Aspirin bekannt. Acetylsalicylsäure hemmt die Enzyme COX-1 und COX-2, indem sie in der Aminosäurekette der Enzyme kurz vor dem aktiven Zentrum einen Acetylrest auf die Aminosäure Serin überträgt.

Benötigte Fachkenntnisse
Umwandlung von Reizen in Erregung, Weiterleitung der Erregung in Form von Aktionspotenzialen, saltatorische Erregungsleitung, Vorgänge an Synapsen, Enzyme und ihre Wirkung, Enzymhemmung (S. 20, 55 ff.)

Benötigte Methodenkenntnisse
Analyse von Diagrammen und schematischen Zeichnungen (S. 90 ff.)

Lösungen

1. (a) Die Membran einer freien Nervenendigung oder auch die einer Sinneszelle mit ihren Rezeptoren vermag einen adäquaten Reiz aufzunehmen. Dabei wird ein bestimmter Reiz in Erregung umgewandelt, d. h., dass aufgrund des ankommenden Reizes die Membran für Kationen (meist Na^+-Ionen) durchlässig wird, die folglich in die Zelle diffundieren. Auf diese Weise wird die Membran depolarisiert. Das Ruhepotenzial der Zelle wird herabgesetzt. Dies bezeichnet man als Generator- oder auch als Rezeptorpotenzial. Die Höhe der Potenzialänderung entspricht dabei der Größe des ankommenden Reizes. Ob diese durch den Reiz hervorgerufene Erregung zum Gehirn weitergeleitet wird, hängt davon ab, ob ein sogenannter Schwellenwert erreicht wird. Ist dies der Fall, wird die Erregung in Form von Aktionspotenzialen (APs) weitergeleitet. Die Anzahl der Aktionspotenziale pro Zeiteinheit entspricht dabei der Höhe des Generatorpotenzials und die Dauer der AP-Frequenz der Dauer des Reizes. Die APs folgen dem Alles-oder-Nichts-Gesetz, d. h. ihre Höhe ist immer gleich groß.
   (b) Serotonin wird an den verletzten Stellen der Haut freigegeben. Es stellt somit den Schmerzreiz dar. Die freien Nervenendigungen enthalten vermutlich Serotoninrezeptoren. Werden diese von Serotonin besetzt, öffnen sich Na^+-Kanäle, sodass es zu einem Rezeptorpotenzial kommt. Je nach Anzahl der andockenden Serotoninmoleküle ist dieses lokale Potenzial von unterschiedlicher Stärke. Erreicht es den Schwellenwert, werden in der Nervenzelle Aktionspotenziale ausgelöst, die als Signale zum Gehirn geleitet werden und dort im Schmerzzentrum die Schmerzempfindung hervorrufen. Prostaglandine können den Schwellenwert herabsetzen, sodass die Anzahl der Aktionspotenziale und somit auch die Schmerzwahrnehmung durch ihre Zugabe erhöht wird.

2. (a) In Axonen von Nervenzellen wird die Erregung in Form von Aktionspotenzialen weitergeleitet. Je nachdem, ob das Axon myelinisiert, das heißt von SCHWANNschen Zellen umgeben ist oder nicht, unterscheidet man zwei verschiedene Arten der Weiterleitung: Bei marklosen Nervenfasern, das heißt bei fehlender Myelinisierung, wird das AP über das Axon von Abschnitt zu Abschnitt übertragen, indem der vorhergehende Abschnitt ein Aktionspotenzial an dem benachbarten, noch nicht erregten Abschnitt auslöst. Der vorhergehende Abschnitt ist dann bereits in der Repolarisationsphase, während am benachbarten eine Potenzialänderung ausgelöst werden kann, sodass dann dort ein Aktionspotenzial erfolgt. Diese Form der Weiterleitung ist relativ langsam. Die Leitungsgeschwindigkeit kann durch eine Verdickung des Axons vergrößert werden.
   Bei Axonen, die von einer Myelinscheide umhüllt sind, findet die saltatorische Erregungsleitung statt. Die Myelinscheide wird von SCHWANNschen Zellen gebildet und ist deshalb im Abstand von 0,2 mm bis 1,5 mm unterbrochen. Diese Unterbrechungen heißen RANVIERsche Schnürringe. Die zur Erzeugung des Aktionspotenzials nötigen spannungsabhängigen Na^+-Kanäle befinden sich nur an den RANVIERschen Schnürringen. Ein Aktionspotenzial, das an einem Schnürring entsteht, löst ein nächstes AP erst am nächsten Schnürring aus. Da die Aktionspotenziale nicht kontinuierlich an der Membran entlang laufen wie bei marklosen Fasern, sondern sozusagen von Schnürring zu Schnürring springen, nennt man dies eine saltatorische Erregungsleitung. Diese ist viel schneller und verbraucht weniger Energie als die kontinuierliche Form.
   (b) Da die Aδ-Fasern relativ dicke Axone und von einer Myelinscheide umhüllt sind, leiten sie schneller als die dünnen marklosen C-Fasern. Der erste stechend brennende Schmerz kommt also durch die Erregung der Aδ-Fasern, der zweite dumpfe Schmerz durch die Erregung der C-Fasern.

3. An der Synapse im Hinterhorn des Rückenmarks laufen Aktionspotenziale ein, die die Ca^{2+}-Ionenkanäle im synaptischen Endknöpfchen des Axons der sensorischen Nervenzelle öffnen, sodass Calciumionen in das Endknöpfchen einströmen. Dies bewirkt die Verschmelzung der mit der Substanz P gefüllten synaptischen Bläschen mit der präsynaptischen Membran und folglich eine Transmitterausschüttung der Schmerzsubstanz P. Die Substanz P diffundiert durch den synaptischen Spalt und verbindet sich mit den Rezeptoren der postsynaptischen Membran, sodass sich dort Na^+-Ionenkanäle öffnen und Natriumionen in die postsynaptische Nervenzelle gelangen. Dadurch wird ein EPSP (exzitatorisches postsynaptisches Potenzial) an der postsynaptischen Membran ausgelöst. Diese postsynaptische Erregung wird unter Abschwächung (Dekrement) weitergeleitet. Erreicht sie am Axonhügel den Schwellenwert, entstehen dort wieder Aktionspotenziale, die über das Axon des Neurons weitergeleitet werden.

4. Lang anhaltende oder besonders starke Schmerzreize bewirken an der Synapse des Hinterhorns eine Vermehrung von postsynaptischen Rezeptoren für die Substanz P. Dadurch können die Moleküle der Substanz P bei ihrer Ausschüttung in den synaptischen Spalt gleichzeitig an mehr Rezeptoren andocken als es ohne anhaltende Schmerzen der Fall wäre. Die Folge sind stärkere postsynaptische Potenziale, die stärkere und länger andauernde Schmerzen nach sich ziehen. Das bedeutet eine größere Sensibilität der Schmerzbahn für ankommende Erregungen. Man spricht hier vom Schmerzgedächtnis.

5. (a) Die Wirkungsweise von ASS bzw. Aspirin beruht darauf, dass es die Enzyme Cyclooxygenase-1 (COX-1) und Cyclooxygenase-2 (COX-2) hemmt, die für die Produktion von Prostaglandinen zuständig sind. Prostaglandine senken die Reizschwelle der Schmerzrezeptoren bei Verletzungen und Entzündungen; dementsprechend steigt mit hoher Prostaglandinkonzentration auch die Schmerzempfindlichkeit eines Gewebes, das sich an und um eine Verletzung befindet. Diese Konzentration ist bei Entzündungen besonders hoch, da die COX-2-Synthese und damit die Produktion von Prostaglandinen durch Entzündungen und Verletzungen ausgelöst wird. Aufgrund der Enzymhemmung wirkt Aspirin daher nicht nur schmerz-, sondern auch entzündungshemmend.
Aspirin verändert das aktive Zentrum der Enzyme, sodass diese die erforderlichen Substrate für die Synthese von Prostaglandinen nicht mehr anlagern und somit nicht mehr umsetzen können.
(b) Weil Prostaglandine zudem die Sekretion von Magensäuren hemmen, ist bei längerer oder höherer Dosierung von ASS auch eine Beinträchtigung des Magens möglich, da ohne Prostaglandine zu viel Magensaft gebildet wird.

Selbstdiagnosebogen

Aufgabe Nr.	Kernkompetenzen	AFB	Punkte	erreicht	Förderung
1(a) 1(b)	Beschreibung, wie ein Reiz in Erregung umgewandelt wird Ableitung einer Hypothese aus den vorgelegten Materialien	I II III	10 12 3		Generator-, Rezeptorpotenzial, Umcodierung Reiz in Erregung Analogisieren üben, z. B. Schmerzsubstanz-Reiz; Neuromodulatoren (S. 55 ff.)

Aufgabe Nr.	Kernkompetenzen	AFB	Punkte	erreicht	Förderung
2(a) 2(b)	Beschreibung der kontinuierlichen und saltatorischen Erregungsleitung am Axon Analyse von M1 und M2 sowie begründete Erklärung der unterschiedlichen Funktionen der beiden Schmerzfasern	I II	8 6		Aktionspotenzial, kontinuierliche und saltatorische Erregungsleitung (S. 55 f.), Texterfassung und Umgang mit Diagrammen und Abbildungen (S. 90 ff.), Verknüpfung bekannten Wissens mit neuen Sachverhalten
3	Beschreibung der synaptischen Vorgänge und Erklären der Übertragung von Schmerzerregungen im Hinterhorn des Rückenmarks	I II	4 8		anhand der Abbildung einer Synapse die einzelnen Schritte der Erregungsübertragung erklären (S. 55 ff.)
4	Beschreibung von synaptischen Veränderungen aufgrund M4 Erläuterung der direkten Folgen und der weitreichenden Folgen dieser Veränderung als Schmerzgedächtnis	I II III	2 4 6		Umgang mit Abbildungen (S. 94), Vergleich von Abbildungen; Verknüpfung bekannten Wissens mit neuen Sachverhalten: Aufgaben zur Synapse
5(a) 5(b)	Erklärung der komplexen Wirkungsweise von Aspirin durch Ableitung aus verschiedenen Sachtexten Erfassen einer Nebenwirkung von Aspirin	II III III	6 2 3		Bedeutung und Wirkungsweise von Enzymen, Enzymhemmung und ihre Folgen

Gesamtpunkte: 74, davon AFB I: 24 Punkte (32 %); AFB II: 36 Punkte (49 %); AFB III: 14 Punkte (19 %)

Materialgrundlage:

Campbell, N. A., Reece J. B.: Biologie. Spektrum Akademischer Verlag Heidelberg 2003

Feldermann D.: Was schmerzt denn da? In: LINDER Biologie. Neurobiologie. Sekundarstufe 2. Abitur- und Klausurtrainer. CD-ROM. Schroedel 2009

Hedewig R.: Die Haut – ein vielseitiges Organ. In: Unterricht Biologie, (1989) 142, S. 4 – 13

http://www.sinnesphysiologie.de/hvsinne/schmerz/schmerzin.htm

Erregungsentstehung, Signalwirkketten, Transportprozesse

Aufgabe 8: Signaltransduktion beim Riechen und bei der Cholera – ein Vergleich auf molekularer Ebene

Einleitung

Die Adenylatcyclase ist ein Enzym, das bereits in einzelligen Lebewesen wie z. B. *Paramecium* vorkommt und eine zentrale Rolle bei der Signaltransduktion eukaryotischer Zellen spielt. Es gibt viele verschiedene Adenylatcyclasen. Allen ist gemein, dass sie Adenosintriphosphat (ATP) in cyklisches Adenosinmonophosphat (cAMP) umwandeln. Das cAMP ist ein Botenstoffmolekül und setzt in der Zelle zahlreiche Prozesse in Gang. Einige prokaryotische Krankheitserreger nutzen Adenylatcyclasen als Ausgangspunkt ihrer pathologischen Wirkung. So wird zum Beispiel die Cholera auf zellulärer Ebene indirekt durch eine übermäßige Aktivierung von Adenylatcyclasen in Darmepithelzellen ausgelöst. Körpereigene und künstliche Opiate deaktivieren Adenylatclasen in Neuronen der Schmerzbahn und unterdrücken so eine Weiterleitung des Schmerzsignals. Auch an der Depolarisation von Riechsinneszellen sind Adenylatcyclasen beteiligt.

Aufgabenstellung

1. **Beschreiben** Sie mithilfe von M1 die neurophysiologischen Vorgänge, die zur Erregungsbildung an Riechsinneszellen führen und **entwickeln** Sie eine **Hypothese** wie es zur Depolarisation der Riechsinneszelle kommt.
2. **Beschreiben** Sie die Konzentrationsänderungen verschiedener Ionen im Darmlumen eines mit dem Cholera-Erreger infizierten Menschen (M3).
3. **Erläutern** Sie mithilfe von M3 und M4 die physiologischen Vorgänge, die nach der Infektion mit dem Cholera-Erreger im Darmlumen infizierter Personen ablaufen und erklären Sie die in M2 beschriebenen medizinischen Befunde eines an der Cholera erkrankten Menschen.
4. **Vergleichen** Sie die Wirkung der Adenylatcyclase bei der Depolarisation von Riechzellen mit der Wirkung bei den physiologischen Vorgängen in Darmepithelzellen mit dem Cholera-Erreger infizierter Menschen.

Material

M1 Schema Signaltransduktion in Riechsinneszellen

M1 stellt schematisch die Signaltransduktion bei Riechsinneszellen dar. Duftmoleküle erreichen die Riechschleimhaut (Regio olfactoria) über die beiden Nasenhöhlen. Beim Menschen ist die Regio olfactoria ungefähr so groß wie eine Euromünze und beheimatet etwa 20 Millionen Sinneszellen, welche auf die Wahrnehmung von Duftmolekülen in der

Luft spezialisiert sind. Eine Sinneszelle besitzt in der Membran der Außenseite etwa 20 bis 30 Cilien, die in den Schleim der Regio olfactoria hineinreichen und mit den Duftmolekülen in Kontakt kommen. Die Axone der Riechsinneszellen leiten die Erregung der Sinneszellen direkt zum Riechhirn weiter. Der Riechsinn ist damit der einzige Sinn, der seine Impulse direkt und ungefiltert an das Gehirn leitet. Er besitzt auch eine direkte Verbindung zum limbischen System, einer entwicklungsgeschichtlich sehr alten Region des Gehirns, der unter anderem eine zentrale Rolle bei der Entstehung von Emotionen zugesprochen wird.

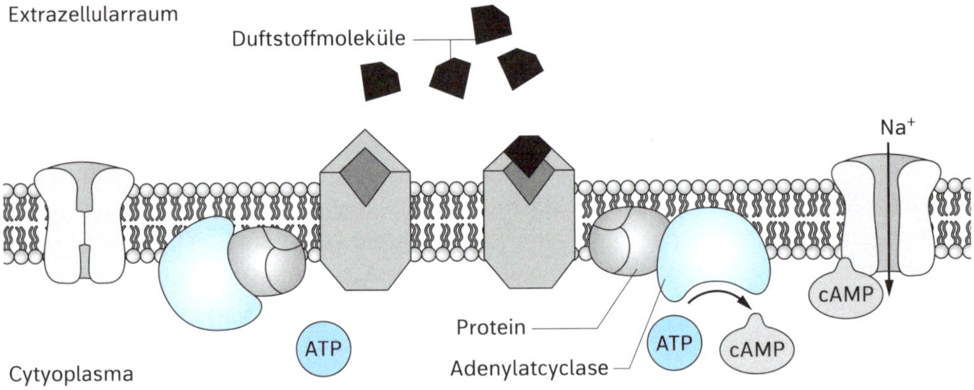

M1 Signaltransduktion in Riechsinneszellen

In den Zellwänden der Cilien der Riechsinneszellen sind zahlreiche Rezeptoren verankert, die nach dem Kotakt mit dem passenden Duftmolekül eine Signalkaskade in Gang setzen an. Dabei reicht ein einziges Duftmolekül aus, um die Bildung von 2000 cAMP-Molekülen zu induzieren. Wissenschaftler haben bisher Gene für 350 verschiedene Riechrezeptoren identifiziert.

M2 Basisinformationen über den Cholera-Erreger

Das Cholera-Bakterium *Vibrio cholerae* wird häufig über verunreinigtes Trinkwasser aufgenommen. Es produziert einen Giftstoff (Choleratoxin), welches in die Zellen des Darmepithels eindringt. Etwa zwei bis drei Tage nach der Infektion mit dem Bakterium kommt es zu sehr plötzlich auftretenden Durchfällen (Diarrhoe). Pro Tag können Patienten – je nach Schwere der Erkrankung – bis zu 25 l Flüssigkeit verlieren. Charakteristisch für die Cholera ist neben der starken Diarrhö ein trüber („reiswasserfarbener") flüssiger Stuhl mit einer erhöhten Konzentration verschiedener Ionen.

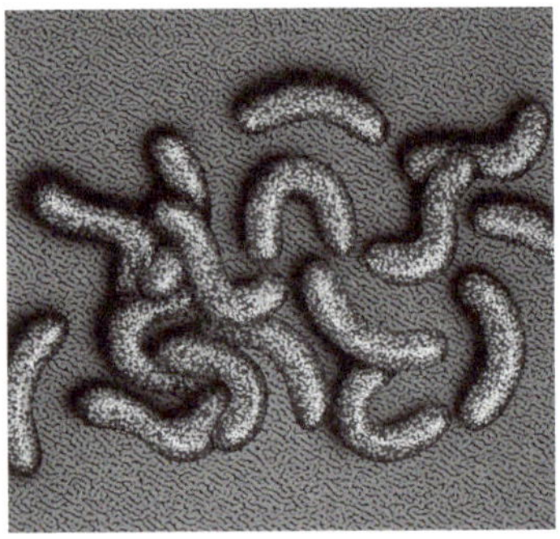

M2 Cholera-Bakterium in 10 000-facher Vergrößerung

M3 Veränderung der Ionenkonzentration im Darm infizierter Personen

M3 zeigt die Veränderung der Ionenkonzentration im Darmlumen infizierter Personen, wobei der Verlauf der Krankheit sehr unterschiedlich sein kann und vom gesundheitlichen Zustand der infizierten Person abhängt. Die Werte sind Durchschnittswerte.

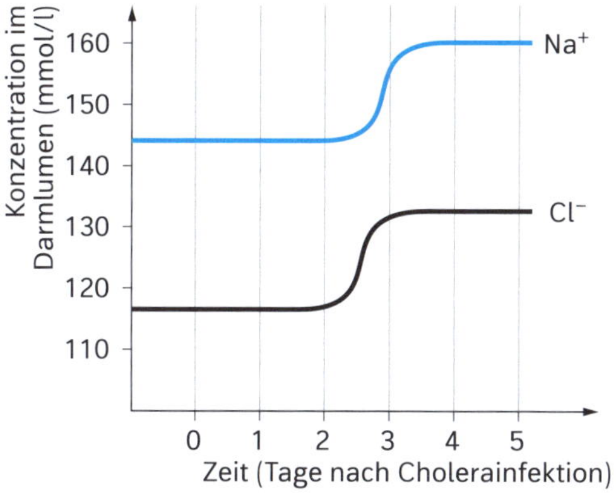

M3 Konzentrationsänderungen von Cl^-- und Na^+-Ionen im Darmlumen infizierter Personen

M4 Die Wirkung des Choleratoxins

Die folgende Abbildung stellt die Wirkung des Choleratoxins in den Zellen des Darmepithels schematisch dar.

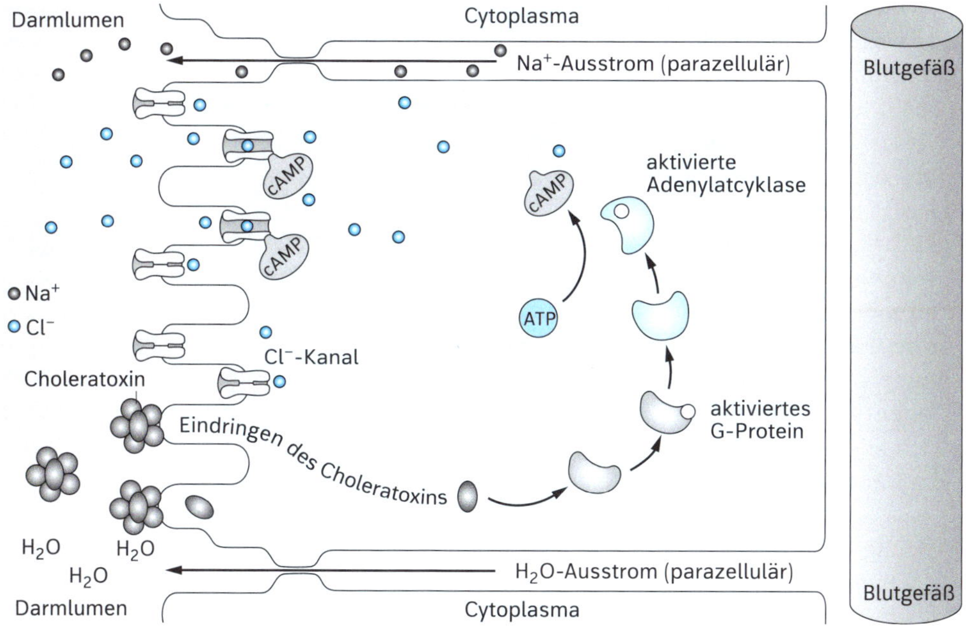

M4 Schema der Wirkung des Choleratoxins in den Epithelzellen des Darmlumens

Benötigte Fachkenntnisse

Signalentstehung und Signalweiterleitung, Signalwirkketten, Transportprozesse durch Biomembranen, Diffusion und Osmose (S. 55, 79 ff.)

Benötigte Methodenkenntnisse

Beschreiben, Erklären und Vergleichen biologischer Phänomene, Umgang mit komplexen Modellen (S. 99), Hypothesen bilden und überprüfen (S. 98), Gesetzmäßigkeiten formulieren und als Arbeitsmittel verwenden

Lösungen

1. Duftmoleküle in der Luft erreichen über die Nasenhöhlen die Riechschleimhaut. Dort treffen sie auf Rezeptoren in den Zellmembranen der Cilien der Riechsinneszellen. Trifft ein passendes Duftmolekül auf einen Rezeptor, beginnt eine G-Protein vermittelte Signalkaskade, an deren Ende ein starker Anstieg der intrazellulären cAMP-Konzentration steht. Dabei wird zunächst über den Kontakt des Duftmoleküls mit dem Rezeptor ein G-Protein aktiviert, welches wiederum die Adenylatcyclase aktiviert. Die aktivierte Adenylatcyclase wandelt ATP in cAMP um. Ein Duftmolekül reicht aus, um die Umwandlung von 2000 ATP-Molekülen in cAMP-Moleküle zu induzieren. Die cAMP-Moleküle docken an Natriumionen-Kanäle an. Dadurch werden selektiv Natriumionen-Kanäle geöffnet und Natriumionen strömen in die Zelle ein. Durch die enorme Verstärkung des Signals (um den Faktor 2000) wird ein schneller Anstieg der intrazellulären cAMP-Konzentration erreicht, der wiederum zu einer schnellen Öffnung sehr vieler Natriumionen-Kanäle führt. Positiv geladene Natriumionen können schnell in die Zelle einströmen und die Zelle depolarisieren. Diese Depolarisation löst in den Riechsinneszellen ein Aktionspotenzial aus, welches über die Axone der Riechsinneszellen direkt zum Gehirn weitergeleitet wird und einen Sinneseindruck hervorruft.

2. M3 zeigt die Konzentrationsänderung von Chlorid- und Natriumionen im Darmlumen während einer Cholerainfektion. Zwei Tage nach der Infektion mit dem Choleraerreger steigt zunächst die Chloridionen-Konzentration im Darmlumen stark an. Innerhalb eines Tages erreicht sie einen Wert von ca. 130 mmol/l im Vergleich zum Ausgangswert von 117 mmol/l. Zeitlich etwas verzögert steigt auch die Natriumionen-Konzentration im Darmlumen von ca. 144 mmol/l auf ca. 158 mmol/l an. In den folgenden Tagen bleiben die Konzentrationen von Chlorid- und Natriumionen im Darmlumen konstant auf einem hohen Niveau.

3. M3 stellt die Wirkungsweise des Choleratoxins schematisch dar. Das Choleratoxin dockt an der Zellwand der Darmepithelzellen an. Ein Teil des Choleratoxins dringt in die Zelle ein. Im Cytoplasma aktiviert dieser Teil des Choleratoxins ein G-Protein.

Das aktivierte G-Protein wiederum aktiviert die Adenylatcyclase, die ATP zu cAMP umwandelt. Das Signal wird durch diese Signalkette verstärkt. Die hohe intrazelluläre cAMP-Konzentration führt dazu, dass selektiv durch das Andocken eines cAMP-Moleküls Chloridionen-Kanäle geöffnet werden (M4 Schema der Wirkung des Choleratoxins in den Epithelzellen des Darmlumens). Durch die geöffneten Chloridionen-Kanäle strömen negativ geladene Chloridionen in das Darmlumen. Dadurch liegt im Darmlumen ein Überschuss an negativ geladenen Teilchen vor. Dies führt zur Erhöhung des osmotischen Gradienten. Natriumionen diffundieren entlang dieses Gradienten parazellulär nach. Natrium- und Chloridionen sind osmotisch stark wirksam, sodass Wasser parazellulär (und transzellulär) nachströmt. Dadurch kommt der enorme Flüssigkeitsverlust von bis zu 25 l pro Tag zustande.
Die Inkubationszeit bei einer Infektion mit dem Choleraerreger beträgt ca. zwei Tage (M2). Die beschriebene Wirkungsweise des Choleratoxins erklärt auch den zeitlichen Ablauf der Ionenkonzentrationsänderung im Darmlumen betroffener Personen (M3). So lässt sich die im Stuhl nachweisbare erhöhte Ionenkonzentration erklären (M2), die die Diarrhoe zur Folge hat.

4. Sowohl bei der Signaltransduktion des Riechens als auch bei der Umkehr des osmotischen Gradienten in Darmepithelzellen mit dem Cholera-Erreger infizierter Menschen kommt der Adenylatcyclase eine Schlüsselrolle zu. Entscheidend ist in beiden Fällen der Anstieg des intrazellulären cAMP-Spiegels. Bei der Cholera führt dieser Anstieg zur Öffnung cAMP-sensitiver Chloridkanäle, sodass Chloridionen entlang ihres elektrochemischen Gradienten aus den Zellen in das Darmlumen strömen. Infolge dessen wird das osmotische Potenzial umgekehrt und Wasser strömt aus den Zellen und parazellulär ins Darmlumen. Bei der Signaltransduktion der Riechsinneszellen bewirkt ein hoher intrazellulärer cAMP-Spiegel eine Öffnung cAMP-sensitiver Natriumionen-Kanäle. Durch den Natriumeinstrom wird eine Depolarisation ausgelöst, die zu einem Aktionspotenzial führt. Die Erregung wird an das Gehirn weitergeleitet. Die Erhöhung der intrazellulären cAMP-Konzentration führt in beiden Fällen zu entscheidenden molekularen Veränderungen in Zellen. Die Adenylatcyclase spielt eine entscheidende Rolle bei der Weiterleitung und Verstärkung von Signalen und ist daher ein wichtiges Element zellulärer Signalwirkketten.

Selbstdiagnosebogen

Aufgabe Nr.	Kernkompetenzen	AFB	Punkte	erreicht	Förderung
1	Beschreibung der Signaltransduktion bei Riechsinneszellen unter Berücksichtigung der Fachsprache Hypothesenbildung über die Depolarisation der Riechsinneszelle	I II	10 5		Signalwirkketten (S. 58 ff.) und differenziertes Beschreiben von Schemata (S. 95), Erregungsbildung (S. 55 f.) und Hypothesenbildung (S. 98)
2	differenzierte Beschreibung der Abbildung in M3	I	5		Methodenschwerpunkt: Beschreiben von Tabellen und Grafiken (S. 90 ff.)
3	differenzierte Beschreibung der physiologischen Vorgänge bei einer Cholerainfektion unter Berücksichtigung der Fachsprache mithilfe eines Wirkschemas Erläuterung physiologischer Zusammenhänge der Cholerainfektion	II II	10 5		genaue Beschreibung verschiedener biologischer Zusammenhänge auf Basis von Tabellen, Diagrammen und Grafiken (S. 90 ff.) Erläuterung komplexer Zusammenhänge
4	Entwicklung einer Hypothese auf Basis vorher analysierter Zusammenhänge	III	10		Hypothesenbildung und Begründung der Hypothesen (S. 98)

Gesamtpunkte: 45, davon AFB I: 15 Punkte (33 %); AFB II: 20 Punkte (45 %); AFB III: 10 Punkte (22 %)

Materialgrundlage:

Chadhauri,K. und Chatterjee S.N.: Cholera Toxins (CT): Structure. In: Chadhauri, K. (Hrsg.): Cholera Toxins. Chapter 7, S. 105–123. Springer-Verlag, Berlin, Heidelberg. 2009

Gianella R.A.: Pathogenesis of acute bacterial diarrheal disorders. In: Annual Reviews in Medicine Nr. 32 S. 341-357, Palo Alto. 1981

Menon P.-M. et al.: Cholera. In: Evans, A.S., Brachmann, P.S. (Hrsg.): Bacterial Infections of Humans Chapter 12, S. 249 – 272. Springer Science & Business Media LLC, Philadelphia. 2009

Schmidt R. und Lang, f. (Hrsg.): Physiologie des Menschen mit Pathophysiologie. 30., neu bearbeitete und aktualisierte Auflage. Springer Medizin Verlag, Heidelberg. 2007

Grundlagen evolutiver Veränderungen: Genotypische Variabilität von Populationen

Aufgabe 9: Die Bedeutung genetischer und epigenetischer Ereignisse für die Evolution von Lebewesen

Einleitung

Erkenntnisse der Molekulargenetik haben große Bedeutung für die Pflanzen- und Tierzucht, die Gesundheit des Menschen und für allgemeine biologische Fragestellungen. Es geht hier darum, wie Informationen in Wirklichkeit umgesetzt werden, wie also z. B. die in der DNA enthaltene Information aktiviert oder deaktiviert, umgesetzt und beeinflusst werden kann. Die sich daraus für den Genpool einer Population ergebenden Konsequenzen wirken sich auf das Evolutionsgeschehen aus.

Aufgabenstellung

1. (a) **Beschreiben** Sie mithilfe von M1 die Bildung von Sekreten auf der Schleimhaut der Bronchien. **Erläutern** Sie dabei ausführlich die Vorgänge, die zur Synthese von Proteinen im Schleim führen.
   (b) **Erläutern** Sie die biologische Bedeutung der Schleimhautsekretion.
   (c) **Vergleichen** Sie den Ablauf der Proteinsynthese bei Eukaryoten und Prokaryoten am Beispiel einer Zelle der Bronchialschleimhaut und dem Verursacher von Karies, *Streptoccocus mutans* (M2).
2. (a) **Beschreiben** Sie mithilfe von M3 die Regulation der Genaktivität nach dem Operon-Modell.
   (b) **Ordnen** Sie die in M4 beschriebenen drei Möglichkeiten der Regulation von Genaktivität in M4 den Abbildungen a, b und c **zu**.
   (c) **Erläutern** Sie mithilfe von M5 die Regulation der Proteinsynthese durch RNA-Moleküle.
3. (a) **Zeichnen** Sie mithilfe von M4 die Aussage des zweiten Satzes in M6.
   (b) **Zeichnen** Sie das Ergebnis der Untersuchungen von Grummt als Antwort auf die in M6 gestellte Frage und bringen Sie es mit Ihrer Zeichnung aus Aufgabe 3(a) in Verbindung.
   (c) **Erläutern** Sie die weiter führenden Probleme und Fragestellungen, die sich bei der Anfertigung Ihrer Zeichnung ergeben.
4. (a) **Erläutern** Sie die möglichen Ursachen für die Veränderung des Genpools einer Population.
   (b) **Erörtern** Sie die evolutionsbiologische Wirkung epigenetischer Phänomene.

Material

M1 Drüsenzelle

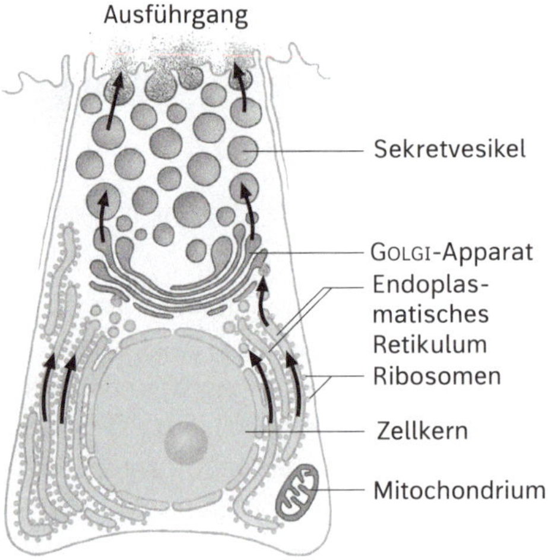

M1 Bau einer Drüsenzelle, schematisch

M2 Der Verursacher von Karies

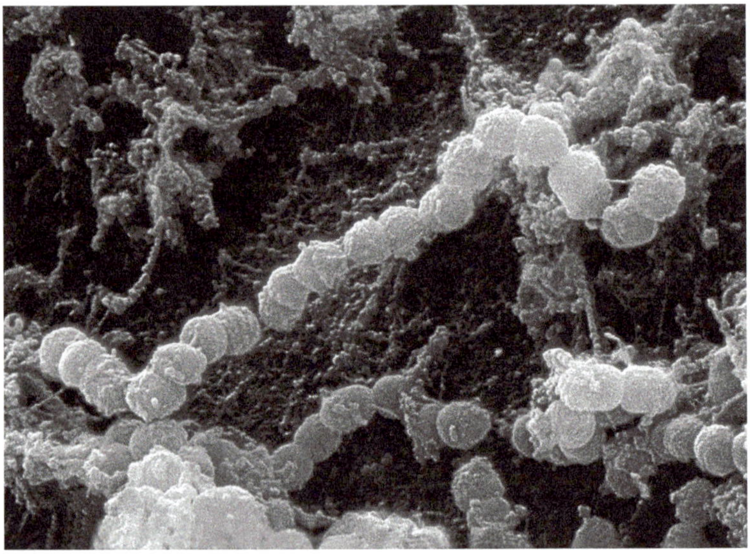

M2 ***Streptoccocus mutans*****. Das Bakterium bildet um sich eine schleimige Zellwand aus Kohlenhydraten und Proteinen. Zur Energiegewinnung betreibt es Milchsäuregärung.**

M3 Regulation der Genaktivität

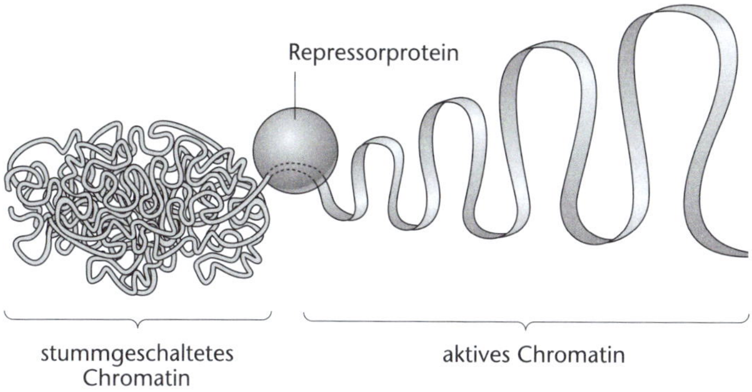

M3 Regulation der Genaktivität bei Streptokokken und anderen Bakterien

M4 Epigenetik

Veränderungen der Genaktivität, die nicht auf eine Änderung der Basensequenz zurückgehen, bezeichnet man als epigenetisch. Bisher sind vier verschiedene Mechanismen bekannt, von denen drei hier erwähnt und in den Abbildungen a, b und c dargestellt sind:

1. Mithilfe eines Enzyms kann innerhalb der DNA das Cytosin-Nukleotid in der Nachbarschaft von Guanin methyliert werden. Dadurch kann verhindert werden, dass der entsprechende DNA-Abschnitt abgelesen wird.

2. Transposone sind sogenannte „springende Gene“, d. h. sie können sich selbst kopieren und werden anschließend in entfernt liegende Bereiche des Genoms eingebaut. Dadurch können Gene in ihrer Aktivität behindert oder besonders gefördert werden. Etwa 50 % des menschlichen Genoms besteht aus Transposonen.

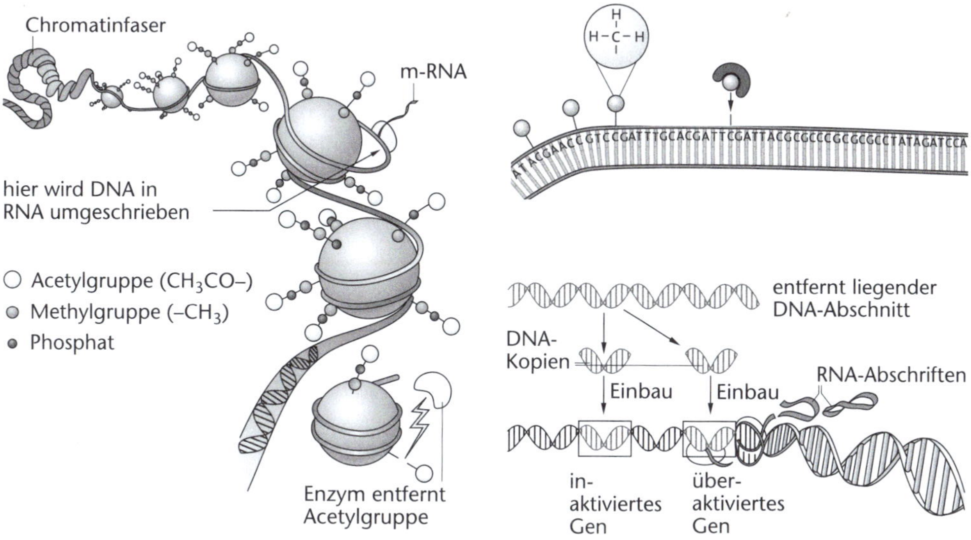

M4 Epigenetische Mechanismen

3. Die Chromosomen bestehen aus DNA und Chromatin, einer anfärbbaren Struktur aus Proteinen (Histone), an die noch weitere Substanzen gebunden sind, z. B. verschiedene funktionelle Gruppen. Acetylgruppen an den Histonen fördern die Aktivität benachbarter Gene; fehlen sie, wird die Aktivität herabgesetzt.

M5 Regulationsmöglichkeiten genetischer Aktivität durch RNA-Moleküle

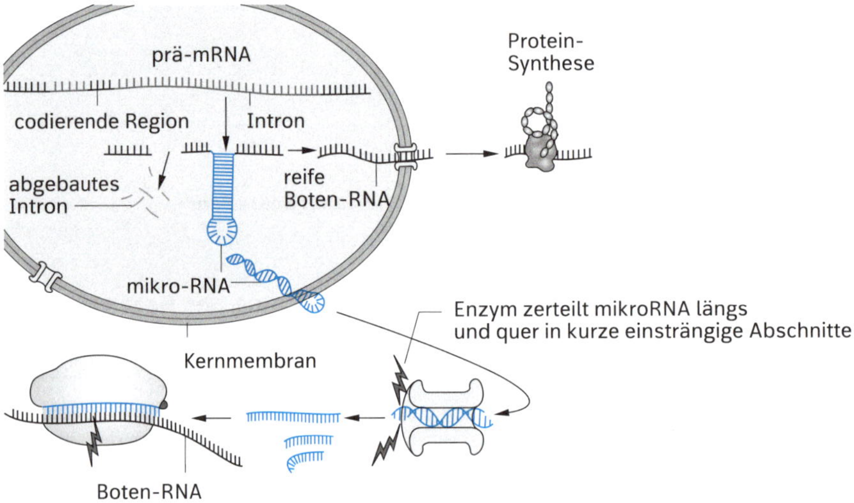

M5 a microRNA

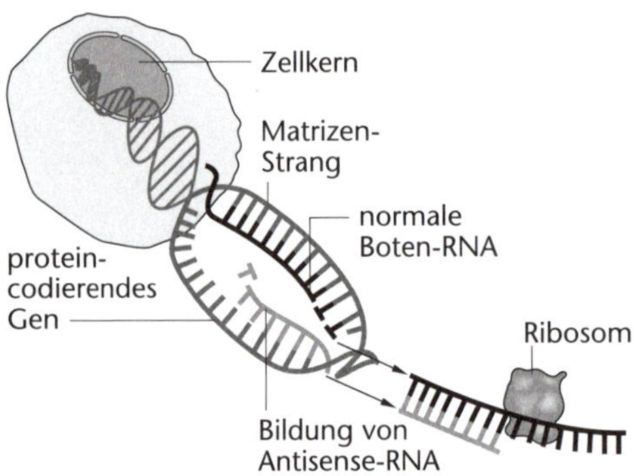

M5 b Antisense-RNA

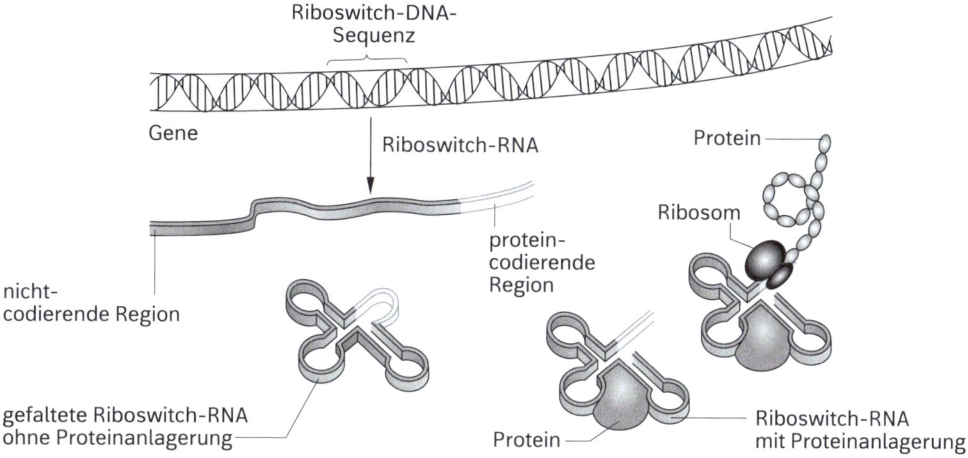

M5 c Riboswitch-RNA

M6 Blockierung von Genen

Zu den bekannten epigenetischen Mechanismen gehört die Stilllegung von Genen über Methylierung. Das erledigen spezialisierte Enzyme, die Methyltransferasen, die an bestimmte „Buchstaben" der Gene Methylmarkierungen anheften und damit das ganze Gen unzugänglich machen. „Eines der großen Rätsel der modernen Molekularbiologie ist: Woher wissen die Methyltransferasen, wo sie ihre Markierung anbringen müssen, um gezielt ein bestimmtes Gen zu inaktivieren?", erklärt Ingrid Grummt aus dem Deutschen Krebsforschungszentrum ihr Forschungsgebiet.
Die Wissenschaftlerin ist der Antwort auf diese Frage einen großen Schritt näher gekommen. Sie erforscht vor allem solche Abschnitte im Erbgut, die gar keine „Rezepte", also Anweisungen für den Bau eines Proteins, enthalten. Trotzdem werden diese Abschnitte auf kontrollierte Weise in RNA-Moleküle umgeschrieben. „Diese so genannten nicht-codierenden RNAs enthalten keine Proteinrezepte. Sie sind wichtige Regulatoren in der Zelle, die wir gerade erst zu verstehen beginnen", so Ingrid Grummt.
In ihrer neuen Arbeit beweisen Grummt und ihre Mitarbeiter erstmals, dass die epigenetische Regulation und die Steuerung durch nicht codierende RNAs ineinandergreifen. Schleusen sie das nicht codierende RNA-Molekül „pRNA" künstlich in Zellen ein, so wird ein bestimmter Genschalter mit Methylmarkierungen versehen und die dahinter liegenden Gene werden nicht abgelesen. Der Trick bei der Sache: pRNA passt genau („komplementär") zur DNA-Sequenz dieses Genschalters. pRNA bildet dabei mit den beiden DNA-Strängen im Bereich dieses Genschalters eine Art Zopf bzw. Dreifach-Helix. Methyltransferasen wiederum können spezifisch an diesen Zopf andocken und werden dadurch genau an die Stelle dirigiert, wo ein Gen blockiert werden soll.

Benötigte Fachkenntnisse

Aufbau einer tierischen Zelle, Proteinbiosynthese bei Prokaryoten und Eukaryoten, (S. 20ff.)

Benötigte Methodenkenntnisse

Isolierung von DNA, Elektrophorese (S. 28)

Lösungen

1. (a) Die Sekrete auf der Schleimhaut bestehen aus einer wässrigen Lösung von Proteinen und Ionen. Diese Lösung wird in Sekretvesikeln, kleinen Bläschen im Cytoplasma der Schleimhautzelle, gesammelt. Die Bläschen entstehen durch Membranverschmelzung an den seitlichen Rändern des Golgi-Apparats. Der Golgi-Apparat ist mit dem endoplasmatischen Retikulum verbunden. Dieses Kanalsystem wird mit den Produkten der Proteinsynthese an den Ribosomen, die direkt am ER sitzen, gefüllt, indem diese mithilfe von Tunnelproteinen aus dem Cytoplasma am Ort des Entstehens durch die ER-Membran in das Innere des Kanalsystems transportiert werden. Die Proteine werden an den Ribosomen als Kette von Aminosäuren, die über Peptidbindungen miteinander verknüpft werden, gebildet. Dazu wird auf einem bestimmten Chromosom im Zellkern ein bestimmter DNA-Abschnitt mithilfe eines Enzymkomplexes (RNA-Polymerase) an den Wasserstoffbrücken zwischen den Basen getrennt und der codogene Strang der DNA vom 3´- zum 5´-Ende hin abgelesen und eine RNA gebildet. Diese prä-mRNA wird durch weitere Enzyme aufgeschnitten, Teilstücke (Introns) werden entfernt und der verbleibende Rest wieder zusammengesetzt (Spleißen). Die verbliebenen Exons bilden die reife mRNA, die zu den Ribosomen ins Cytoplasma gelangt. Dort werden aktivierte Aminosäuren mithilfe von tRNA-Molekülen miteinander zur Primärstruktur des Proteins verbunden.
   (b) Die Schleimproduktion dient der Abwehr und dem Abtransport von Fremdkörpern und Krankheitserregern. Staubpartikel, Bakterien, Pilzsporen usw. werden auf der Schleimoberfläche festgehalten und mithilfe von Flimmerhärchen gezielt nach außen transportiert. Der an der Verbindung von Luftröhre und Speiseröhre angekommene Schleim wird ausgehustet oder verschluckt.
   (c) Ähnlichkeiten bestehen in der Abfolge der Umsetzung von der DNA über mRNA und AS-Kettenbildung an Ribosomen und der Umsetzung mithilfe des gleichen genetischen Codes. Dieser Code ist universal. Unterschiede bestehen in der Differenziertheit des Ablaufes. Das Spleißen bzw. die Reifung der mRNA tritt bei den Zellen der Bronchialschleimhaut auf, nicht aber bei *Streptoccocus mutans*.

2. (a) Endproduktrepression: Ein Repressorprotein wird an einer bestimmten Stelle des Genoms gebildet und durch Anlagerung des Endprodukts räumlich so verändert, dass das Protein sich an den Operator anlegt und damit eine weitere Bildung von mRNA verhindert.
   (b) Mechanismus 1: M4 b, Mechanismus 2: M4 c, Mechanismus 3: M4 a
   (c) M5 a zeigt, dass beim Ausschneiden der Introns und ihrer Zerkleinerung Bruchstücke entstehen, die sich ähnlich wie bei einer tRNA teilweise zu einem Doppelstrang zusammenlegen. Dieser wird von Enzymen so zerkleinert, dass bestimmte Nukleotidsequenzen übrig bleiben, die wie eine kurze Antisense-RNA wirken: Die Bruchstücke lagern sich an die komplementäre Basensequenz der mRNA an und deaktivieren sie dadurch. Ob ein bestimmtes Protein gebildet wird, kann also vom Vorhandensein bestimmter Enzyme im Cytoplasma abhängen, die die doppelsträngigen Introns auf spezifische Weise zerkleinern. In M5 b wirkt neben der „regulären" RNA-Polymerase eine weitere RNA-Polymerase. Die so entstehende Antisense-RNA verhindert bei Kontakt mit der mRNA am Ribosom die Bildung der Aminosäurekette, da durch das Ribosom nur ein einfacher Nucleinsäurestrang passt. In M5 c wird mithilfe von sogenannten RNA-Genen, also DNA-Abschnitten, die die Information für die Ausbildung von RNA enthalten, eine besondere RNA gebildet, die Riboswitch-RNA. Diese faltet sich zu einem doppelsträngigen RNA-Molekül. Sobald dieses RNA-Molekül mit einem passenden Protein Kontakt bekommt (Schlüssel-Schloss-Prinzip), wird das Molekül so geändert, dass die Riboswitch-RNA ein freies Ende erhält. Dieses hat die Funktion einer regulären mRNA, das die Synthese eines bestimmten Proteins bewirkt. Nur im Kontakt mit dem passenden Protein kann der codierende Abschnitt der Riboswitch-RNA also die Synthese einer Aminosäurekette veranlassen. Die Riboswitch-RNA besitzt folglich für die in ihr enthaltene Information einen „An- und Ausschalter".

3. (a) Zeichnung analog zu M4 b.

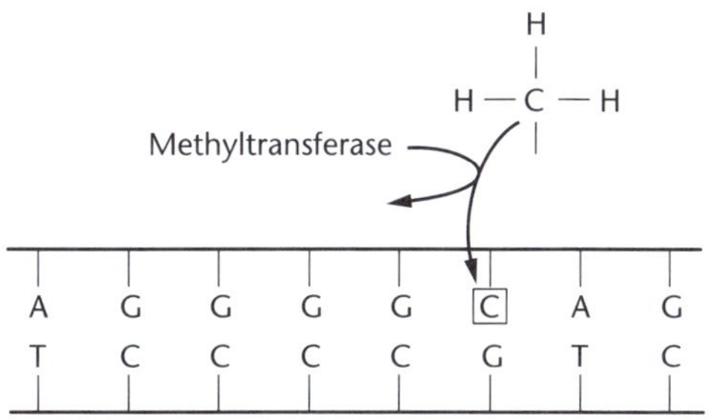

(b) Zeichnung:

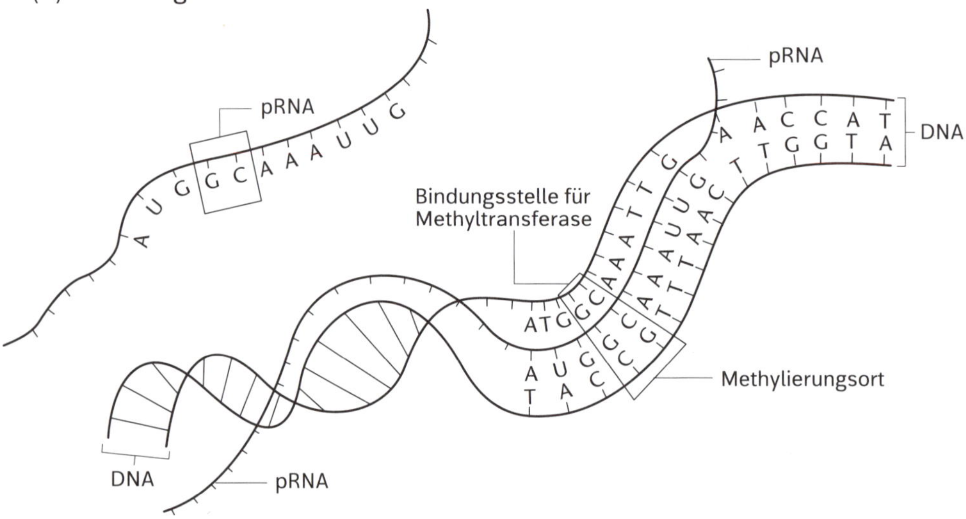

Sobald der „Zopf“ bzw. die „Dreifach-Helix“ gebildet ist, entsteht eine räumliche Struktur an diesem DNA-Abschnitt, der genau zu einer passenden Stelle des Enzyms Methyltransferase passt, sodass die Methyltransferase die in Nachbarschaft von Guanin befindliche Base Cytosin methylieren kann.

(c) Folgende Fragen können sich bei der Anfertigung der Zeichnung ergeben:

- Wie werden die Nukleotide der verschiedenen Nucleinsäurestränge miteinander verbunden, sodass eine „Dreifach-Helix“ entstehen kann?
- Werden die Wasserstoffbrücken zwischen den Basen der beteiligten Stränge nur teilweise zwischen den beiden DNA-Strängen und der pRNA hergestellt?
- Werden die Wasserstoffbrücken abwechselnd zwischen den Basen der beteiligten Nucleinsäurestränge gebildet?
- Gibt es ganz andere, noch nicht erforschte Bindungsmöglichkeiten?
- Entsteht durch die Herstellung einer „Dreifach-Helix“ an unterschiedlichen Genorten immer dieselbe passgenaue räumliche Struktur für die Methyltransferase?

4. (a) Der Genpool einer Population wird durch die Evolutionsfaktoren Selektion, Migration, Gendrift und Mutation verändert. Dabei importiert Migration lokal neue Allele mit neuen Möglichkeiten für Anpassungsprozesse, Gendrift verändert durch Zufall die Genfrequenz der Population, Mutation erzeugt ebenfalls neue Allele und schafft somit neue Möglichkeiten der Anpassung. Selektion garantiert die Weitergabe der Allele mit hohem Anpassungswert an die nächste Generation. Rekombination beschleunigt den Prozess der Evolution.
(b) Durch epigenetische Phänomene kann die Allelfrequenz in einer Population indirekt beeinflusst werden. Da aber durch solche Ereignisse die genetische Variabilität erhöht werden kann, sind schnellere Anpassungsmöglichkeiten gegeben. Dadurch kann u. U. die Generationsdauer von Organismen einer Art erhöht werden, ohne auf Möglichkeiten von Anpassung zu verzichten (Variante einer r-Selektion).

Denn ein Individuum, welches länger lebt, hat mehr Chancen zur Fortpflanzung. Allein die zunehmende Möglichkeit an Fortpflanzungschancen würde bei unterschiedlich häufigen epigenetischen Ereignissen im Individuum dazu führen, dass dieses Individuum zu verschiedenen Zeiten aufgrund verschieden ablaufender epigenetischer Ereignisse eine jeweils leicht veränderte Allelbeschaffenheit in die nächste Generation trägt. Dies entspräche einer Voraussetzung von r-Selektion auf individueller Ebene. Eine zunehmende Anzahl an Regulationsmöglichkeiten der Genaktivität erhöht die Anpassungsfähigkeit und damit die Fitness.
Die Methylierung ist ein Prozess, dessen Ergebnis als veränderte genetische Situation auch in die nächste Generation übertragen werden kann. Antisense-RNA wirkt prinzipiell zwar ebenfalls regulierend, es hängt aber von der Art der Enzyme ab, die zur Bildung der Antisense-RNA beitragen, ob sich das Genom eines Individuums so ändert, dass diese Änderung in die nächste Generation übertragen wird. Die Bildung und Menge bestimmter Proteine könnte damit nicht nur individuell erworben, sondern auch vererbt werden. Transposone erhöhen die Variabilität.

Selbstdiagnosebogen

Aufgabe Nr.	Kernkompetenz	AFB	Punkte	erreichte Punkte	Förderung
1(a)	Kompartimentierung beschreiben	II	4		Bau der tierischen Zelle; Proteinbiosynthese (S. 20 ff.)
1(b)	Übersetzung der DNA-Sequenz in eine AS-Sequenz erläutern	II	6		
1(c)	Struktur-Funktionsbeziehungen auf der Eben von Organen erläutern biologische Sachverhalte beschreiben biologische Sachverhalte durch Beobachtung und Vergleich beschreiben und erklären Homologien als auf Abstammung basierend deuten	II II II II	4 4 4 3		Analyse von Abbildungen (S. 94)
2(a)	Homöostase als Ergebnis von Regelungsvorgängen, die aufgrund negativer Rückkopplung für Stabilität in physiologischen Systemen sorgen, erläutern	I	6		Regulation der Genaktivität bei Bakterien; Bedeutung von Introns und nicht-codogenen Abschnitten der DNA (S. 20 ff.).
2(b)	naturwissenschaftliche Texte analysieren	I	4		
2(c)	Abbildungen deuten, Schlussfolgerungen aus dem molekularen Aufbau der RNA ziehen können	II III	6 7		

Aufgabe Nr.	Kernkompetenz	AFB	Punkte	erreichte Punkte	Förderung
3(a)	mit Modellen arbeiten Naturwissenschaftliche Texte analysieren und deuten	I	2		Abbildungen erstellen (S. 94)
3(b)	biologische Sachverhalte veranschaulichen	II	2		
	Struktur-Funktionsbeziehungen auf der Ebene von	II	5		
	Molekülen erläutern	II	4		
3(c)	Fragen zu biologischen Sachverhalten entwickeln	II/III	2/2		
4(a)	Angepasstheit als Ergebnis von Evolution (einschl. Evolutionsfaktoren) erläutern	II III	3 6		Evolutionsfaktoren (S. 65 ff.)
	Evolutionstheorien erläutern	II	3		LAMARCK, DARWIN, synthet. Evolutionstheorie (S. 68)
4(b)	Prozess der Artbildung erläutern	II	3		

Gesamtpunkte: 80, davon AFB I: 10 Punkte (12,5 %); AFB II: 55 Punkte (68,75 %); AFB III: 15 Punkte (18,75 %)

Punktesammeltipp

Ein wichtiger Operator in dieser Aufgabe ist das Erläutern. Um Zusammenhänge gegliedert und systematisch darstellen zu können, empfiehlt sich vor der Formulierung des Textes die Skizzierung eines Beziehungsgefüges, mit dem die Reihenfolge und Bedeutung der Zusammenhänge festgelegt werden kann.

Materialgrundlage:

Feldermann, d. (Hrsg.): Linder Biologie Arbeitsbuch, Schroedel 2005, S. 122 f.
http://www.bio-pro.de/magazin/thema/00151/index.html?lang=de&artikelid=/artikel/05769/index

Stammbaumanalyse, Evolutionshinweise und Evolutionstheorie, Methoden der Biologie

Aufgabe 10: Großbär oder Kleinbär? Einordnung des Großen Pandas und des kleinen Pandas in den Stammbaum der Bären

Einleitung

Aufgrund einiger Besonderheiten der Pandas hinsichtlich ihrer Morphologie und ihres Verhaltens haben Zoologen lange Zeit gestritten, in welche Familie die Pandas einzuordnen sind. Seit der Entdeckung des großen Pandas *Ailuropoda melanoleuca* im Jahre 1869 sind mehr als 40 wissenschaftliche Abhandlungen nur über die systematische Einordnung dieser Art erschienen. Teils wurde der große Panda zu den Großbären, teils zu den Kleinbären gerechnet, einige Zoologen schlugen sogar eine eigene Familie vor.

Aufgabenstellung

1. In den Materialien M1 – M4 sind Verbreitung, Morphologie und die Verhaltensweisen der beiden Pandaarten und jeweils von einem Vertreter der Großbären und der Kleinbären dargestellt. **Werten** Sie diese Materialien im Hinblick auf die Einordnung der beiden Pandas in den Stammbaum der Bären **aus**.
2. M5 zeigt die Ergebnisse eines Serum-Präzipitintests aus der Immunologie.
   (a) **Beschreiben** Sie Ablauf und Funktionsweise des Serum-Präzipitintests und erläutern Sie, inwiefern der Serum-Präzipitintest geeignet ist, um Aussagen über Verwandtschaftsverhältnisse zu machen.
   (b) **Werten** Sie die Ergebnisse des Serum-Präzipitintests im Hinblick auf die Einordnung der Pandas in den Stammbaum der Bären **aus**.
3. Die Materialien M6 zeigen die Ergebnisse einer Analysemethode aus der Molekulargenetik (DNA-Hybridisierung).
   (a) **Beschreiben** Sie Ablauf und Funktionsweise der DNA-Hybridisierung und **erläutern** Sie, inwiefern sich Ergebnisse aus molekulargenetischen Untersuchungen zur Analyse von Verwandtschaftsverhältnissen eignen.
   (b) **Werten** Sie die Ergebnisse der DNA-Hybridisierung im Hinblick auf eine Einordnung der Pandas in den Stammbaum der Bären **aus**.
4. M7 zeigt eine Skelettrekonstruktion eines ausgestorbenen Säugetieres. Diese Entdeckung wurde von Forschern als „missing link" der Evolution der Pandabären gefeiert. Analysieren Sie die Handrekonstruktion dieses Uhrzeiträubers und **stellen** Sie eine **Hypothese auf**, wie die beiden Pandas, unter Berücksichtigung aller Ihnen vorliegender Untersuchungen, in den Stammbaum der Bären eingeordnet werden können. **Begründen** Sie Ihre Entscheidung.

5. **Erläutern** Sie vor dem Hintergrund ihrer Einordnung der Pandas und mithilfe von M1 und M7, wie es bei beiden Arten zu einer Ausprägung des „falschen" Daumens kommen konnte.

Material

M1 Großer Panda

Das Verbreitungsgebiet des großen Pandas *Ailuropoda melanoleuca* liegt in der gebirgigen Region im Westen Chinas. Verteilt auf mehrere kleinere Habitate leben dort ca. 2500 – 3000 Tiere in freier Wildbahn. Der große Panda besitzt einige biologische Merkmale, die eine eindeutige phylogenetische Einordnung in den Stammbaum der Bären erschweren. Eine Besonderheit des großen Pandas ist der ausgeprägte Handwurzelknochen der Vorderpfoten, der zum sogenannten Pseudodaumen (auch „falscher" Daumen genannt) ausgebildet ist. Diesem Pseudodaumen liegt der Daumen gegenüber und ermöglicht ein besseres Abgreifen der Blätter der Bambusstengel.

Überwinterung: kein Winterschlaf
Nahrung: Bambus
Laute: blöken, zischen

M1 Steckbrief des großen Pandas

M2 Kleiner Panda

Der kleine Panda oder Katzenbär *Ailurus fulgens* lebt im Osten Asiens und ist ebenfalls ein Pflanzenfresser. Auch der kleine Panda besitzt einen Pseudodaumen und ernährt sich – wenn auch nicht ausschließlich – von Bambusschösslingen. Die phylogenetische Einordnung des kleinen Pandas in den Stammbaum der Bären war lange Zeit äußerst umstritten.

Überwinterung: kein Winterschlaf
Nahrung: Bambus
Laute: blöken, zischen

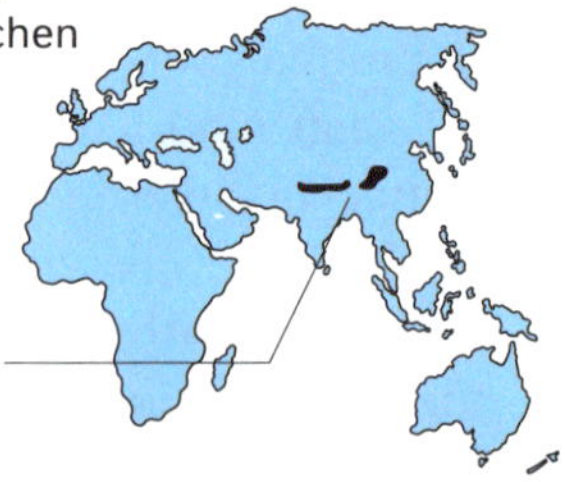

M2 Steckbrief des kleinen Pandas

M3 Stammbaum der Bären und Verbreitungsgebiete von Groß- und Kleinbär

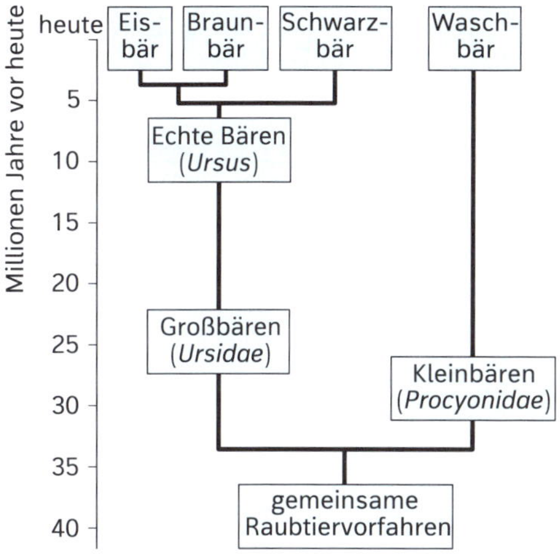

M3 a Der Stammbaum der Bären

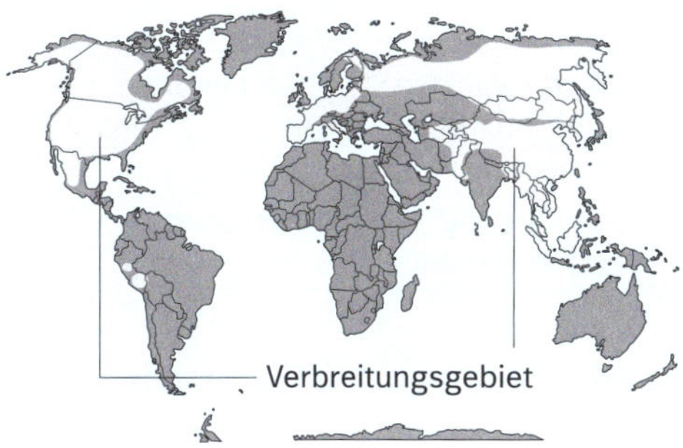

M3 b Verbreitungsgebiet der Großbären

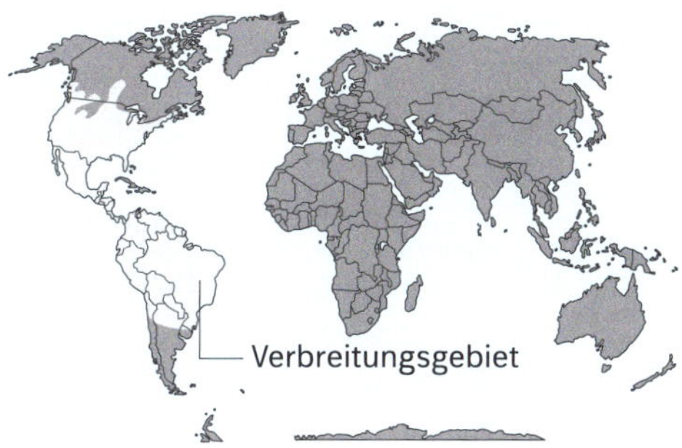

M3 c Verbreitungsgebiet der Kleinbären

M4 Vergleich anatomischer und morphologischer Merkmale und einiger Verhaltensweisen des großen und kleinen Pandas mit Braunbär und Waschbär als Vertreter der Groß- und Kleinbären

Im Rahmen zahlreicher wissenschaftlicher Studien wurden morphologische Merkmale und Verhaltensweisen der Pandas mit Vertretern der Groß- und Kleinbären verglichen. Die Ergebnisse sind in der folgenden Tabelle dargestellt.

Merkmal	Großer Panda	Kleiner Panda	Waschbär als Vertreter der Kleinbären	Braunbär als Vertreter der Großbären
Schädel	knöcherner Teil der Schnauze verkürzt	knöcherner Teil der Schnauze verkürzt	knöcherner Teil der Schnauze verkürzt	ausgeprägter knöcherner Teil der Schnauze
Vorderpfoten	sechster Finger als „Pseudodaumen" (den anderen Fingern gegenübergestellt)	sechster Finger als „Pseudodaumen" (den anderen Fingern gegenübergestellt)	fünf Finger, von dem einer als Daumen genutzt wird	fünf Finger, von denen keiner als Daumen gegenübergestellt ist
Gebiss	Abflachung der Vorderbackenzähne als Mahlfläche; mäßig entwickelte Reißzähne	Backenzähne mit großen Mahlflächen; stark unterentwickelte Reißzähne	leicht vergrößerte Oberfläche der Backenzähne; mäßig entwickelte Reißzähne	geringe Anpassung an herbivore (pflanzliche) Ernährungsweise; kräftige Reißzähne
Gang	Sohlengänger	Sohlengänger	Sohlengänger	Sohlengänger
Laute	blöken; zischen	blöken; zischen	zischen	brummen; brüllen
Harn-, Kotmarkierungen	Reviermarkierung durch Harnen und Koten	Reviermarkierung durch Harnen und Koten	Reviermarkierung durch Harnen und Koten	Keine Reviermarkierung
Winterschlaf	kein Winterschlaf	kein Winterschlaf	kein echter Winterschlaf	Winterschlaf

M5 Ergebnisse eines Serum-Präzipitintests zum Vergleich der Proteine der Vertreter verschiedener Bärenarten

Um die beiden Pandaarten besser einordnen zu können, wurden neben den morphologischen Untersuchungen auch Ergebnisse aus immunologischen Studien herangezogen.

	Präzipitintest Ausfällung in %
Großer Panda	100
Braunbär	70
Eisbär	70,5
Schwarzbär	79,6
Kleiner Panda	49
Waschbär	45,5

	Präzipitintest Ausfällung in %
Kleiner Panda	100
Waschbär	46
Braunbär	–
Eisbär	–
Schwarzbär	48
Riesenpanda	–

M6 Untersuchung des Erbguts verschiedener Bärenarten mithilfe der DNA-DNA-Hybridisierung

Ergebnisse aus molekulargenetischen Untersuchungen verschiedener Bärenarten lassen ebenfalls Rückschlüsse auf deren Verwandtschaft zu.

Braunbär	80,2
Eisbär	80,3
Schwarzbär	83,4
Kleiner Panda	74
Waschbär	72,4
native DNA des großen Panda	99

M6 a Schmelzpunkt in °C von der nativen DNA und von DNA-Hybriden des großen Pandas

Braunbär – Eisbär	0,55
Braunbär – Schwarzbär	1,4
Braunbär – Waschbär	7,1
Braunbär – kleiner Panda	7,1
Kleiner Panda – Waschbär	6,3

M6 b Schmelzpunkterniedrigungen im Vergleich zu artgleichen Doppelsträngen in °C

M7 Skelettfund klärt Stammbaum der Pandas

Im Jahre 2005 wurde ein spektakulärer Fossilienfund in der Nähe von Madrid gemeldet. Ein Team von Wissenschaftlern entdeckte ein sehr gut erhaltenes, fossiles Skelett eines *Simocyon batalleri*, dem längst ausgestorbenen, fleischfressenden Urahn der Katzenbären (*Ailuridae*).

Der carnivore Räuber war etwa so groß wie ein Puma und ein hervorragender Kletterer. Das Besondere bei diesem Fund ist der Pseudodaumen, den *S. batalleri* an seinen Pranken, neben bzw. gegenüber dem Daumen, besitzt. Dieser Pseudodaumen findet sich heute noch sowohl beim kleinen als auch dem großen Panda. Beim großen Panda ist der „falsche" Daumen eine große Hilfe beim Abgreifen der Bambusstangen. Auch dem kleinen Panda bringt dieser Pseudodaumen Vorteile bei der Nahrungsaufnahme. Für den kürzlich entdeckten *S. batalleri* war der Pseododaumen eine große Hilfe beim Klettern und Jagen auf Bäumen.

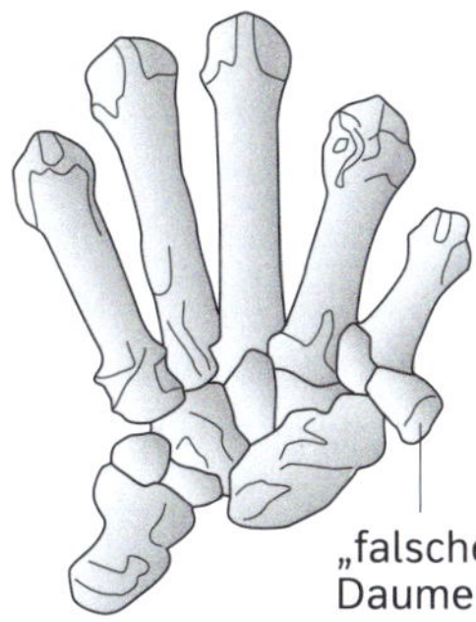

M7 Position des Pseudodaumens beim *S. batalleri*

Benötigte Fachkenntnisse

Grundlagen evolutiver Veränderungen, Evolutionshinweise und Belege für Evolution (Homologie, Analogie und Konvergenz), immunulogischer Verwandtschaftsnachweis, molekulargenetische Verwandtschaftsnachweise, Analyse von Stammbäumen (S. 65 ff.)

Benötigte Methodenkenntnisse

Techniken und Methoden für biologische Untersuchungen auswählen und anwenden, Umgang mit Hypothesen (S. 98 ff.)

Lösungen

1. Der Steckbrief des großen Pandas (M1) zeigt ein sehr kleines Verbreitungsgebiet im Westen Chinas. Der kleine Panda kommt ebenfalls nur in Asien vor, lebt aber in zwei etwas größeren Verbreitungsgebieten im Osten Asiens. Beide Pandas halten keinen Winterschlaf. Auch die Hauptnahrungsquelle des kleinen und des großen Pandas ist identisch, wobei der große Panda sich fast ausschließlich von Bambus ernährt, während der kleine Panda auf andere Nahrung ausweichen kann. Die Lautäußerungen sind ebenfalls identisch: Beide blöken und zischen. Überwinterungsstrategie, Nahrungsaufnahme und Lautäußerungen legen den Schluss nahe, dass es sich bei den beiden Pandaarten um nahe verwandte Arten handeln könnte. M3 zeigt den Stammbaum der Bären. Ausgehend von einem gemeinsamen Raubtiervorfahren vor ca. 40 Mio. Jahren haben sich vor ca. 32 Mio. Jahren die Familien der Kleinbären und der Großbären voneinander getrennt. Als heutiger Vertreter der Kleinbären ist der Waschbär dargestellt, als Vertreter der Großbären Eisbär, Braunbär und Schwarzbär. Ein erster Blick auf das Aussehen von großem und kleinem Panda könnte den Schluss nahelegen, dass der große Panda den Großbären, der kleine Panda den Kleinbären zuzuordnen ist.
   M3 a zeigt das heutige Verbreitungsgebiet der Großbären. Nach dem Verbreitungsgebiet kann der große Panda zu den Großbären gezählt werden. Die Verbreitungsgebiete des kleinen Pandas stimmen nicht mit den Verbreitungsgebieten der Kleinbären in M3 c überein. Er lebt im Verbreitungsgebiet der Großbären. Nach Analyse der Verbreitungsgebiete könnte der große Panda eher den Großbären zugeordnet werden. M4 zeigt einen Vergleich anatomischer und morphologischer Merkmale der beiden Pandaarten im Vergleich zum Waschbären als Vertreter der Kleinbären und dem Braunbär als Vertreter der Großbären. In den Kategorien Gebiss, Schädel, Reviermarkierung und Winterschlaf sind Ähnlichkeiten beim großen Panda, kleinen Panda und Waschbären zu erkennen (verkürzter knöcherner Teil des Schädels, eher an pflanzliche Nahrung angepasstes Gebiss, zischende Laute, Reviermarkierung, kein Winterschlaf). Die Gangart aller vier dargestellten Vertreter ist identisch (Sohlengänger). Die Vorderpfoten vom großen und kleinen Panda weisen beide einen Pseudodaumen als sechsten Finger aus, während Waschbär und Braunbär nur fünf Finger besitzen. Aufgrund der aufgeführten morphologischen und anatomischen Merkmale und einiger Verhaltensweisen der Tiere sind sowohl der große Panda als auch der kleine Panda den Kleinbären zuzuordnen, da große Ähnlichkeiten zum Waschbären als Vertreter der Kleinbären bestehen. Zudem deuten das Vorhandensein eines Pseudodaumens beim großen und kleinen Panda und die Nahrungsaufnahme, Überwinterungsstrategie und Lautäußerungen (M1 und M2) auf eine enge Verwandtschaft hin, was die Einordnung in eine Familie (in diesem Fall die der Kleinbären) stützen würden.

2. Der Serum-Präzipitintest kann zur Klärung von Verwandtschaftsverhältnissen genutzt werden. Dabei wird z. B. das Blut des Großen Pandas einem anderen Tier injiziert. Dieses produziert daraufhin Antikörper gegen die im Serum des großen Pandas enthaltenen Proteine. Dieses Blut mit den Antikörpern gegen die Proteine des großen Pandas wird von den Blutkörperchen befreit und so erhält man ein Anti-Panda-Serum. Mischt man dieses Serum mit dem Blut des großen Pandas, so erhält man eine vollständige Ausfällung der Proteine, die im Blut des großen Pandas enthalten sind. Mischt man es mit dem Blut anderer Tiere, so nimmt der Grad der Ausfällung mit zunehmender Verwandtschaft ebenfalls zu. Es handelt sich beim Präzipitintest um einen immunologischen Verwandtschaftsnachweis, der in seiner Aussagekraft begrenzt ist, da es sich nur um einen indirekten Vergleich der Proteine handelt. Da die Aminosäuren eines Proteins von verschiedenen Tripletts codiert werden können, sind andere Nachweismethoden wie z. B. eine Aminosäuresequenzanalyse besser geeignet, Verwandtschaftsbeziehungen nachzuweisen.
M5 zeigt die Ergebnisse eines Serum-Präzipintests zur Untersuchung der Verwandtschaftsverhältnisse der Pandas: Mit 7 – 79,6 % Ausfällung bei der Mischung des Anti-Panda-Serums (großer Panda) mit Vertretern der Großbären (Braunbär, Eisbär, Schwarzbär) liegt eine verhältnismäßig hohe Ausfällung vor. Dies deutet auf einen hohen Verwandtschaftsgrad des großen Pandas mit der Familie der Großbären hin. Die deutlich geringere Ausfällung mit Vertretern der Familie der Kleinbären (Waschbär: 45,5 %) zeigt, dass der Verwandtschaftsgrad zwischen großem Panda und Vertretern der Kleinbären sehr gering ist. Der Präzipitintest zeigt weiterhin deutlich, dass ein gemeinsamer Vorfahre von großem und kleinem Panda sehr weit in der Evolution zurückliegen muss. Die beiden hier untersuchten Pandaarten sind heute nicht sehr nah miteinander verwandt. Die Ergebnisse des Präzipitintests mit dem Serum des kleinen Pandas und dem Serum des Waschbären als Vertreter der Kleinbären sowie dem Schwarzbären als Vertreter der Großbären, lässt nicht auf eine enge Verwandtschaft zu einer der beiden Familien schließen (kleiner Panda – Schwarzbär: 48 % Ausfällung; kleiner Panda – Waschbär: 46 % Ausfällung). Nach den Ergebnissen des Präzipitintests können folgende Hypothesen über die Verwandtschaftsverhältnisse der Pandas aufgestellt werden: Der große Panda kann in die Familie der Großbären eingeordnet werden; der kleine Panda weder in die Familie der Großbären, noch in die Familie der Kleinbären.

3. Die DNA-Hybridisierung kann ebenfalls zur Analyse von Verwandtschaftsverhältnissen genutzt werden. Dabei wird die DNA einer Spezies zunächst so geschmolzen (denaturiert), dass sich die Wasserstoffbrückenbindungen zwischen den Basenpaaren trennen, das Zucker-Phosphat-Rückgrat aber noch stabil bleibt. Die DNA zweier, verschiedener Arten werden im darauffolgenden Schritt miteinander vermischt. Dabei paaren sich beim Abkühlen die Einzelstränge der beiden verschiedenen Arten, es entsteht eine Hybrid-DNA. Es können sich dabei nur diejenigen Basen über Wasserstoffbrücken paaren, die komplementär zueinander sind. Wird diese Hybrid-DNA dann erneut erwärmt, lässt die Schmelzpunkttemperatur Rückschlüsse darauf zu, wie viele Basenpaare ausgebildet wurden. Je weniger komplementäre Basenpaare es gibt, umso niedriger fällt die Schmelzpunkttemperatur im Vergleich zu artreiner DNA aus. Die komplementären Übereinstimmungen zweier Arten sind auf DNA-Ebene umso höher, je näher die beiden Arten miteinander verwandt sind. Somit lässt sich auch über die Schmelzpunkttemperatur hybrider DNA ein Verwandtschaftsverhältnis ausdrücken. Diese Methode ist genauer als der Präzipitintest, da indirekt Ähnlichkeiten der DNA-Sequenz zweier Arten untersucht werden. Diese Methode eignet sich daher gut zur Überprüfung von Verwandtschaftsbeziehungen.
   M6 zeigt die Ergebnisse einer DNA-Hybridisierung zur Klärung der Verwandtschaftsverhältnisse der Pandas. Mit jeweils 80 % bzw. 83 % der Schmelzpunkttemperatur von DNA-Hybriden des großen Pandas mit Vertretern der Großbären im Vergleich zur nativen DNA des großen Pandas, ist die Schmelzpunkttemperatur verhältnismäßig hoch, was auf eine relativ enge Verwandtschaft des großen Pandas mit den Großbären hindeutet. Diese Ergebnisse stützen die Ergebnisse aus dem Präzipitintest (M5). Damit wird die Hypothese, dass der große Panda der Familie der Großbären zuzuordnen ist, gestützt. Da es sich um einen indirekten DNA-Sequenzvergleich handelt, ist dem Ergebnis eine relativ hohe Genauigkeit im Vergleich z. B. zu morphologischen Analysen zuzuschreiben. Beim kleinen Panda werden ebenfalls die Ergebnisse des Präzipitintests gestützt. Bei DNA-Hybriden der DNA des kleinen Pandas mit der DNA des Braunbären ist eine deutliche Verringerung der Schmelzpunkttemperatur (im Vergleich zur artreiner DNA) festzustellen (7,1 °C). Damit ist eine Verwandtschaft von kleinem Panda und Großbären sehr unwahrscheinlich. Ähnlich sieht es bei DNA-Hybriden der DNA des kleinen Pandas und der DNA des Waschbären als Vertreter der Kleinbären aus (Schmelzpunkterniedrigung von 6,3 °C). Damit ist auch eine Verwandtschaft des kleinen Pandas mit den Kleinbären unwahrscheinlich. Wobei nach der DNA-Hybridisierung der kleine Panda den Kleinbären immer noch ähnlicher ist als den Großbären (6,3 °C Schmelzpunkttemperaturerniedrigung im Vergleich zu 7,1 °C).

4. Nach den vorliegenden Ergebnissen kann der große Panda mit sehr hoher Wahrscheinlichkeit in die Familie der Großbären eingeordnet werden. Der Präzipitintest (M5) mit z. B. 79,6 % Ausfällung des Anti-Panda-Serums mit dem Blut des Schwarzbären und der hohe Schmelzpunkt der Hybrid-DNA des großen Pandas mit dem Schwarzbär (83,4 °C) unterstützen diese Hypothese. Die morphologischen Analysen zeigen zwar keine große Ähnlichkeit des großen Pandas mit dem Braunbären als Vertreter der Großbären; die immunologischen und molekularbiologischen Befunde aus M5 und M6 sind aber stärker zu gewichten. Beim kleinen Panda kann zwar aus morphologischer Sicht eine Ähnlichkeit mit den Kleinbären beschrieben werden, die immunologischen (M5) und molekularbiologischen (M6) Befunde weisen aber auf keine nahe Verwandtschaft zwischen dem kleinen Panda und den Kleinbären hin. Der molekularbiologische Befund der DNA-Hybridisierung zeigt eine nähere Verwandtschaft des kleinen Pandas zu den Kleinbären als zu den Großbären. M7 zeigt eine Skelettrekonstruktion des ausgestorbenen, fleischfressenden *Simocyon batalleri*, einem Urahn des Katzenbären. Entscheidend ist, dass *S. batalleri* einen Pseudodaumen besaß. Auf morphologischer Ebene lässt sich also eine Verwandtschaft sowohl zum kleinen als auch zum großen Panda erkennen. Da der kleine Panda weder zu den Groß- noch zu den Kleinbären gezählt werden kann, lässt sich vermuten, dass er in eine ganz andere Familie eingeordnet werden muss. Die Tatsache, dass *S. batalleri* einen Pseudodaumen besitzt und ihn Wissenschaftler als Urahn der Katzenbären identifizierten, unterstützt diese These. Der kleine Panda könnte somit der einzige noch lebende Vertreter der Familie der Katzenbären sein.

5. Der Pseudodaumen des großen und des kleinen Pandas lässt sicht nicht durch eine nahe Verwandtschaft der beiden Pandas erklären. Er muss durch eine konvergente Entwicklung entstanden sein. Dem kleinen Panda hilft der Pseudodaumen, wie auch seinem Vorfahren, dem *Simocyon batalleri*, beim Klettern. Dem großen Panda ist der Pseudodaumen ein großer Vorteil bei der Nahrungsaufnahme, da er auf ein effizientes Abgreifen der Blätter von Bambusstangen, seiner Hauptnahrungsquelle, angewiesen ist.

Selbstdiagnosebogen

Aufgabe Nr.	Kernkompetenzen	AFB	Punkte	erreicht	Förderung
1	Analyse der Verbreitungsgebiete und Verhaltensweisen auf Basis der Steckbriefe Erste hypothetische Einordnung in den Stammbaum der Bären (M3) Analyse der Morphologie und Verhaltensstrategien (M4) Hypothese: Beide Pandas sind den Kleinbären zuzuordnen Beleg der Hypothese auf Basis von M1 – M4	I II I II III	6 5 6 5 2		Analyse verschiedener Materialien mit mittlerer Komplexität Übungen zum Entnehmen der Hauptaussage aus verschiedenen Materialien und zur Fokussierung auf die Themenstellung Hypothesenbildung und deren Beleg (S. 98)
2	Beschreibung des Serum-Präzipitintests Erläuterung der Aussagekraft zur Analyse verwandtschaftlicher Beziehungen Strukturierte Auswertung der Ergebnisse (M5) Hypothetische Einordnung der Pandas auf Basis der immunologischen Befunde: Großer Panda → Großbären Kleiner Panda → weder Groß- noch Kleinbären, kann auf Basis von M5 nicht eingeordnet werden Geeignete Belege aus M5 für die Hypothese	I II II III III	5 4 6 3 2		Fachwissen Serum-Präzipitintest (Belege für Evolution), Vergleich verschiedener Analysemethoden und deren Aussagekraft Auswertung von Diagrammen und Tabellen (S. 90) Hypothesenbildung auf Basis einer Tabelle oder eines Diagramms (S. 90 f., 98 f., Hauptaussagen herausarbeiten)
3	Beschreibung der DNA-DNA-Hybridisierung Erläuterung der Aussagekraft der molekularbiologischen Befunde Auswertung der Ergebnisse der DNA-DNA-Hybridisierung (M6)	I II II	5 4 6		Fachwissen: DNA-DNA-Hybridisierung (Belege für Evolution) Vergleich mit anderen Analysemethoden Auswertung von Diagrammen und Tabellen (S. 20 f., 68 f., 90 f.)
zu 3	Hypothetische Einordnung der Pandas → weder Großbär noch Kleinbär Geeignete Belege der Hypothesen auf Basis von M6	III III	3 2		Hypothesen bilden auf Basis einer Tabelle oder Diagramms (S. 90 f., 98)

Aufgabe Nr.	Kernkompetenzen	AFB	Punkte	erreicht	Förderung
4	zusammenfassende Einordnung auf Basis von M1 bis M7: Der Panda kann mit sehr hoher Wahrscheinlichkeit den Großbären zugeordnet werden (Belege im Material). M7 zeigt deutlich, dass die vorherigen Hypothesen stimmen: der kleine Panda kann in eine eigene Familie eingeordnet werden Beleg dieser Hypothese mit M7 (und M5 – M6).	III III III	3 3 2		Zusammenfassung verschiedener Materialien mit hoher Komplexität (hier: M1 bis M7) Strukturierte Hypothesenbildung und Beleg der Hypothese auf Basis der ausgewerteten Materialien (S. 98, Hauptaussagen)
5	Konzept der konvergenten Entwicklung	II	8		Konzept der Analogie und Konvergenz S. 68 f.)

Gesamtpunkte: 80, davon AFB I: 22 Punkte (27 %); AFB II: 38 Punkte (48 %); AFB III: 20 Punkte (25 %)

Materialgrundlage:

Anton M. et al.: Implications of the funtional anatomy of the hand and forearm of Ailurus fulgens (Carnivore, Ailuridae) for the evolution of the 'false-thumb' in pandas. In: J.Anat. No. 209, S. 757 – 764, Anatomical Society of Great Britain and Ireland, London, 2006

Fischer R. E. et al.: The phylogeny of the red panda (Ailurus fulgens): evidence from the hindlimb. In: J.Anat. No. 213, S. 607 – 628, Anatomical Society of Great Britain and Ireland, London, 2008

Förster H., Kattmann U.: Bambus fressender Harlekin. In: Unterricht Biologie, Heft Nr. 222, S. 42 – 48, Seelze, 1997

Salesa M. et al.: Evidence of a false thumb in a fossil carnivore clarifies the evolution of pandas. In: PNAS, Vol. 103 No. 2 S. 379 – 382, Washington D.C., 2006

Walory M. et al.: Fit fürs Abi – Aufgabentrainer. S. 76 – 79 Schroedel Verlag, Hannover, 2000

http://hopsea.mnhn.fr/pc/thesis/Diploma_Hartmann_2004.pdf

http://schuetz.sc.ohost.de/Biologie/Evolution/DNA-Hybridisierung.pdf

http://www.morgenpost.de/printarchiv/wissen/article335676/Fossilienfund_klaert_Stammbaum_der_Pandas.html

7 Original-Prüfungsaufgaben

Thema I: Der Spitzahorn

Bäume der Gattung Ahorn sind in Europa weit verbreitet. Außer in Berg- und Schluchtwäldern kommen sie in Niedersachsen häufig in Mischwäldern vergesellschaftet mit Rotbuchen vor. Spitz- und Bergahorn sind durch ihre Fotosyntheseleistung als Produzenten wichtige Bestandteile des Ökosystems Wald. Sie haben wegen ihres hellen und harten Holzes wirtschaftliche Bedeutung als edles Bauholz und werden daher forstwirtschaftlich genutzt. Auffallend ist die schöne Herbstfärbung mancher Ahornbäume, weswegen sie auch in Städten und auf Pausenhöfen gepflanzt werden.
In den folgenden Aufgaben sollen Sie sich mit stoffwechselbiologischen und ökologischen Aspekten im Zusammenhang mit dem Spitzahorn auseinandersetzen.

Aufgabenstellung

1 **Morphologische und stoffwechselphysiologische Aspekte von Ahornbäumen**

1.1 Beschreiben Sie den Aufbau eines Chloroplasten.

1.2 Deuten Sie die Beobachtungen in M1 für jeden Versuchsansatz.

1.3 Vergleichen Sie die Querschnitte der beiden Blatttypen A und B des Spitzahorns anhand von M2 a.

1.4 Skizzieren Sie unter Verwendung von M2 b den möglichen Kurvenverlauf der CO_2-Aufnahme des Blatttyps B (M2 a).
Begründen Sie die Abweichungen der CO_2-Aufnahme von Blatttyp B zu der von Blatttyp A bei den Lichtintensitäten von 0 und 800 relativen Einheiten sowie die unterschiedlichen Lichtintensitäten, bei denen die messbare Kohlenstoffdioxid-Aufnahme jeweils gleich null ist (M2 b).

2 **Ökologische Aspekte von Ahornbäumen**

2.1 Beschreiben Sie das in M3 dargestellte Ökogramm des Spitzahorns.

2.2 Werten Sie M4 dahingehend aus, wie sich auf einer Versuchsfläche ein Mischbestand aus gleich alten Bäumen des Spitzahorns und der Rotbuche vom Jugendstadium bis zum ausgewachsenen Wald entwickeln könnte.

Material

M1 Verschränkung zwischen lichtabhängiger und lichtunabhängiger Reaktion

Zur Ermittlung der Zusammenhänge zwischen lichtabhängiger Reaktion und lichtunabhängiger Reaktion wurde folgende Versuchsreihe durchgeführt:
Man hat intakte Chloroplasten isoliert und diese aufgebrochen. Aus diesem Gemisch wurden die einzelnen Bestandteile isoliert und nach dem folgenden Schema in drei Ansätzen neu kombiniert.

Ansatz	Licht	CO_2	$NADP^+$ + ADP + P_i	NADPH + H^+ + ATP	isolierte Thylakoide	Stroma mit darin enthaltenen Enzymen	Stroma ohne darin enthaltenen Enzymen	Beobachtungen
1	+	+	+	–	+	–	+	keine Bildung von Glucose
2	–	+	–	+	–	+	–	Bildung von Glucose
3	+	+	+	–	+	+	–	Bildung von Glucose

Hinweis: + bedeutet „im Ansatz vorhanden" – bedeutet „nicht im Ansatz vorhanden"

Vom Niedersächsischen Kultusministerium verändert aus:
Kunsch, K.: Autotrophie der Organismen. Gustav Fischer Verlag, Stuttgart 1989, S. 65.

M2 Zwei Blatttypen des Spitzahorns
M2 a Blattquerschnitte der beiden Blatttypen

Blatttyp A:

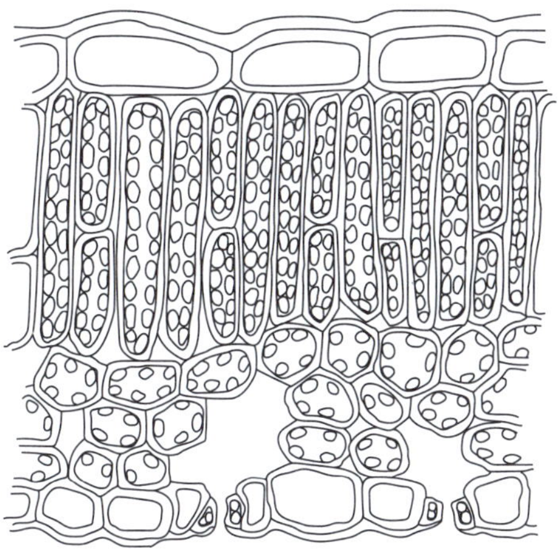

Blatttyp B:

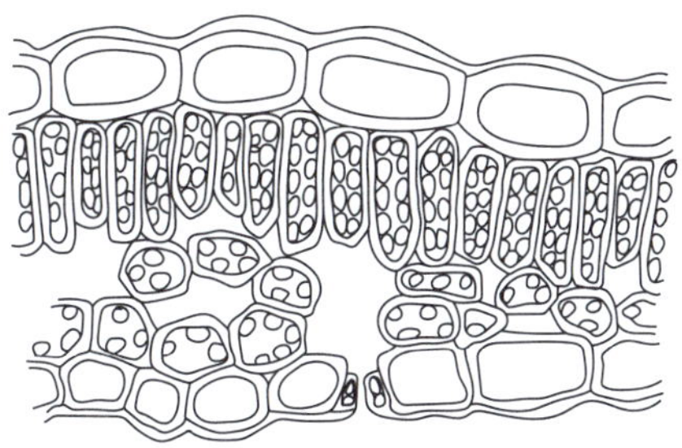

Darstellung des Blattquerschnitts von Blatttyp A und B eines Spitzahorns.
Vom Niedersächsischen Kultusministerium (Zentralabiturkommission 2019) erstellt.

Die Abbildung M2 a zeigt jeweils eine schematische Darstellung des Blattquerschnitts von Blatttyp A und B eines Spitzahorns (*Acer platanoides*). Blatttyp A weist pro Fläche eine größere Zahl an Spaltöffnungen auf. Vakuolen sind in den Skizzen zur Vereinfachung nicht dargestellt.

M2 b Kohlenstoffdioxidaufnahme des Blatttyps A

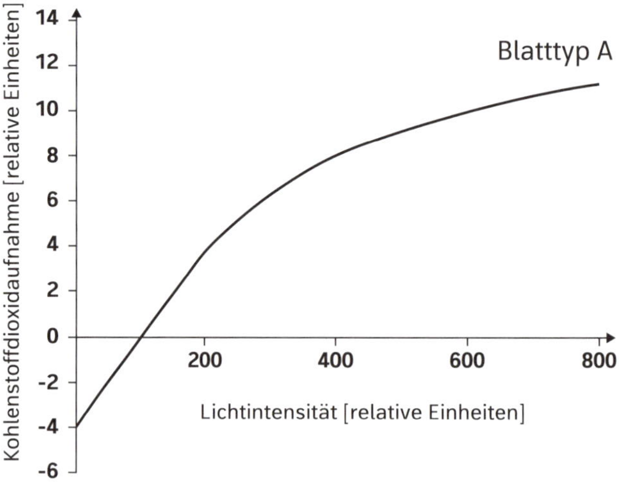

Hinweis:
Übernehmen Sie für die Skizze das nebenstehende Diagramm auf Ihren Klausurbogen und vervollständigen Sie es.

Vom Niedersächsischen Kultusministerium verändert aus: Eisinger, K.: Photosyntheseleistung von Stadtpflanzen. In: Ver.Zool.-Bot.Ges. 133 (1996), S. 103.

M3 Ökogramm des Spitzahorns (*Acer platanoides*)

Das Wachstum des Spitzahorns wurde für die abiotischen Faktoren Bodenfeuchte und Säuregrad des Bodens untersucht. Das Ökogramm stellt das Wachstum dieser Art in künstlichen Reinbeständen ohne Konkurrenz dar.

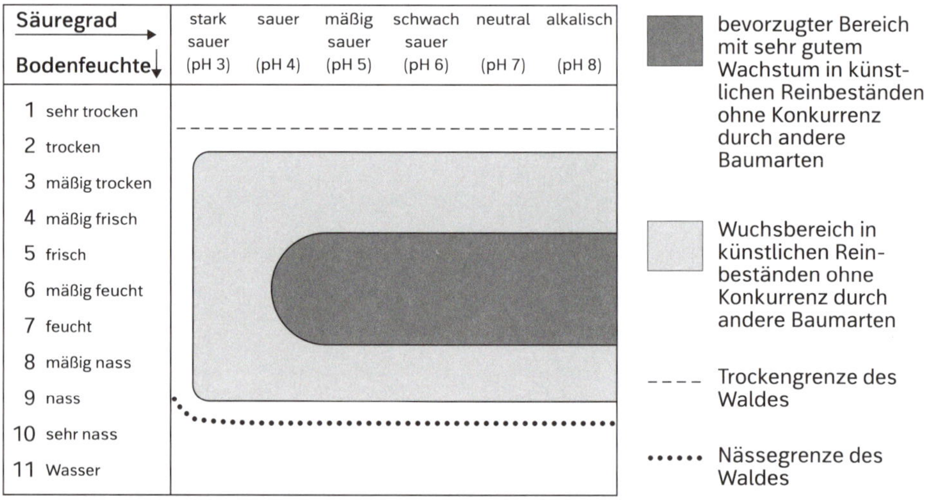

Vom Niedersächsischen Kultusministerium verändert aus: Bartsch, N., Röhrig, E.: Waldökologie – Einführung für Mitteleuropa. Springer-Verlag, Berlin & Heidelberg 2016, S. 71.

M4 Versuch zur Konkurrenz von Spitzahorn und Rotbuche

Zu Beginn des Langzeitversuches wurden Jungpflanzen von Spitzahorn und Rotbuche etwa gleicher Wuchshöhe auf einer ebenen Versuchsfläche so gepflanzt, dass jeweils Pflanzen von Spitzahorn und Rotbuche in gleichmäßigen Abständen in Nachbarschaft standen. Die Versuchsfläche wurde gegen Wildverbiss durch einen Zaun gesichert. In den ersten Jahren des Versuchs wurden hoch wachsende Wildkräuter entfernt. Der Boden der Versuchsfläche ist schwach sauer, mäßig feucht und enthält ausreichend Mineralsalze. Sowohl der Spitzahorn als auch die Rotbuche haben bei diesen Bedingungen ein gutes Wachstum in künstlichen Reinbeständen. Beide Baumarten zeigen zudem ein rasches Wachstum in der Jugendphase und ein langsames Wachstum im Alter.

Legende:
1: sehr niedrig ..., 2: niedrig ..., 3: mittel ..., 4: stark ..., 5: sehr stark ... ausgeprägt

Einige Eigenschaften, die die Konkurrenz zwischen Baumarten beeinflussen können	Rotbuche	Spitzahorn
1) Spätfrosttoleranz (Toleranz des Jungwuchses gegenüber Spätfrösten im Frühjahr)	2	4
2) Schatten-Toleranz (Toleranz gegenüber Schatten- und Lichtmangel)	5	3
3) Fähigkeit, durch ihre Baumkrone Schatten zu erzeugen	5	3
4) Höhenwuchs	5	4

Vom Niedersächsischen Kultusministerium zusammengestellt und verändert aus:
Otto, H.-J.: Waldökologie. Verlag Eugen Ulmer, Stuttgart 1994, S. 73.

Hilfsmittel

Taschenrechner

Lösungen

1.1 Beschreiben Sie den Aufbau eines Chloroplasten. (9 Punkte AFB I).

Allgemeine Lösungshinweise: Hierbei geht es um reine Reproduktion und somit um den Anforderungsbereich I. Die Lösung der Aufgabe kann sowohl in Form eines Textes als auch in Form einer Zeichnung erfolgen. Beispiel für eine Zeichnung:

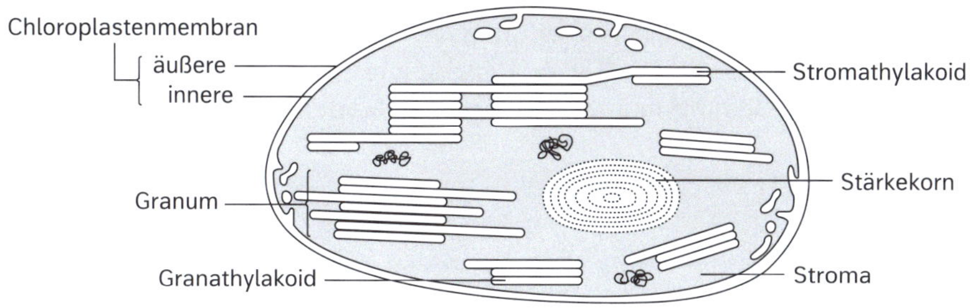

1.2 Deuten Sie die Beobachtungen in M1 für jeden Versuchsansatz. (12 Punkte AFB II).

Allgemeine Lösungshinweise: Für die Aufgabe 1.2 benötigt man Grundkenntnisse zum Ablauf der Fotosynthese. Erfahrungsgemäß besteht die Gefahr, das Material an folgender Stelle misszuverstehen: Ein Minuszeichen bedeutet „im Ansatz nicht vorhanden". Die entsprechenden Moleküle können aber möglicherweise während des Versuchs gebildet werden und stehen dann für weitere Reaktionen zu Verfügung (s. NADPH + H^+ + ATP in Ansatz 1). Achten Sie darauf, dass Sie das Material nicht falsch deuten. Für die Bearbeitung der Aufgabe empfiehlt es sich, die Ansätze der Reihe nach abzuarbeiten und jeweils daraufhin zu untersuchen, welche Teilreaktionen der Fotosynthese möglich sind.

In Ansatz 1 kann die lichtabhängige Reaktion ablaufen, es kann also NADPH + H^+ und ATP hergestellt werden. Glukose wird jedoch nicht gebildet, denn die lichtunabhängige Reaktion kann nicht stattfinden. Hierfür fehlen im Ansatz die notwendigen Enzyme.
In Ansatz 2 verhält es sich anders. Hier kann die lichtabhängige Reaktion nicht stattfinden, da kein Licht zur Verfügung gestellt wird. Da die Produkte der lichtabhängigen Reaktion (NADPH, H^+ und ATP) sowie die zur Glukose-Bildung notwendigen Enzyme im Ansatz enthalten sind, kann die lichtunabhängige Reaktion jedoch ablaufen. So entsteht Glukose, ohne dass Thylakoide und Licht erforderlich sind.
Auch in Ansatz 3 wird Glukose gebildet. Durch Zugabe von Licht, CO_2, $NADP^+$, ADP und P_i sowie Thylakoide erfolgt die lichtabhängige Reaktion. Im Anschluss daran kann die lichtunabhängige Reaktion erfolgen, da Stroma mit den nötigen Enzymen vorhanden ist.

1.3 Vergleichen Sie die Querschnitte der beiden Blatttypen A und B des Spitzahorns anhand von M2 a. (6 Punkte AFB I, 6 Punkte AFB II).

Allgemeine Lösungshinweise: Bei dieser Aufgabe lassen sich die einzelnen Aspekte der Lösung alle im Material finden. Grundwissen zum Bau von Sonnen- und Schattenblättern ist hilfreich, da man die Unterschiede und Gemeinsamkeiten auf dieser Grundlage schneller erkennt. Der Anforderungsbereich II ergibt sich aus der Strukturierung des Vergleichs hinsichtlich der Gemeinsamkeiten und Unterschiede.
Zu den Gemeinsamkeiten zählen eine einschichtige obere und untere Epidermis, eine Cuticula, ein Palisadengewebe mit großer Chloroplastenanzahl, ein mehrschichtiges Schwammgewebe mit geringer Chloroplastenanzahl und Spaltöffnungen in der unteren Epidermis.
Die Unterschiede sind: Ein insgesamt dickeres Blatt bei Blatttyp A als bei Blatttyp B, längere Zellen des Palisadengewebes bei Blatttyp A als bei Blatttyp B, bei Blatttyp A zudem teilweise zweischichtig, ein stärker ausgeprägtes Schwammgewebe bei Typ A als bei Typ B und mehr Spaltöffnungen in der unteren Epidermis von Typ A.

1.4 Skizzieren Sie unter Verwendung von M2 b den möglichen Kurvenverlauf der CO_2-Aufnahme des Blatttyps B (M2 a).
Begründen Sie die Abweichungen der CO_2-Aufnahme von Blatttyp B zu der von Blatttyp A bei den Lichtintensitäten von 0 und 800 relativen Einheiten sowie die unterschiedlichen Lichtintensitäten, bei denen die messbare Kohlenstoffdioxid-Aufnahme jeweils gleich null ist (M2 b). (6 Punkte AFB II für die Grafik, 12 Punkte AFB II).

Allgemeine Lösungshinweise: Es geht hier um die Funktion von Sonnen- und Schattenblättern, die aus dem Unterricht bekannt sein sollte. Ist dies der Fall, so lässt sich die Aufgabe im Prinzip wie eine Reproduktionsaufgabe bearbeiten. Erwartet wird eine Darstellung der typischen CO_2-Bilanz von Sonnen- und Schattenblättern sowie eine Begründung der wesentlichen Punkte in den jeweiligen Kurven.

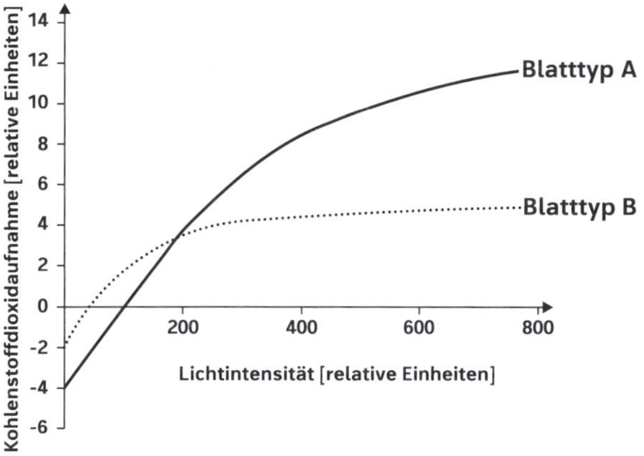

Bei einer Lichtintensität von 0 relativen Einheiten kann keine Fotosynthese betrieben werden. Beide Pflanzen geben CO_2 ab, da sie Zellatmung betreiben. Die geringere Anzahl an Zellen pro Blattfläche bei Blatttyp B führt dazu, dass relativ wenig CO_2 abgegeben wird im Vergleich zu Blatttyp A. Den Punkt, bei der die CO_2-Bilanz gleich 0 ist, bezeichnet man als Lichtkompensationspunkt. Fotosyntheserate und Zellatmungsrate entsprechen sich. Bei Blatttyp B wird der Lichtkompensationspunkt bei einer geringeren Lichtintensität erreicht als bei Blatttyp A, da Blatttyp B weniger Zellen pro Blattfläche enthält. Bei einer Lichtintensität von 800 relativen Einheiten laufen die an der Fotosynthese beteiligten Reaktionen bei Blatt B mit höchster Intensität. Dennoch ist die CO_2-Aufnahme bei dieser Lichtintensität bei Blatttyp B wesentlich geringer als bei Blatttyp A, da, Blatttyp B pro Blattfläche weniger Zellen und damit auch weniger Chloroplasten enthält als Blatttyp A.

2.1 Beschreiben Sie das in M3 dargestellte Ökogramm eines Spitzahorns. (8 Punkte AFB I).

Allgemeine Lösungshinweise: Die Aufgabe kann gelöst werden, ohne dass weitere Kenntnisse herangezogen werden. Es ist sinnvoll, zunächst zu beschreiben, was allgemein in dem Ökogramm dargestellt wird, um dann genauer auf die verschiedenen Wuchsbereiche einzugehen.

Das Ökogramm stellt den Wuchsbereich sowie den bevorzugten Bereich mit sehr gutem Wachstum des Spitzahorns in künstlichen Reinbeständen ohne Konkurrenz durch andere Baumarten hinsichtlich des Säuregrads (horizontale Achse) und der Bodenfeuchte (vertikale Achse) dar. Der Spitzahorn wächst demnach auf stark saurem bis alkalischem und trockenem bis nassem Boden. Ein sehr gutes Wachstum weist er bei einem Säuregrad von sauer bis alkalisch und einer Bodenfeuchte von frisch bis feucht auf.

2.2 Werten Sie M4 dahingehend aus, wie sich auf einer Versuchsfläche ein Mischbestand aus gleich alten Bäumen des Spitzahorns und der Rotbuche vom Jugendstadium bis zum ausgewachsenen Wald entwickeln könnte. (4 Punkte AFB II, 12 Punkte AFB III).

Allgemeine Lösungshinweise: Alle für die Lösung relevanten Informationen sind im Material enthalten. Sie müssen genau ausgewertet werden und miteinander in Beziehung gesetzt werden.

Die im Versuch gegebenen Bedingungen (Säuregrad, Bodenfeuchte und Mineralsalzgehalt) bieten sowohl für den Spitzahorn als auch für die Rotbuche gute Bedingungen für das Wachstum in künstlichen Reinbeständen. In den ersten Lebensjahren ist für beide Baumarten genügend Licht vorhanden, sodass sie schnell wachsen können. Nach einiger Zeit jedoch ergibt sich ein Vorteil für die Rotbuche. Ihr Höhenwuchs ist stärker ausgeprägt und nimmt dem Spitzahorn mit dem Baumkrone Licht. Der dadurch für den Spitzahorn entstandene Nachteil wird dadurch verstärkt, dass diese Baumart eine geringere Schattentoleranz aufweist als die Rotbuche. Der Umweltfaktor „Licht“ hat also eine limitierende Funktion für das Wachstum des Spitzahorns. Hinsichtlich der Spätfröste ist hingegen der Spitzahorn zumindest in den ersten Jahren toleranter als die Rotbuche, er ist somit im Vorteil und möglicherweise zunächst in größerer Anzahl vorhanden.

Thema II: Herkunft und Gesundheit des Menschen

Der moderne Mensch, *Homo sapiens*, ist die einzige verbliebene Art innerhalb seiner Gattung. Fortbewegungsweise, das Ausmaß sozialer Interaktion und relative Gehirngröße sind nur einige der vielen hervorstechenden Merkmale dieser Art. Der moderne Mensch beeinflusst die Biosphäre stark. Seinerseits ist er jedoch ihren Einflüssen ebenfalls ausgesetzt. So können z. B. über die Nahrung Bakterien in den menschlichen Darm gelangen, die das Immunsystem des Menschen alarmieren und damit aktivieren. Im Folgenden sollen Sie sich mit evolutionsbiologischen und immunbiologischen Aspekten beim Menschen auseinandersetzen.

Aufgabenstellung

1 Aspekte biologischer und kultureller Evolution des Menschen

1.1 Beschreiben Sie anhand von M1 den Ablauf der Stammesgeschichte des *Homo sapiens* ausgehend von der Art *Homo ergaster* unter Berücksichtigung der Zeitspanne, in der die Art nachgewiesen ist.

1.2 Erläutern Sie die in M2 genannten Angepasstheiten von *Proconsul africanus* und *Homo sapiens* im Hinblick auf die jeweilige Lebensweise.

1.3 Analysieren Sie M3 und M4 im Hinblick auf Selektionsvorteile und den Wegfall von Selektionsnachteilen infolge der Nahrungszubereitung durch Garen bei der Gattung Homo im Vergleich zur Gattung Australopithecus.

2 Immunbiologische Aspekte

2.1 Beschreiben Sie ganz allgemein die Vorgänge bei der humoralen Immunabwehr beginnend mit der Aktivierung der T-Helferzellen bis zur Bildung der Antigen-Antikörper-Komplexe.

2.2 Erläutern Sie anhand von M5 a und M5 b, wie die Wanderungsbewegung der Fresszellen und der Abbau der Erreger nach Infektion durch Campylobacter ausgelöst werden.

2.3 Begründen Sie anhand von M5 a und M6, warum der Krankheitsverlauf in vielen Ländern mit niedrigem hygienischen Standard trotz einer starken Durchseuchung mit Campylobacter häufig weniger heftig ist als in Ländern mit hohem hygienischen Standard.

Material

M1 Stammesgeschichte des Menschen

Hinweis:
Die Balkenlänge der folgenden Darstellung entspricht der Zeitspanne, in der die Art nachgewiesen ist: Schraffierte Balken repräsentieren die Gattung Homo, schwarze Balken die Gattung Australopithecus. In der Darstellung wird die aktuell gültige Bezeichnung *Australopithecus habilis* für die frühere Bezeichnung *Homo habilis* verwendet.

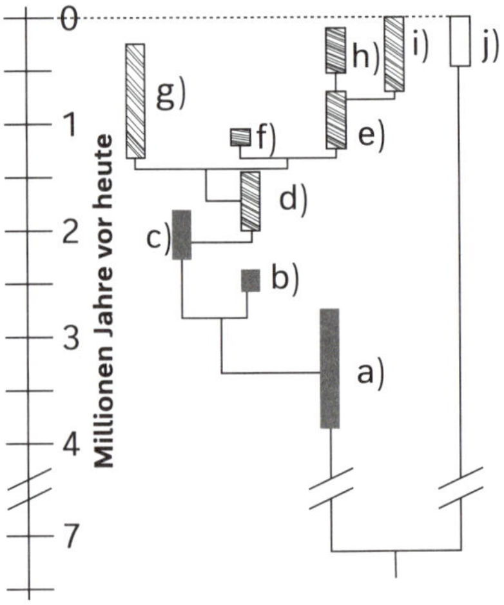

a) *Australopithecus afarensis*
b) *Australopithecus garhi*
c) *Australopithecus habilis*
d) *Homo ergaster*
e) *Homo heidelbergensis*
f) *Homo antecessor*
g) *Homo erectus*
h) *Homo neanderthalensis*
i) *Homo sapiens*
j) *Schimpanse*

Vom Niedersächsischen Kultusministerium zusammengestellt und verändert aus:
Henke, W., Rothe, H.: Menschwerdung. S. Fischer Verlag, S. 129.
http://www.spektrum.de/news/erstes-schimpansenfossil/78795 (zuletzt abgerufen am 19.08.2018)

M2 Proconsul und Mensch

Proconsul africanus ist ein früher Menschenaffe. Er lebte zwischen 21 bis 14 Millionen Jahre vor heute auf dem Vorläufer des afrikanischen Kontinents. Mit seiner Körpermasse von ca. 20 kg war er etwas kleiner als der heutige Schimpanse, bewegte sich aber wie dieser fort und lebte kletternd auf Bäumen. Die Gattung Homo zeichnet sich innerhalb der Primaten u. a. durch die besondere Fortbewegung und die außergewöhnliche Geschicklichkeit der Hände aus. Diese Eigenschaften werden durch Angepasstheiten im Skelettbau ermöglicht.

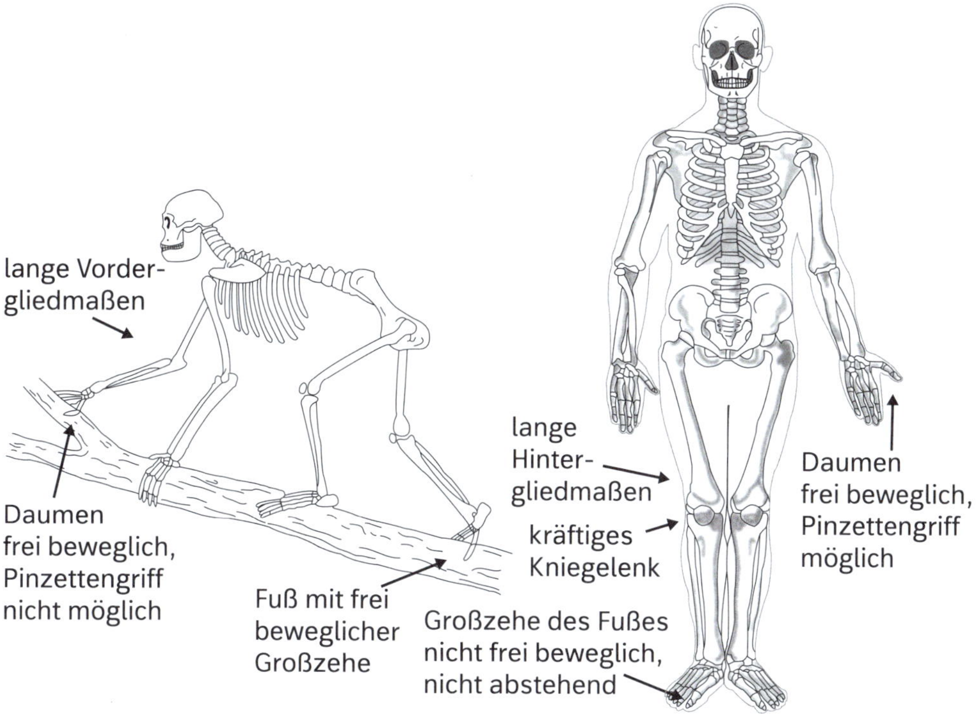

Vom Niedersächsischen Kultusministerium verändert aus:
Storch, S., Welsch, U., Wink, M.: Evolutionsbiologie. Springer-Verlag, Berlin 2007, S. 443 und 478. https://en.wikipedia.org/wiki/File:Human_skeleton_front_no-text_no-color.svg. (zuletzt abgerufen am 19.08.2018).

M3 Verdaulichkeit von Nährstoffen

Säugetiere, wie auch der Mensch, nehmen die in der Nahrung enthaltenen Nährstoffe über die Dünndarmwand auf. Nährstoffe, die den Dünndarm passiert haben, können danach nicht mehr aufgenommen werden und werden ausgeschieden. Um die Verwertbarkeit verschiedener Nahrungsmittel zu ermitteln, wurde experimentell der jeweilige prozentuale Anteil des gegessenen Nährstoffs bestimmt, der im Dickdarm ankommt.

	Anteil des noch vorhandenen Nährstoffs im Dickdarm
ungekochte Stärke	29 %
gekochte Stärke	5 %
rohes Protein	35 %
gekochtes Protein	9 %

Vom Niedersächsischen Kultusministerium zusammengestellt und verändert aus:
Wrangham, R.: Feuer fangen. Wie uns das Kochen zum Menschen machte – [...]. Deutsche Verlags-Anstalt, 2009, S. 69.

M4 Vergleich von Australopithecus und Homo

Mit der Zunahme der Körperlänge beim Übergang von der Gattung Australopithecus zur Gattung Homo kam es zu einer überproportionalen Vergrößerung des Gehirns. Die Größe des Darms veränderte sich nicht. Dies wird durch folgende Daten gestützt:

	Australopithecus	Homo
Nahrung	nur pflanzliche und tierische Rohkost	überwiegend mit Hitze zubereitete pflanzliche und tierische Speisen
Gehirnvolumen [ccm]	390 – 700	750 – 2000
Energiebedarf des Gehirns [Watt]	3,9	15,5
Energiebedarf des Darms [Watt]	14	14
Kaufläche der Zähne	groß	klein
Kaumuskulatur	stark	schwach

Vom Niedersächsischen Kultusministerium zusammengestellt und verändert aus:

Wrangham, R.: Feuer fangen. Wie uns das Kochen zum Menschen [...]. Deutsche Verlags-Anstalt, 2009, S. 50 u. 69.

Roberts, A.: Die Anfänge der Menschheit. Dorley Kindersley Verlag, London 2011, S. 79 – 165.

Aiello, L., Wheeler, P.: The Expensive-Tissue [...] Primate Evolution. In Current Anthropology (36), Number 2, (1995), S. 204.

M5 Campylobacter

M5 a Allgemeine Informationen zu Campylobacter

Bakterien der Gattung Campylobacter besiedeln den Verdauungstrakt vieler Haustiere, z. B. den von Geflügel. Über Nahrung, z. B. rohes Geflügelfleisch oder verschmutztes Wasser, können sie vom Menschen aufgenommen werden und in seinen Darm gelangen. Innerhalb von 1 bis 5 Tagen nach Infektion kann es zu wässrig-blutigen Durchfällen mit Fieber und starkem Krankheitsgefühl kommen.

Die Bakterien geben u. a. das Gift CDT ab, das zu Zellschäden beim Menschen führt. Mit CDT angegriffene Zellen produzieren den Botenstoff Interleukin-8 (IL-8), den sie an die Körperflüssigkeit absondern. Fresszellen des Immunsystems haben IL-8-Rezeptoren. Ein erhöhter Ca^{2+}-Ionenspiegel im Zellplasma der Fresszellen (M5 b) führt zu einer aktiven Wanderung der Fresszellen auf die IL-8-Quelle zu. Durch die hohe Konzentration an Ca^{2+}-Ionen werden die Fresszellen auch zur Phagocytose angeregt. Die Erkrankung dauert bis zu 10 Tagen an und klingt dann wieder von alleine ab. Antikörper gegen Campylobacter-Antigene werden innerhalb von wenigen Monaten abgebaut. Eine dauerhafte Immunität gegen Infektionen mit Campylobacter kann daher nicht erworben werden.

Vom Niedersächsischen Kultusministerium zusammengestellt und verändert aus:

Bauerfeind, R.: Campylobacter [...]. In: Selbitz, H.-J. et al (Hrsg.): Tiermed. Mikrobiologie [...], Enke Stuttgart, 2015, S.157.

Hickey, T. E. et al.: Campylobacter jejuni Cytolethal Distending Toxin Mediates Release of Interleukin-8 from Intestinal Epithelial Cells. In: Infection and Immunity 68 (2000), S. 6535 – 6541.

M5b Signaltransduktion von Interleukin-8 bei Fresszellen

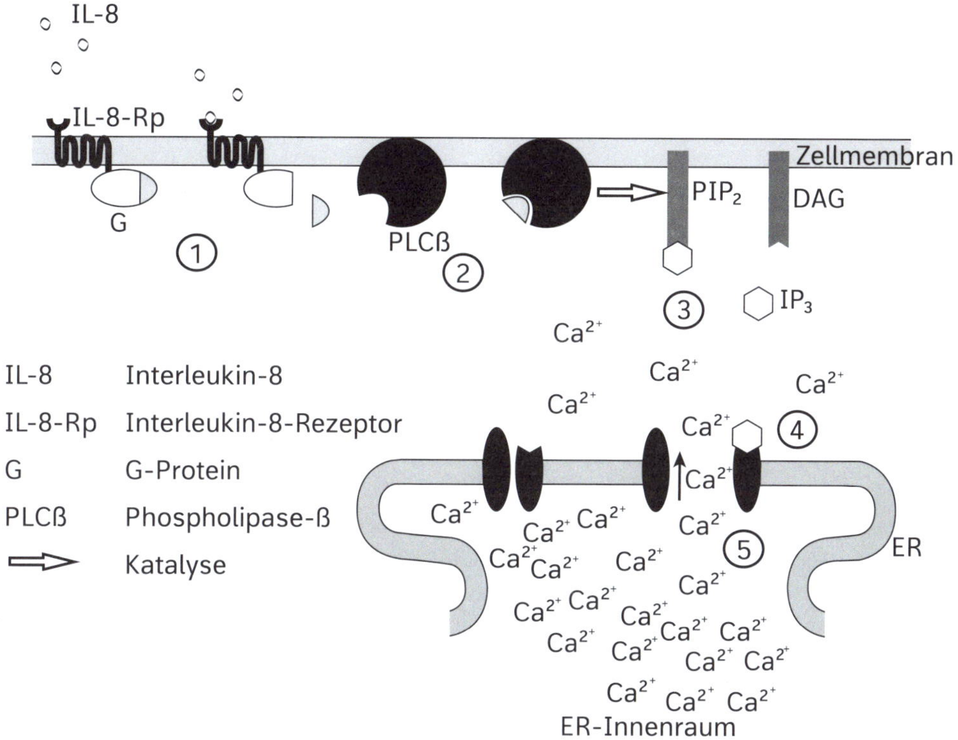

Vom Niedersächsischen Kultusministerium zusammengestellt und verändert aus:

Backert, S. et al.: Human campylobacteriosis. In Klein, G. (Hrsg.): Campylobacter Features, Detection, and Prevention of Foodborne Disease Verlag Elsevier, Amsterdam 2017, S. 10.

Panigrahi, P. et al.: Human Immune Response to [...]. In Vivo. In: Infection and Immunity 11 (1992), S. 4942.

Hickey, T. E. et al.: Campylobacter jejuni Cytolethal Distending Toxin Mediates Release of Interleukin-8 from Intestinal Epithelial Cells. In: Infection and Immunity 68 (2000), S. 6535 – 6541.

Zeilhofer, H. U. Schorr, W.: Role of [...] signaling. In: Current Opinion in Hermatology 7 (2000) S. 178 – 182.

M6 Campylobacter-Erkrankungen

In Ländern mit hohem hygienischen Standard ist Campylobacter eine der häufigsten Ursachen für Durchfallerkrankungen, besonders bei Erwachsenen. Dabei sind im Verdauungstrakt von Menschen kaum Antiköper nachzuweisen. In Ländern mit niedrigem hygienischen Standard lässt sich das Bakterium bei Kindern mit und ohne Durchfallerkrankung sehr oft nachweisen. In Ländern mit hohem hygienischen Standard sind blutiger Durchfall und Fieber normale Begleiterscheinungen einer Campylobacterinfektion während in Ländern mit niedrigem hygienischen Standard derartig schwere Krankheitsverläufe nach einer Infektion selten sind.

Der Antikörpergehalt im Blutserum bei 4-jährigen Kindern aus Bangladesch ist achtmal höher als bei US-amerikanischen Kindern.

Vom Niedersächsischen Kultusministerium verändert aus:

Blaser, M. et al.: Campylobacter jejuni-Specific Serum Antibodies Are Elevated in Healthy Bangladeshi Children. In: Journal of Clinical Microbiology 2 (1985), S. 164 – 167.

Hilfsmittel

Taschenrechner

Lösungen

1.1 Beschreiben Sie anhand von M1 den Ablauf der Stammesgeschichte des Homo sapiens ausgehend von der Art Homo ergaster unter Berücksichtigung der Zeitspanne, in der die Art nachgewiesen ist. (15 Punkte AFB I).

Allgemeine Lösungshinweise: Da es sich bei dieser Aufgabe um eine reine Beschreibung handelt, sind keine zusätzlichen Kenntnisse erforderlich. Der in der Aufgabenstellung genannte Teil des Stammbaums soll möglichst genau wiedergegeben werden.

Homo ergaster lebte in der Zeitspanne von vor 2 Millionen Jahren bis vor 1,5 Millionen Jahren. Vor ca. 1,7 Millionen Jahren spalteten sich gleichzeitig der Vorfahre von *Homo erectus* und der gemeinsame Vorfahre von *Homo antecessor* und *Homo heidelbergensis* von dieser Entwicklungslinie ab. Die Existenz von *Homo erectus* ist in der Zeitspanne von vor ca. 1,4 bis vor ca. 0,2 Millionen Jahren nachgewiesen, *Homo antecessor* lebte von vor ca. 1,2 Millionen Jahre bis vor ca. einer Million Jahre. Sowohl *Homo erectus* als auch *Homo antecessor* starben dann aus. *Homo heidelbergensis* lebte von vor ca. 1,2 bis vor ca. 0,7 Millionen Jahren. Seine Entwicklungslinie endete jedoch nicht, er ist der Vorfahre sowohl von *Homo neanderthalensis* als auch von *Homo sapiens*. *Homo neanderthalensis* existierte von vor ca. 0,6 bis vor ca. 0,2 Millionen Jahren. *Homo sapiens* gibt es seit ca. 0,7 Millionen Jahren.

1.2 Erläutern Sie die in M2 genannten Angepasstheiten von Proconsul africanus und Homo sapiens im Hinblick auf die jeweilige Lebensweise. (12 Punkte AFB II).

Allgemeine Lösungshinweise: Bei dieser Aufgabe sollte das Material sorgfältig ausgewertet werden. Die im Material genannten Aspekte sollen laut Aufgabenstellung im Hinblick auf die Lebensweise erläutert werden. Hierbei geht es jedoch in erster Linie um die Fortbewegung und die Feinmotorik der verschiedenen Arten.

Proconsul africanus weist mehrere Merkmale auf, die ihm die Fortbewegung auf Bäumen erleichterten. So hatte er lange Vordergliedmaßen, mit denen er von Ast zu Ast hangeln konnte, einen frei beweglichen Daumen, der zwar keinen Pinzettengriff, aber einen sicheren Halt im Geäst ermöglichte und einen Fuß mit frei beweglicher Großzehe, die auch diesem Zweck diente.
Zur Angepasstheit von *Homo sapiens* sind folgende Aspekte zu nennen. Die langen Hintergliedmaßen ermöglichen die zweifüßige Fortbewegungsweise. Das kräftige

Kniegelenk hält dem gesamten Körpergewicht stand und ist somit von Vorteil für den aufrechten Gang. Auch die nicht frei bewegliche und nicht abstehende Großzehe des Fußes ist für den aufrechten Gang vorteilhaft, da so das Abrollen des Fußes erleichtert wird. Die Hände werden zur Fortbewegung nicht benötigt und stehen somit für andere Tätigkeiten zur Verfügung. Da der Daumen frei beweglich ist, wird der Pinzettengriff möglich, die Feinmotorik wird verbessert.

1.3 *Analysieren Sie M3 und M4 im Hinblick auf Selektionsvorteile und den Wegfall von Selektionsnachteilen infolge der Nahrungszubereitung durch Garen bei der Gattung Homo im Vergleich zur Gattung Australopithecus. (4 Punkte AFB II, 11 Punkte AFB III).*

Allgemeine Lösungshinweise: M3 bildet bei dieser Aufgabe die Grundlage der Bearbeitung. Mit dem Wissen, dass durch Garen von Nahrung die Nährstoffe leichter zugänglich gemacht werden, lassen sich aus M4 relativ einfach Selektionsvorteile für Homo ableiten.

M3 zeigt, dass sowohl Stärke als auch Proteine im gekochten Zustand zu einem höheren Anteil vom Körper aufgenommen werden können als im rohen Zustand. Hieraus ergab sich ein Selektionsvorteil für die Gattung Homo gegenüber der Gattung Australopithecus, da Homo durch das Garen der Speisen die Energiezufuhr erhöhte. So konnte er beispielsweise den hohen Energiebedarf des im Vergleich zu Australopithecus größeren Gehirns decken. Dies führte zu einer Weiterentwicklung der kognitiven Fähigkeiten, was wiederum einen Selektionsvorteil darstellte.
Der Energiebedarf des Darms war bei Australopithecus und bei Homo gleich. Da Homo jedoch durch die Aufnahme erhitzter Speisen mehr Energie zu Verfügung stand, war er im Vorteil.
Die kleinen Zähne und die schwach ausgebildete Kaumuskulatur waren für die Gattung Homo kein Nachteil, da gekochte Nahrung einfacher zerkleinert werden kann als Rohkost.

2.1 *Beschreiben Sie ganz allgemein die Vorgänge bei der humoralen Immunabwehr beginnend mit der Aktivierung der T-Helferzellen bis zur Bildung der Antigen-Antikörperkomplexe. (8 Punkte AFB I).*

Allgemeine Lösungshinweise: Die Aufgabe ist dem AFB I zugeordnet, es geht um Reproduktion von im Unterricht behandeltem Stoff. Hierbei sollten Sie jedoch genau auf die Fachsprache achten. Das Kultusministerium erwartet zur vollständigen Lösung der Aufgabe folgende Aspekte:

T-Helferzellen werden durch Antigen präsentierende Zellen aktiviert und aktivieren nun spezifische B-Zellen. Diese werden umgewandelt zu Antikörper produzierenden B-Zellen. Antikörper werden ausgeschüttet und binden nach dem Schlüssel-Schloss-Prinzip an Antigene, wodurch Antigen-Antikörper-Komplexe entstehen.

2.2 *Erläutern Sie anhand von M5a und M5b, wie die Wanderungsbewegung der Fresszellen und der Abbau der Erreger nach Infektion durch Campylobacter ausgelöst werden. (13 Punkte AFB II).*

Allgemeine Lösungshinweise: Der Operator „erläutern" bedeutet in diesem Fall, dass Informationen aus beiden Materialien zusammengebracht werden müssen, um den Ablauf Signaltransduktion, die zur Wanderungsbewegung der Fresszellen führt, strukturiert darzustellen.

Bakterien der Gattung Campylobacter geben das Gift CDT ab. Zellen, die von CDT angegriffen wurden, bilden den Botenstoff Interleukin-8 (IL-8) und sondern ihn an die Körperflüssigkeit ab. Bindet IL-8 an Rezeptoren von Fresszellen, kommt es zur Aktivierung und Spaltung des G-Proteins im Inneren der Zelle. Eines der Spaltprodukte bindet nun an PLCß, was dadurch aktiviert wird. Das aktivierte PLCß katalysiert die Spaltung von PIP_2 zu IP_3 und DAG. IP_3 bindet an spezifische Rezeptoren der Ca^{2+}-Kanäle des ER, die Kanäle öffnen sich und Ca^{2+}-Ionen diffundieren entlang des Konzentrationsgefälles ins Zellplasma. Der erhöhte Ca^{2+}-Ionen-Gehalt im Zellplasma führt zur aktiven Wanderung der Fresszellen zur Il-8-Quelle und zur Phagocytose.

2.3 *Begründen Sie anhand von M5a und M6, warum der Krankheitsverlauf in vielen Ländern mit niedrigem hygienischen Standard trotz einer starken Durchseuchung mit Campylobacter häufig weniger heftig ist als in Ländern mit hohem hygienischen Standard. (12 Punkte AFB II).*

Allgemeine Lösungshinweise: Wesentlich ist bei dieser Fragestellung der Aspekt, dass die Antikörper gegen Campylobacter nicht dauerhaft erhalten bleiben, sondern immer nur neu gebildet werden müssen. Hieran lässt sich das in der Aufgabenstellung genannte Phänomen erklären.

Die Menschen in Ländern mit hohen hygienischen Standards kommen kaum in Kontakt mit Campylobacter. Da die Antikörper gegen Campylobacter innerhalb weniger Monate abgebaut werden, besteht kein dauerhafter Immunschutz. Bei einer Infektion kommt es somit zu relativ heftigen Krankheitssymptomen.
In Ländern mit schlechten hygienischen Standards ist die Durchseuchungsrate mit Campylobacter hoch, da die Erreger über verunreinigte Nahrung oder verunreinigtes Trinkwasser aufgenommen werden. Das bedeutet, dass Menschen immer wieder mit Campylobacter in Kontakt kommen, es werden immer wieder neue Antikörper gebildet. Die Krankheitsverläufe sind hierdurch milder oder die Krankheitssymptome treten gar nicht erst auf.

Thema I: Bienen in Gefahr

Sprechen wir von Bienen, dann meinen wir meistens die Westliche Honigbiene, die seit mehreren Tausend Jahren zur Gewinnung von Honig genutzt wird. Tatsächlich gibt es aber allein in Deutschland etwa 580 Bienenarten. Für die Landwirtschaft stellen die Bienen als Bestäuber einen wichtigen Faktor dar. In den letzten Jahren häufen sich allerdings Berichte über vermehrtes Bienensterben. In diesem Zusammenhang wird in großangelegten Forschungsprojekten der Einfluss von Monokulturen und Pestizideinsätzen untersucht. Auch tritt seit etwa 35 Jahren die Varroa-Milbe auf, die nachhaltig die Gesundheit der Bienenvölker schädigt.
Im Folgenden sollen Sie sich mit neurobiologischen, ökologischen und evolutionsbiologischen Aspekten im Zusammenhang mit ausgewählten Bienenarten auseinandersetzen.

Aufgabenstellung

1 Neuro- und evolutionsbiologische Aspekte bei der Bekämpfung der Varroa-Milbe

1.1 Erläutern Sie die Phasen eines Aktionspotenzials am Axon einer Nervenzelle auch anhand einer selbst erstellten und beschrifteten grafischen Darstellung eines Aktionspotenzials in einem Spannungs-Zeit-Diagramm.

1.2 Erklären Sie anhand von M1 und M2 die Wirkungsweise von Flumethrin auf spannungsgesteuerte Na^+-Ionenkanäle am Axon einer Nervenzelle sowie die Auswirkung von Flumethrin auf die Frequenz der Aktionspotenziale in der nachgeschalteten Nervenzelle.

1.3 Analysieren Sie M3 im Hinblick auf Präadaptation.

2 Ökologische Aspekte bei Bienenarten

2.1 Erläutern Sie an je einem selbst gewählten Beispiel, was man unter Parasitismus und Symbiose versteht.

2.2 Ermitteln Sie anhand von M4 die Bedeutung der Westlichen Honigbiene für den Ertrag an Feldfrüchten.

2.3 Werten Sie die Untersuchungsergebnisse in M6 zum Bienensterben im Zusammenhang mit Monokulturen (M5) im Hinblick auf eine zeitliche und eine soziale Falle aus.

3 Evolutionsbiologische Aspekte zur Tanzsprache der Honigbienen

3.1 Stellen Sie anhand von M7 je eine proximate und eine ultimate Erklärung zum zielgerichteten Flug von Bienen zur Futterquelle dar.

3.2 Beschreiben Sie die im Stammbaum in M8 a dargestellten Verwandtschaftsverhältnisse.
Prüfen Sie, inwiefern die Ergebnisse des Basensequenzvergleichs in M8 b diesen Stammbaum (M8 a) stützen oder ihm widersprechen.

Material

M1 Bekämpfung der Varroa-Milbe mit Pestiziden

Die Varroa-Milbe (Varroa destructor) ist ein Brutparasit, der in nahezu allen Honigbienenvölkern in Europa auftritt. Sie gilt als Hauptgrund dafür, dass ganze Völker der Honigbiene absterben. Zur Bekämpfung der Varroa-Milben werden verschiedene chemische Mittel eingesetzt. Eines dieser Pestizide mit dem Wirkstoff Flumethrin wirkt als Nervengift an den spannungsgesteuerten Na^+-Ionenkanälen in der Axonmembran von Nervenzellen der Milben.

Vom Niedersächsischen Kultusministerium verändert aus:
Jungbauer, W. (Hrsg.): Aufgabenhandbuch Biologie, Band 2. Ökologie. Aulis Verlag, Köln 2010, S. 84 – 85.

M2 Experiment zur Auswirkung von Flumethrin auf die Erregungsleitung am Axon und die Erregungsübertragung an den Synapsen

Um die Auswirkungen von Flumethrin (M1) auf die Erregungsleitung an Neuronen zu untersuchen, wurden zwei Neuronen, die über eine Synapse mit Acetylcholin als Neurotransmitter miteinander verbunden sind, isoliert.
In einem Versuch wurde am Axon des Neurons 1 künstlich ein Aktionspotenzial durch Reizung ausgelöst. An der Messstelle A wurden die Konzentration der Na^+-Ionen im Axoninnenraum und an der Messstelle B die Konzentration von Acetylcholin im synaptischen Spalt ermittelt. Des Weiteren wurde am Neuron 2 die Aktionspotenzialfrequenz an der Messstelle C ermittelt. Anschließend wurde dieser Versuch wiederholt, nur dass zuvor an einem Bereich des Axons von Neuron 1 eine geringe Menge von Flumethrin eingewirkt hat, der direkt vor den spannungsabhängigen Ca^{2+}-Ionenkanälen der präsynaptischen Membran liegt.
Die Versuchsergebnisse für die Messstellen A und B sind in den beiden folgenden Diagrammen zusammengefasst dargestellt.

Versuchsanordnung

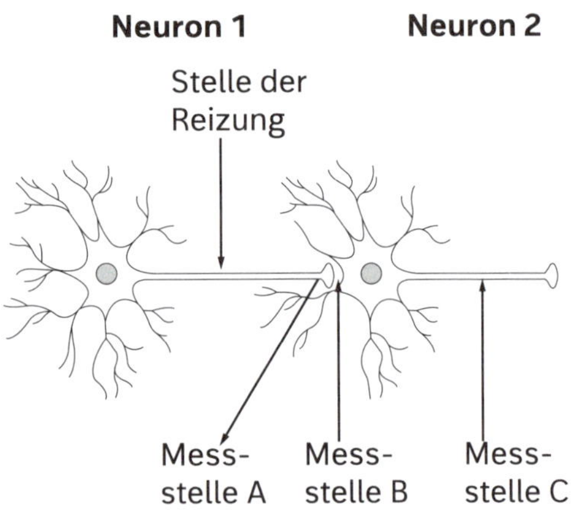

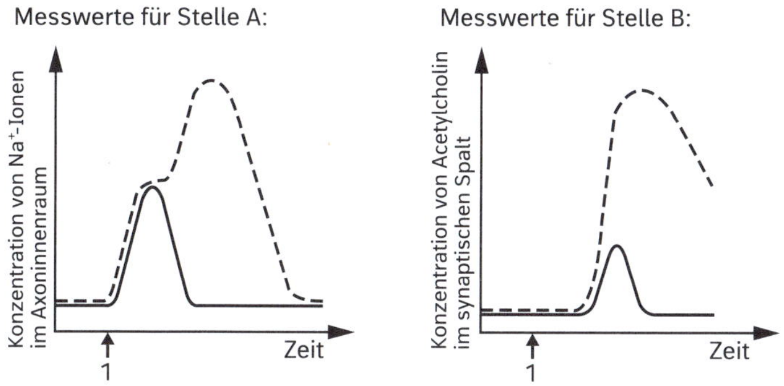

Messungen an Stelle C ergaben die folgenden Befunde:

ohne Giftzugabe:
geringe AP-Frequenz

mit Flumethrin:
erhöhte AP-Frequenz

Legende: ——— ohne Giftzugabe
- - - - mit Flumethrin

1 Zeitpunkt der Ankunft des Aktionspotenzials bei Messstelle A

Vom Niedersächsischen Kultusministerium verändert aus:

Vijverberg, H. P. M. et al.: Neurotoxical Effects and the Mode of Action of Pyrethroid Insecticides. In: Critical Reviews in Toxicology 21 (1990), S. 105 – 113.

M3 Wirksamkeit von Flumethrin auf zwei Milbenpopulationen

In einem Versuch wurde die Wirksamkeit von Flumethrin (M1) auf zwei verschiedene Populationen von Varroa-Milben aus zwei verschiedenen Gebieten untersucht. Dazu wurden 30 Milben aus jeder Population zufällig ausgewählt, die jeweils identisch mit dem Pestizid behandelt wurden. Anschließend wurde der Anteil der abgetöteten Milben ermittelt.

Hinweis:
Untersuchungen zeigen, dass die für die Na^+-Ionenkanäle codierenden Gene bei einigen Milben aus den Gebieten A und B geringfügig veränderte Basensequenzen aufweisen.

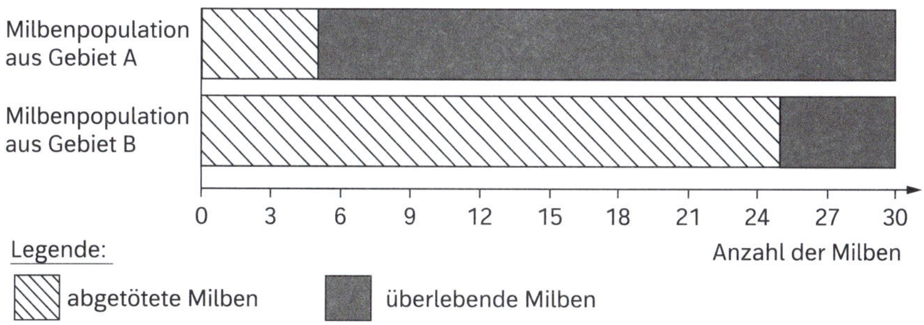

Vom Niedersächsischen Kultusministerium verändert aus: Thompson, H. M. et al.: First report of Varroa destructor resistance to pyrethroids in the UK. In: Apidologie 33 (2002), S. 357 – 361.

M4 Bedeutung der Westlichen Honigbiene (*Apis mellifera*)

Bei vielen Pflanzenarten ist die Menge der gebildeten Früchte oder Samen von der Bestäubung durch Insekten abhängig. Westliche Honigbienen sind relativ blütenstet, d. h. sie besuchen die Blüten einer Pflanze solange, bis diese Nahrungsquelle erschöpft ist, bevor sie andere Pflanzen aufsuchen. Um den Einfluss der Honigbienen auf den

Ernteertrag beim Raps, eine auf Insektenbestäubung angewiesene Pflanzenart, zu ermitteln, wurde folgendes Experiment durchgeführt:

Am Rand eines großen Rapsfeldes wurde zur Rapsblüte im Mai ein Bienenstock aufgestellt. Andere Völker der Honigbiene waren nicht vorhanden. In bestimmten Abständen zu diesem Bienenstock wurden in dem Feld Versuchsflächen von einem Quadratmeter Größe abgesteckt. Kurz vor der Ernte im Juli wurden für diese Parzellen jeweils der Ertrag an Samen und Stroh (getrocknetes oberirdisches Pflanzenmaterial) ermittelt.

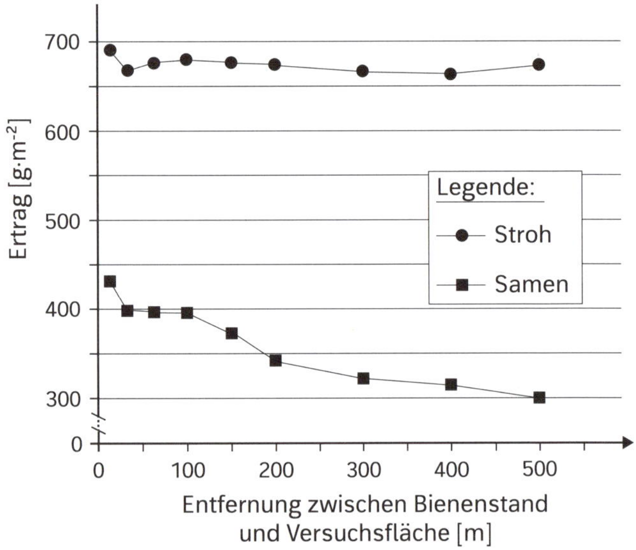

Weitere Beobachtungen waren, dass mit zunehmender Entfernung zwischen Versuchsfläche und Bienenstand immer weniger Honigbienen auf den Pflanzen in den Versuchsflächen gesichtet wurden. Die am weitesten entfernte Parzelle wurde nicht mehr von Honigbienen dieses Stocks aufgesucht.

Vom Niedersächsischen Kultusministerium verändert aus:
https://www.erwerbsimkerbund.at/die-bestaeubungsleistung-der-honigbiene+2500+1137132. (Letzter Zugriff am 20.08.2018).

M5 Monokulturen

In Monokulturen wird auf einem meist großflächigen Gebiet über mehrere Jahre hinweg die gleiche Nutzpflanze angebaut. Konkurrierende Pflanzenarten werden gezielt bekämpft. Die hohe Pflanzendichte in einer Monokultur bedingt ein saisonales Überangebot an Nahrung für Insekten. Außerhalb der relativ kurzen Blühphase der Nutzpflanzen bezeichnet man Monokulturen aufgrund der bestehenden Artenarmut als „grüne Wüsten“. Sie sind des Weiteren sehr anfällig für Schädlingsbefall. Daher werden oft Pestizide zur Vorbeugung oder Bekämpfung von Schädlingsplagen eingesetzt. Viele der Pestizide verteilen sich in oder auf allen Pflanzenteilen sowie im Nektar und den Pollen. Sie wirken häufig auch auf die bestäubenden Insekten, indem sie diese oder ihre Larven schädigen oder töten. Auch können einige dieser Mittel den Orientierungssinn von Bienen beeinträchtigen.

Vom Niedersächsischen Kultusministerium zusammengestellt und verändert aus:

Garibaldi, L. A. et al.: From research […] pollinators. In: Frontiers and Ecology and the Environment 12 (2014), S. 439 – 445.

Enzinger, S.: Bienen in Gefahr! In: Unterricht Biologie 404 (2015), S. 10 – 15.

M6 Bienensterben

Alle in Deutschland lebenden Bienenarten ernähren sich ausschließlich von süßen Pflanzensäften, insbesondere von Blütennektar. Für die Eiweißversorgung sind sie auf Blütenpollen angewiesen. Einige Arten, wie z. B. die Westliche Honigbiene, bilden Staaten. Weil die Westliche Honigbiene Futtervorräte in Form von Honig anlegt, wird sie von Imkern gehalten. Der Honig wird im Spätsommer geerntet. Alle anderen Bienenarten werden als Wildbienen bezeichnet. Sie leben zumeist als Einzelgänger und sind, anders als die Honigbienen, mehr oder weniger stark auf bestimmte Blütenpflanzen als Nahrungsquellen angewiesen. Seit einigen Jahren beobachtet man ein verstärktes Bienensterben. Darunter fasst man die gehäuften Verluste von Bienenvölkern sowie das zunehmende Verschwinden vieler Wildbienenarten zusammen. Als eine mögliche Ursache des Bienensterbens wird die Zunahme von Monokulturen angesehen. Diesbezüglich wurden umfangreiche Untersuchungen mit Bienenvölkern durchgeführt, deren Befunde im Folgenden dargestellt sind:

A

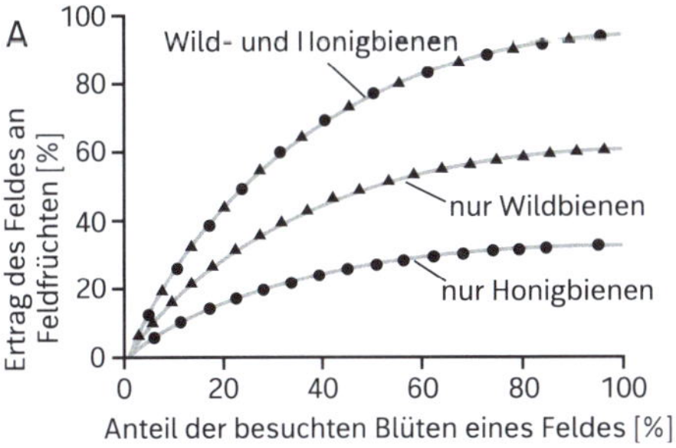

B

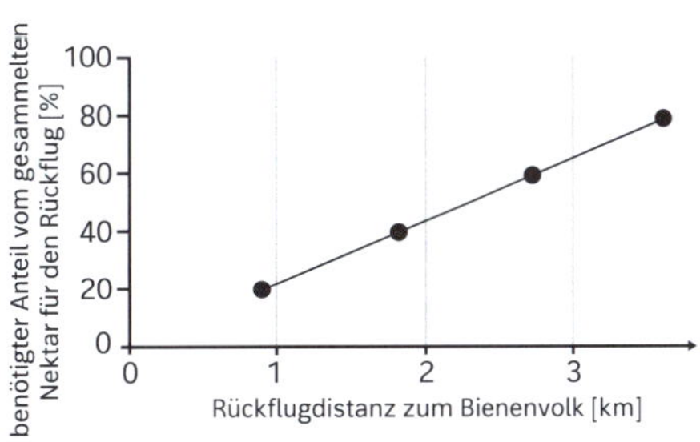

C: relative Wachstumsraten von Honigbienenvölkern mit 16 000 Arbeiterinnen:

Standort des Honigbienenvolkes	Gifteinsatz	relative Wachstumsrate innerhalb von 30 Tagen [%]
vielfältige Landschaft	nein	50
vielfältige Landschaft	ja	0
Monokultur	ja	–45

Vom Niedersächsischen Kultusministerium zusammengestellt und verändert aus:

Cresswell, J. E. et al.: Comment on "A common pesticide decreases foraging success and survival in honey bees". In: Science 337 (2012), S. 1453.

Garibaldi, L. A. et al.: From research [...] pollinators. In: Frontiers and Ecology and the Environment 12 (2014), S. 440.

Enzinger, S.: Bienen in Gefahr! In: Unterricht Biologie 404 (2015), S. 10 – 15.

M7 Die Tanzsprache der Honigbienen

Alle Arten von Honigbienen leben in Staaten und haben Tanzsprachen entwickelt, die sie dazu nutzen, um Mitglieder in ihrem Bienenstock über Nahrungsquellen zu informieren. Gesucht werden diese Ressourcen von Kundschafterbienen. Das sind etwa 5 % der gesamten Arbeiterinnen, die relativ alt sind und fast das Ende ihrer Lebensspanne erreicht haben.

Kehren die Kundschafterinnen zum Stock zurück, würgen sie etwas Nektar aus ihrem Honigmagen hervor, der von anderen Arbeiterinnen aufgenommen wird. Auf diese Weise werden die anderen Bienen über die Art der Nahrungsquelle informiert. Nun tanzt die Kundschafterin auf den senkrechten Waben bestimmte Muster.
Die Tanzform und die jeweils dabei ausgeführten Bewegungen werden von den anderen Sammelbienen wahrgenommen, wodurch sie über Lage und Entfernung einer Nahrungsquelle informiert werden. Die Ergiebigkeit der Nahrungsquelle wird durch die Intensität der ausgeführten Bewegungen vermittelt.
Nachforschungen zeigten, dass Honigbienen die Tanzsprache nicht lernen, sondern dass diese Verständigung angeboren ist. Auch erkannte man, dass die Arten, die in dunklen Höhlen nisten, auch die beim Tanz entstehenden Geräusche wahrnehmen, um den vorgetanzten Bewegungsmuster folgen zu können. Durch den Tanz wird eine der Ergiebigkeit der Nahrungsquelle entsprechende Anzahl von Sammelbienen zum Aufsuchen der entdeckten Nahrungsquelle animiert.

Vom Niedersächsischen Kultusministerium verändert aus:
Hedewig, R.: Tanzen mit System – die Evolution der Bienentänze. In: Unterricht Biologie 260 (2000), S. 20.

M8 Evolutive Entwicklung der Honigbienen
M8 a Möglicher Stammbaum für die evolutive Entwicklung der Honigbienen

Der Stammbaum zeigt eine Möglichkeit für die evolutive Entwicklung von vier Arten Honigbienen (Gattung Apis) und einer Hummelart (Gattung Bombus). Er wurde mit der indirekten Methode erstellt.
Dabei vergleichen die Forscher die Verhaltensweisen heute lebender Arten, z. B. die Tanzsprache oder das Bauen der Nestwaben, miteinander und beziehen dabei auch andere Informationen, wie z. B. die Verbreitungsgebiete, mit ein. Je entfernter die Verwandtschaft von Arten ist, die ein übereinstimmendes Verhalten zeigen, desto länger muss das Verhaltensmerkmal schon existieren.

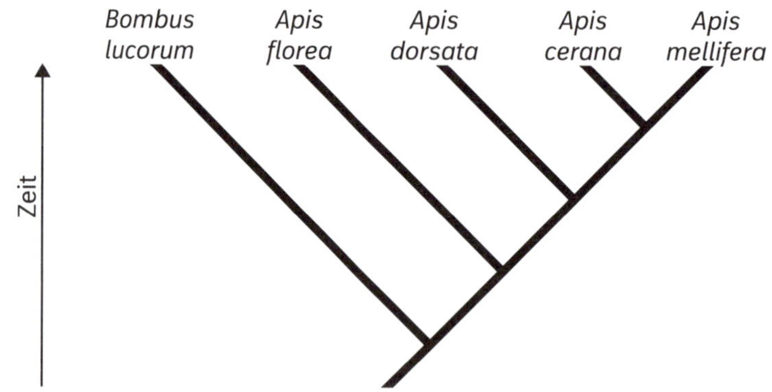

Vom Niedersächsischen Kultusministerium zusammengestellt und verändert aus:
http://www.scinexx.de/dossier-detail-178-7.html. (Letzter Zugriff am 24.08.2018).
Dyer, F. C.: The biology of the dance language. In: Annu. Rev. Entomol. 47 (2002), S. 934.

M8 b Unterschiede in der Basensequenz der DNA bei verschiedenen Bienenarten

Die Basensequenzen wurden für einen 641 Basenpaare langen DNA-Abschnitt bei vier Honigbienenarten (Gattung Apis) und bei *Bombus lucorum*, einer Hummelart, bestimmt. Die Anzahl der Unterschiede in der Basensequenz wurden jeweils für zwei dieser Arten bestimmt.

	Apis mellifera	*Bombus locorum*	*Apis florea*	*Apis dorsata*	*Apis cerana*
Apis mellifera	0				
Bombus locorum	132	0			
Apis florea	93	120	0		
Apis dorsata	72	123	89	0	
Apis cerana	49	126	90	70	0

Vom Niedersächsischen Kultusministerium verändert aus: Cornuet, J. et al.: Mitochondrial DNA variability in honeybees and its phylogeographic implications. In: Apidologie 22 (1991), S. 634.

Hilfsmittel

Taschenrechner

Lösungen

1.1 *Erläutern Sie die Phasen eines Aktionspotenzials am Axon einer Nervenzelle auch anhand einer selbst erstellten und beschrifteten grafischen Darstellung eines Aktionspotenzials in einem Spannungs-Zeit-Diagramm. (8 Punkte AFB I für den Text, 6 Punkte AFB I für die grafische Darstellung).*

Allgemeine Lösungshinweise: Der Operator „erläutern“, dem die Anforderungsbereiche I und II zugeordnet werden können, bezieht sich in diesem Fall nur auf Anforderungsbereich I, da die durch den Unterricht bekannten Zusammenhänge beim Ablauf eines Aktionspotenzials wiedergegeben werden sollen. Die Beschriftung der Grafik mit den Fachbegriffen für die verschiedenen Phasen eines Aktionspotenzials hilft bei der Strukturierung des Textes. Aus diesem Grund ist es empfehlenswert, die Bearbeitung der Aufgabe mit der graphischen Darstellung zu beginnen.

Im Ruhezustand sind die Na^+-Ionenkanäle und die K^+-Ionenkanäle geschlossen. Verändert sich das Membranpotenzial durch eine elektrische Erregung ins Positive, öffnen sich zunächst wenige Na^+-Ionenkanäle. Natriumionen strömen ein, es findet eine langsame Depolarisierung bis zum Schwellenwert von ca. – 55 mV statt. Ist dieser erreicht, öffnen sich nach dem Alles-oder-Nichts-Prinzip alle spannungsabhängigen Na^+-Ionenkanäle. Es erfolgt ein lawinenartiger Einstrom von Natriumionen ins Axoninnere, der eine Depolarisierung der Membran auf +30 mV bewirkt. Nun folgt die Phase der Repolarisierung. Die Na^+-Ionenkanäle schließen und lassen sich für einige Millisekunden nicht mehr öffnen, dieser Zeitraum wird als Refraktärzeit bezeichnet.

Zeitversetzt zum Öffnen der spannungsabhängigen Na^+-Ionenkanäle öffnen sich spannungsabhängige K^+-Ionenkanäle, durch die nun schnell Kaliumionen aus dem Axon heraus strömen. Das Membranpotenzial wird wieder negativ, diese Phase wird als Repolarisation bezeichnet. Übersteigt die Anzahl der K^+-Ionen, die ausströmen, die Anzahl der Na^+-Ionen, die während der Depolarisation eingeströmt sind, kommt es kurzzeitig zu einer Hyperpolarisation. Hierbei wird das Membranpotenzial negativer als das Ruhepotenzial.

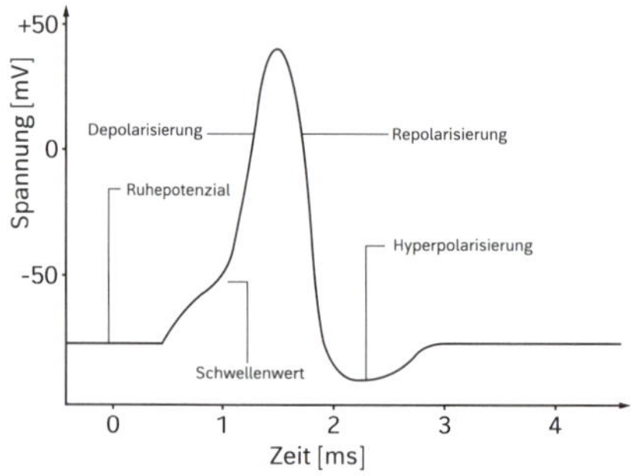

1.2 Erklären Sie anhand von M1 und M2 die Wirkungsweise von Flumethrin auf spannungsgesteuerte Na^+-Ionenkanäle am Axon einer Nervenzelle sowie die Auswirkung von Flumethrin auf die Frequenz der Aktionspotenziale in der nachgeschalteten Nervenzelle. (10 Punkte AFB II, 6 Punkte AFB III).

Allgemeine Lösungshinweise: Der Operator „erklären" ist dem Anforderungsbereich II zugeordnet. Es werden hier jedoch auch Aspekte aus dem Anforderungsbereich III gefordert. Es ist sinnvoll, die Ergebnisse der Messstellen A, B, und C nacheinander auszuwerten. Hierbei ergeben sich Zusammenhänge zwischen den Ergebnissen, die man klar herausstellen sollte.

In den Ergebnissen für die Messstelle A lässt sich bei Zugabe von Flumethrin eine wesentliche höhere Natriumionenkonzentration im Axoninnenraum als ohne Giftzugabe erkennen. Die Natriumionenkonzentration erreicht ihren höchsten Wert bei Zugabe des Giftes später als ohne Zugabe des Giftes, auch das Absinken der Konzentration erfolgt unter Einfluss von Gift später. Hieraus lässt sich schließen, dass Flumethrin eine längere Öffnung der Natriumionenkanäle bewirkt.

Messstelle B zeigt für den Fall der Giftzugabe eine erhöhte Konzentration von Acetylcholin im synaptischen Spalt. Das bedeutet, dass in der Präsynapse eine längere Phase der Depolarisation, hierdurch ein stärkerer Einstrom von Ca^{2+}-Ionen und so wiederum eine häufigere Verschmelzung von Vesikeln mit der präsynaptischen Membran stattgefunden haben muss. Dies passt zu den durch Messstelle A gewonnenen Erkenntnissen.

Die Ergebnisse der Messstelle C lassen sich folgendermaßen erklären: Durch die erhöhte Acetylcholin-Konzentration im synaptischen Spalt kommt es zu einem stärkeren Na^+-Ioneneinstrom in die Postsynapse. So entsteht ein erhöhtes erregendes postsynaptisches Potenzial, welches zu einer AP-Frequenz am Axonhügel führt.

1.3 Analysieren Sie M3 im Hinblick auf Präadaptation (8 Punkte AFB II, 4 Punkte AFB III).

Allgemeine Lösungshinweise: Dies ist eine Aufgabe aus dem Bereich der Evolutionsbiologie. Die zuvor unter neurobiologischen Aspekten betrachtete Funktion des Nervengiftes Flumethrin wird hier als Beispiel für Präadaptation herangezogen. Wie bei vielen Aufgaben im Bereich Evolution ist es besonders wichtig, die Fachbegriffe korrekt zu verwenden um die Abläufe klar darzustellen.

In Gebiet A überlebt ein großer Teil der Milben die Behandlung mit Flumethrin (25 von 30 Milben), während in Gebiet B nur ein geringer Anteil die Behandlung überlebt (5 von 30 Milben). Bei den überlebenden Milben handelt es sich um Individuen, die leicht veränderte Basensequenzen in den Genen aufweisen, die für die Na^{+}-Ionenkanäle codieren. Hierdurch ergibt sich eine Veränderung in der Struktur der Ionenkanäle. Diese Veränderung führt dazu, dass Flumethrin nicht an den Kanälen wirken kann. Die Mutation kommt zufällig vor und erweist sich in diesem Fall als Selektionsvorteil, wenn sie vor der Behandlung mit Flumethrin erfolgt. Somit sind auch die verschiedenen Überlebensraten in den Gebieten A und B zufällig. Die Behandlung mit Flumethrin wirkt sich auch auf die folgenden Generationen aus, da die überlebenden Milben die Mutation an die Nachkommen vererben.
Das Phänomen, dass eine Mutation ein Überlebensvorteil bei einem später eintreffenden Ereignis bietet, nennt man Präadaptation.

2.1 Erläutern Sie an je einem selbst gewählten Beispiel, was man unter Parasitismus und Symbiose versteht. (10 Punkte AFB I).

Allgemeine Lösungshinweise: Bei dieser Aufgabe geht es darum, Grundkenntnisse aus dem Bereich Ökologie wiederzugeben. Man sollte darauf achten, die Definitionen von Parasitismus und Symbiose nicht zusammenhanglos neben ein Beispiel zu stellen, sondern jeweils Definition und Beispiel zu verknüpfen und im Sinn einer Erläuterung zu formulieren.

Parasitismus: Als Parasitismus wird eine Nahrungsbeziehung bezeichnet, bei der sich ein Lebewesen (der Parasit) von einem anderen Lebewesen (dem Wirt) ernährt. So saugt beispielsweise die Zecke Blut bei einem Wild- oder Haustier oder einem Menschen. Die Zecke schädigt dadurch den Wirt, die Schädigung führt aber nicht zum Tod des Wirts. Als weiteres Beispiel ließe sich auch die in M1 genannte Beziehung zwischen Varroa-Milbe (Parasit) und Larven der Honigbiene (= Wirt) anführen.
Symbiose: Der Einzeller *Paramecium bursaria* lebt in Symbiose mit der Grünalge *Chlorella*. Paramecium bietet Chlorella Schutz, Mobilität und eine hohe Mineralstoff- und Kohlenstoffdioxidkonzentration. Umgekehrt erhält *Paramecium* von *Chlorella* bei Bedarf Vitamine und Proteine. Eine Symbiose ist also eine Wechselbeziehung, die für beide Partner vorteilhaft und ohne Schaden ist.

2.2 *Ermitteln Sie anhand von M 4 die Bedeutung der Westlichen Honigbiene für den Ertrag an Feldfrüchten. (4 Punkte AFB I, 6 Punkte AFB II).*

Allgemeine Lösungshinweise: Der Operator „ermitteln" lässt sich nach seiner Definition in den EPA nicht dem AFB I zuordnen. Dass in dieser Aufgabe dennoch Punkte für Aspekte des AFB I gegeben werden, deutet darauf hin, dass bei der Konzeption der Abituraufgaben ein anderes Verständnis des Operators zugrunde lag als in den EPA angegeben. Sprechen Sie vor der Abiturprüfung mit Ihrer/Ihrem Biologielehrer/in über die Bedeutung der Operatoren, damit bei der Bearbeitung und der Bewertung der Abituraufgaben diesbezüglich Klarheit herrscht (s. hierzu auch Kapitel 2).

In dem in M4 dargestellten Versuch wurden der Samen- und der Strohertrag in einem Rapsfeld auf abgesteckten Versuchsflächen in unterschiedlicher Entfernung zu einem Bienenstock ermittelt. Die Ergebnisse zeigen, dass der Samenertrag geringer wird, je weiter die Versuchsfläche vom Bienenstock entfernt ist. Hieraus lässt sich schlussfolgern, dass die Honigbienen sich nicht weit von ihrem Bienenstock entfernen. Somit findet vor allem in der Nähe von Bienenstöcken die Bestäubung von Rapsblüten statt. Der Ertrag an Stroh ist hingegen auf allen Versuchsflächen ähnlich groß. Das Wachstum der Pflanzen, auf das durch den Ertrag an Stroh zu schließen ist, hängt nicht von der Nähe zu einem Bienenstock ab. Damit spielt die Honigbiene eine wesentliche Rolle bei der Vermehrung von Rapspflanzen.

2.3 *Werten Sie die Untersuchungsergebnisse in M6 zum Bienensterben im Zusammenhang mit Monokulturen (M5) im Hinblick auf eine zeitliche und eine soziale Falle aus (8 Punkte AFB II, 7 Punkte AFB III).*

Allgemeine Lösungshinweise: Der folgende Lösungsvorschlag entspricht den vom Kultusministerium vorgegebenen erwarteten Schülerleistungen. Die einzelnen Aspekte gehen allerdings nicht alle aus dem Material hervor.

Zu den möglichen zeitlichen Fallen zählt die Tatsache, dass der Einsatz von Pestiziden in Monokulturen zu einer Reduktion des Wildbienenbestands führt. Die fehlende Pflanzenvielfalt in einer Monokultur trägt auch zur Verkleinerung des Wildbienenbestands bei, da den Bienen weniger Nahrung zur Verfügung steht. Somit erfolgt die Bestäubung allein durch die Honigbienen, was laut M6 A zu einer Verringerung des Ertrags an Feldfrüchten um 60 % zählt.

Als mögliche soziale Fallen lassen sich folgende Aspekte anführen: Die Wachstumsrate der Honigbienenvölker wird durch den Einsatz von Pestiziden eingeschränkt. Stehen die Bienenstöcke weit entfernt von den Blüten, wird ein Teil des gesammelten Nektars für den Rückflug gebraucht. Je weiter der Bienenstock entfernt ist, desto mehr Nektar verbraucht die Biene selbst, bei einer Distanz von über 4 km wird der komplette gesammelte Vorrat genutzt. Dies spielt vor allem außerhalb der Blütezeit der Monokultur eine Rolle, da die Bienen möglicherweise große Distanzen zu Nahrungsquellen zurücklegen müssen. Hierdurch ergibt sich eine geringere Produktion von Honig und somit ein Nachteil für den Imker.

3.1 Stellen Sie anhand von M7 je eine proximate und eine ultimate Erklärung zum zielgerichteten Flug von Bienen zur Futterquelle dar (10 Punkte AFB II).

Allgemeine Lösungshinweise: Proximate und ultimate Erklärungen drücken verschiedene Ursache-Wirkung-Beziehungen aus, s. Erläuterungen im Basiswissen S. 69. Hierbei sind physiologische und evolutionsbiologische Aspekte von Bedeutung. Es ist besonders wichtig, sehr genau zu formulieren, um feine Unterschiede herauszustellen.

Bei einer proximaten Erklärung geht es darum, die Ursache für ein bestimmtes Phänomen oder einer Verhaltensweise zu beschreiben. Die Ursache kann physiologischer oder morphologischer Art sein. So wäre z. B. die Fähigkeit der Bienen, die Tanzform und -intensität der Kundschafterinnen wahrzunehmen und zu verarbeiten eine proximate Erklärung für den gerichteten Flug zur Futterquelle.

Bei einer ultimaten Erklärung geht es hingegen um den Nutzen eines bestimmten Phänomens oder einer Verhaltensweise. So sind die Honigbienen durch ihre Tanzsprache erfolgreicher bei ihrer Nahrungssuche, was wiederum eine höhere reproduktive Fitness und eine stärkere Vermehrung mit sich bringt.

3.2 Beschreiben Sie die im Stammbaum in M8a dargestellten Verwandtschaftsverhältnisse. Prüfen Sie, inwiefern die Ergebnisse des Basensequenzvergleichs in M8b diesen Stammbaum (M 8a) stützen oder ihm widersprechen (6 Punkt, AFB I, 10 Punkte AFB II).

Allgemeine Lösungshinweise: Bei dieser Aufgabe geht zunächst darum, eine allgemeine Beschreibung des Stammbaums in M8a zu formulieren. Der Stammbaum soll dann anhand von M8b überprüft werden. Hierbei empfiehlt es sich, die Daten aus der Tabelle in den Stammbaum zu übertragen, da man so einen besseren Überblick erhält.

Der Stammbaum in M8a zeigt die Entwicklung von vier Honigbienenarten der Gattung *Apis* und einer Hummelart, *Bombus lucorum*, ausgehend von einem gemeinsamen Vorfahren. Nach dem Stammbaum hat sich als erstes *B. lucorum* von der Entwicklungslinie abgespalten. Es folgten die Abspaltung von *A. florea* und *A. dorsata* und letztendlich die Aufspaltung in die beiden Arten *A. cerana* und *A. mellifera*. Nach der Darstellung sind die Zeitabstände zwischen den Abspaltungen gleich groß.

Die in M8 b dargestellten Daten der DNA-Untersuchung unterstützen grundsätzlich den Stammbaum in M8 a. Die Hummelart unterscheidet sich in verhältnismäßig vielen Basen (120 – 132 Unterschiede) von den anderen Arten, was darauf hindeutet, dass die Abspaltung recht früh stattgefunden hat. *A. florea* weist die größten Unterschiede zu den anderen drei Honigbienenarten auf (93, 72, 49), vermutlich hat sich diese Art also als nächstes von der Entwicklungslinie abgespalten. *A. dorsata* unterscheidet sich 70 bzw. 72 Basen von *A. cerana* bzw. *A. mellifera*, wohingegen *A. cerana* und *A. mellifera* nur relativ wenige Unterschiede in der Basensequenz haben (49). Hieraus geht also hervor, dass *A. dorsata* sich nach *A. florea* von der Entwicklungslinie getrennt hat, während die Aufspaltung von *A. cerana* und *A. mellifera* spät stattgefunden hat.

Die Zeitabstände zwischen den Abspaltungen werden in M8a zwar gleich groß dargestellt, die Daten aus M8 b sprechen jedoch für unterschiedlich große Abstände.

Thema II: Eichenmischwälder – faszinierende Wunderwerke der Natur

Unter den in Europa heimischen 24 Eichenarten dominieren in unseren Wäldern nur zwei Arten: die Stiel- und die Traubeneiche. Die Stieleiche, deren Früchte an Stielen heranwachsen, dringt im Gegensatz zur Traubeneiche wesentlich weiter nach Osteuropa vor. Doch ganz gleich, wo eine Eiche Wurzeln schlägt: Sie ist für andere Lebewesen von großem Wert. Allein etwa 400 Schmetterlingsarten und Hunderte weitere Insektenarten leben direkt oder indirekt von der Eiche. Hinzu kommen zahllose Pflanzenarten. Auch der Sauerklee ist eine Pflanzenart, die in Eichenwäldern vorkommt. Da die Früchte der Eiche, die Eicheln, besonders nahrhaft sind, war es bis ins 19. Jahrhundert sogar üblich, Schweine in die Wälder zu treiben, damit sie sich an den Eicheln satt fressen konnten. Im Folgenden sollen Sie sich mit ökologischen, stoffwechselbiologischen und immunbiologischen Aspekten bei ausgewählten Arten in Eichenmischwäldern auseinandersetzen.

Aufgabenstellung

1 Ökologische Aspekte bei Eichenwäldern

1.1 Beschreiben Sie die Schichtungsdiagramme eines Eichenmischwaldes und eines reinen Fichtenforstes in M1 a vergleichend.
Erklären Sie anhand von M1 a und M1 b die unterschiedliche Ausprägung der unteren Schichten im Eichenmischwald und im reinen Fichtenforst.

1.2 Vergleichen Sie die Ökogramme von Stieleiche und Traubeneiche in M2 a.
Begründen Sie anhand von M2 a und M2 b die Verbreitung der beiden Eichenarten.

2 Ökologische und stoffwechselbiologische Aspekte beim Wald-Sauerklee

2.1 Beschreiben Sie den typischen Bau eines Sonnenblattes sowie anhand von M3 a die Unterschiede zu dem Blatt des Wald-Sauerklees.

2.2 Erläutern Sie den Mechanismus der Blattkissenbewegungen beim Wald-Sauerklee anhand von M3 b.

2.3 Begründen Sie die unterschiedlichen Kohlenstoffdioxid-Aufnahmen von Wald-Sauerklee und Brunnenkresse bei verschiedenen Lichtintensitäten anhand von M3 c.

3 Ökologische und immunbiologische Aspekte in Zusammenhang mit Zecken

3.1 Erläutern Sie M4 a im Hinblick auf die typischen Vorgänge bei der spezifischen Immunabwehr des Menschen.

3.2 Erklären Sie die in M4 b dargestellten Schwankungen der Individuenzahlen von Streifenhörnchen und Zeckennymphen.

3.3 Entwickeln Sie eine Hypothese hinsichtlich des Verlaufs der relativen Komplementkonzentration (M4 c) nach Erst- und Zweitinfektion.

Material

M1 Vertikaler Aufbau mitteleuropäischer Wälder

M1 a Schichtungsdiagramme

Deckungsgrad: Bedeckung der untersuchten Waldfläche durch die jeweilige Schicht in % der Gesamtfläche

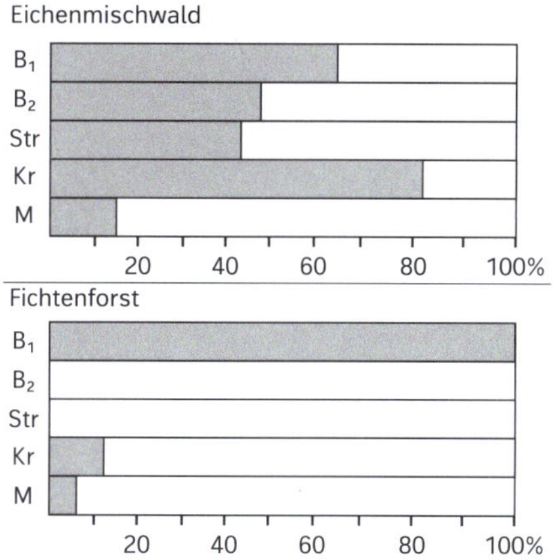

M1 b Aufbau eines Mischwaldes und Nutzung der Lichtmenge für die Fotosynthese

Die Zahlen geben die Lichtmenge in % an, die von den Pflanzen in den Schichten genutzt wird.

	ungenutztes Licht, Reflexion an den äußeren Blättern der Baumschicht	10 %
B_1	1 Baumschicht	79 %
B_2	2 Baumschicht	
Str	Strauchschicht	7 %
Kr	Krautschicht	2 %
M	Moosschicht	2 %

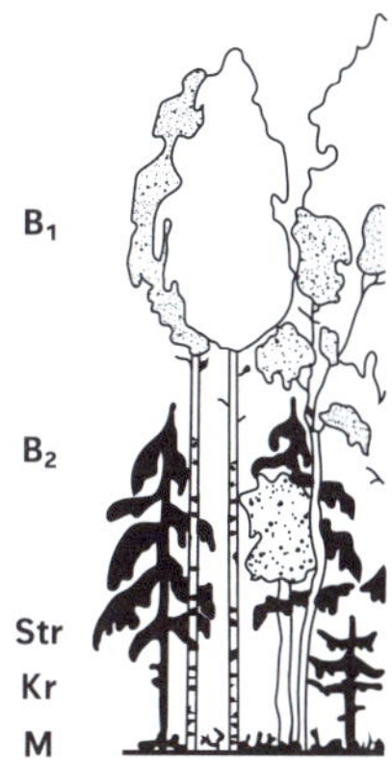

Vom Niedersächsischen Kultusministerium zusammengestellt und verändert aus:
Larcher, W.: Ökophysiologie der Pflanzen. Verlag Eugen Ulmer GmbH & Co., Stuttgart 2001, S. 49.
Hofmeister, H. et al.: Ökologie der Wälder. Gustav Fischer Verlag, Stuttgart 1995, S. 9.

M2 Stiel- und Traubeneichen

M2 a Ökogramme von Stieleiche und Traubeneiche

Ökogramme stellen die Lebensbereiche einer Baumart in Abhängigkeit von Bodenfeuchte und Säuregehalt dar.

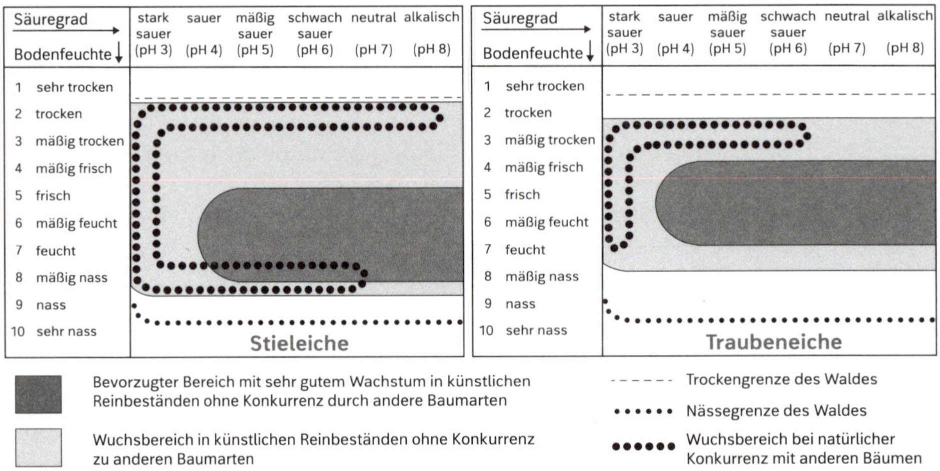

Vom Niedersächsischen Kultusministerium verändert aus:

Bartsch, N., Röhrig, E.: Waldökologie – Einführung für Mitteleuropa. Springer-Verlag, Berlin & Heidelberg 2016, S. 71.

M2b Die natürliche Verbreitung von Stiel- und Traubeneiche in Europa

Natürliche Verbreitung

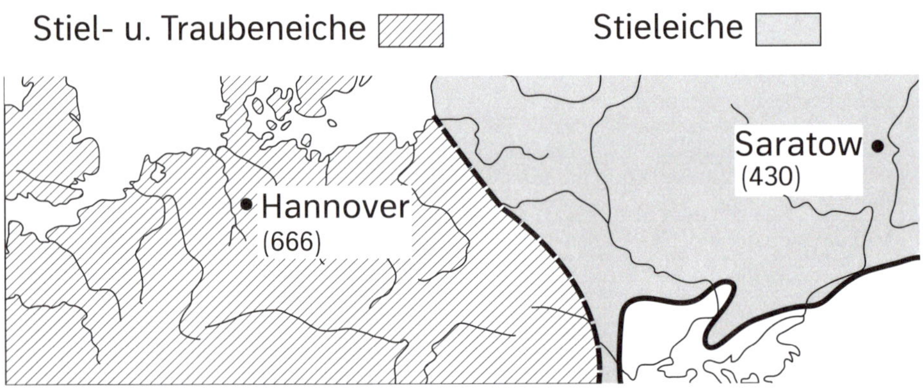

Die Zahlen geben die durchschnittliche Niederschlagsmenge pro Jahr in L/m^2 an.

Standortansprüche (Auswahl):

Traubeneiche:
Spätfrost: hohe Empfindlichkeit
Gesamtwärme: wärmebedürftig
Winterkälte: empfindlich

Stieleiche:
Spätfrost: mäßige Empfindlichkeit
Gesamtwärme: wärmebedürftig
Winterkälte: mäßig empfindlich

Vom Niedersächsischen Kultusministerium zusammengestellt und verändert aus:
Twenhöven, F. L.: Untersuchungen im Blätterwald. In: Unterricht Biologie 253 (2000), S. 42 – 43.

Professur für Waldbau und Professur für Forstschutz & Dendrologie der ETH Zürich: Mitteleuropäische Waldbaumarten. Eidgenössische Technische Hochschule Zürich, Zürich 2002, S. 172 – 177 und S. 184 – 188.
www.de.climate-data.org/location/6333 (letzter Zugriff am 28.08.2018)
www.de.climate-data.org/location/467 (letzter Zugriff am 28.08.2018)

M3 Angepasstheiten beim Wald-Sauerklee (*Oxalis acetosella*)
M3a Informationen und Blattquerschnitt zum Wald-Sauerklee (*Oxalis acetosella*)

Querschnitt eines Blattes von *Oxalis acetosella*

Informationen
Der Sauerklee ist eine Schattenpflanze. Das lange gestielte Laubblatt ist dreiteilig, kleeartig gefiedert. Der Wald-Sauerklee kommt am Boden schattiger Wälder vor. Die Blätter, die eine vergleichsweise große Oberfläche besitzen, sind dünn und haben nur eine sehr schwach ausgeprägte Cuticula.
Vakuolen sind in der Skizze zur Vereinfachung nicht dargestellt.

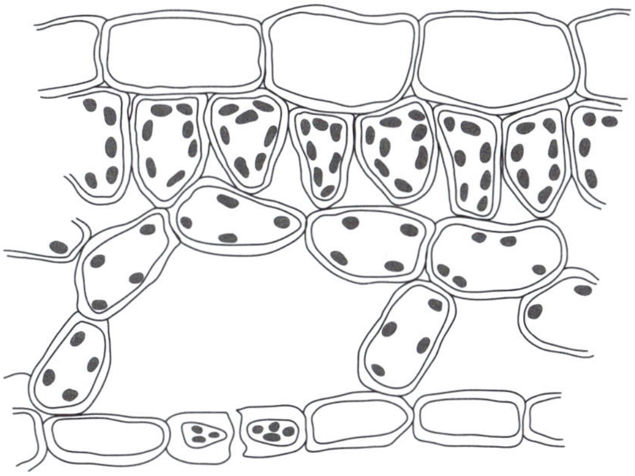

Vom Niedersächsischen Kultusministerium zusammengestellt und verändert aus:
Zentralabiturkommission 2019: Skizze des Blattquerschnitts durch ein Blatt von *Oxalis acetosella*.
Simons, P.: Pflanzen in Bewegung, Birkhäuser-Verlag, Basel 1994, S. 172 – 180.
Lundegårdh, H.: Zur Physiologie und Ökologie der Kohlensäureassimilation. In: Biologisches Zentralblatt, Band 42, Verlag von Georg Thieme, Leipzig 1922, S. 337 – 349.

M3b Die Blattkissenbewegung beim Wald-Sauerklee

Die Blätter des Sauerklees hängen nachts herunter und richten sich am Tage bei Licht auf. Diese Bewegungen werden durch spezielle Zellen, die Blattkissenzellen, ermöglicht, die entlang der Mittelrippe der Sauerkleeblätter sitzen. Strömt Wasser bei Tageslicht aus den benachbarten Zellen in die Blattkissenzellen ein, verdicken sich die Blattkissenzellen zunehmend, was zum Aufklappen der Blätter führt. Bei Dunkelheit sind die Blätter eingeklappt. Das Wasser strömt demnach aus den Blattkissenzellen bei beginnender Dunkelheit aus. Die Blattkissenzellen haben dann einen geringen Zellinnendruck und die Blätter hängen dann herunter. So liegen die Blätter mit ihren Blattunterseiten gegeneinander. Die Vakuole ist in der Skizze zur Vereinfachung nicht dargestellt.

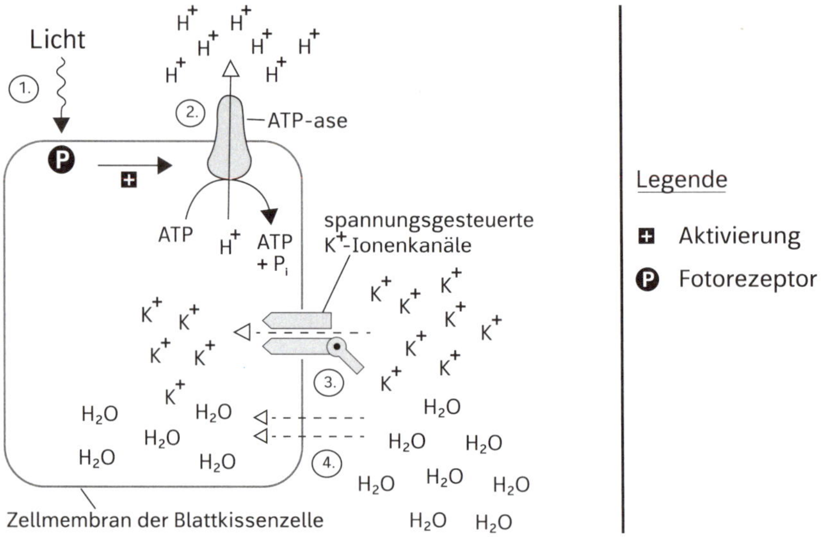

Vom Niedersächsischen Kultusministerium verändert aus:
Simons, P.: Pflanzen in Bewegung, Birkhäuser-Verlag, Basel 1994, S. 172 – 180.

M3c Kohlenstoffdioxid-Aufnahme bei einer Schatten- und Sonnenpflanze

Der Wald-Sauerklee blüht von April bis Juni. Es handelt sich um die schattenverträglichste heimische Pflanzenart (M3a).
Die Brunnenkresse ist eine typische Sonnenpflanze. Sonnenpflanzen sind an Standorte mit sehr starker Sonnenstrahlung angepasst. Das Laubblatt der Brunnenkresse ist ein ausgeprägtes Sonnenblatt.

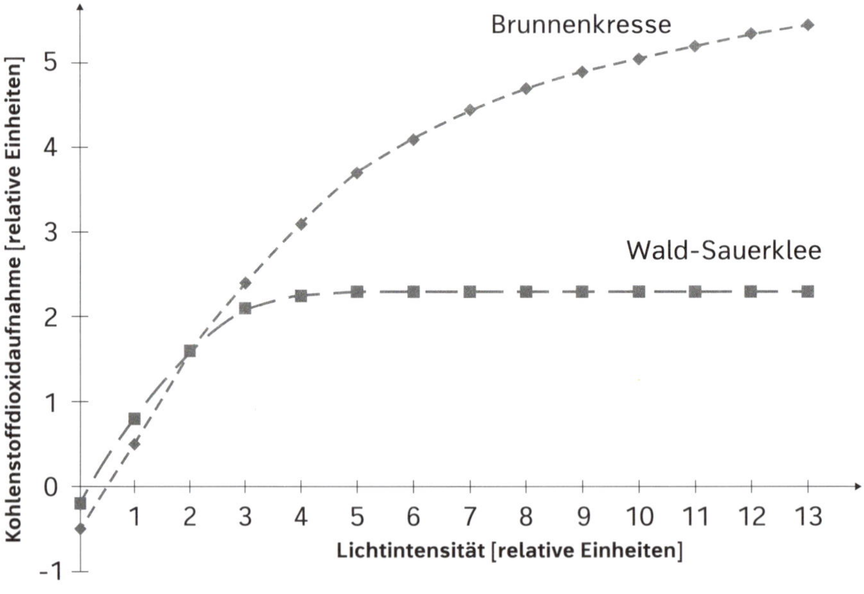

Vom Niedersächsischen Kultusministerium verändert aus: Lundegårdh, H.: Zur Physiologie und Ökologie der Kohlensäureassimilation. In: Biologisches Zentralblatt, Band 42, Verlag von Georg Thieme, Leipzig 1922, S. 337 – 349.

M4 Zecken – Überträger der Lyme-Borreliose

M4 a Verlauf einer typischen Immunantwort

Die Abbildung zeigt den Verlauf einer typischen Immunantwort im Körper eines Menschen nach erstmaligem Kontakt mit dem Antigen A. Nach 60 Tagen erfolgte ein erneuter Kontakt mit dem Antigen A sowie erstmals mit dem Antigen B. Über den gesamten Zeitraum wurde regelmäßig die Antikörperkonzentration im Blutserum ermittelt.

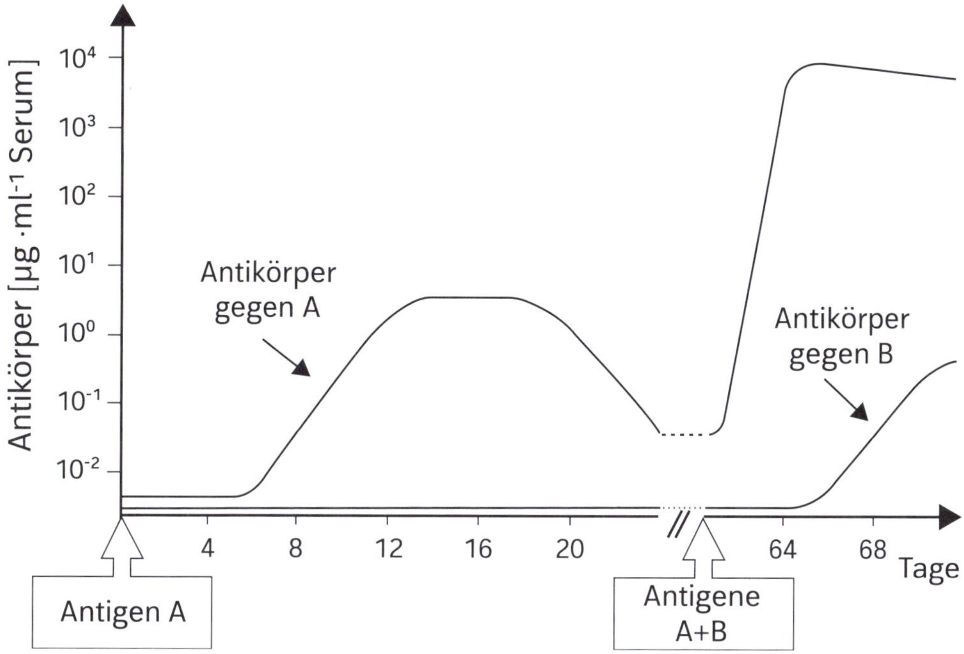

Vom Niedersächsischen Kultusministerium verändert aus:
Murphy, K. et al.: Janeway Immunbiologie. Spektrum Akademischer Verlag, Heidelberg 2009, S. 36.

M4 b Streifenhörnchen und Zecken

Streifenhörnchen leben in nordamerikanischen Eichenmischwäldern. Sie ernähren sich insbesondere von Eicheln. In so genannten „Mastjahren" bringen die Eichen besonders viele Eicheln hervor.

In Nordamerika gehören Streifenhörnchen zu den bevorzugten Wirten für die Blut saugenden Zecken der Art *Ixodes scapularis*. Jedes Entwicklungsstadium der Zecke (Larve – Nymphe – ausgewachsene Zecke) muss vor der Weiterentwicklung einmal Blut von einem Wirbeltier aufnehmen. Die Entwicklungsdauer der Zecken beträgt durchschnittlich zwei Jahre: ein Jahr bis zur Nymphe und ein Jahr bis zum ausgewachsenen Tier. Folgende Daten wurden in einem Langzeitexperiment ermittelt:

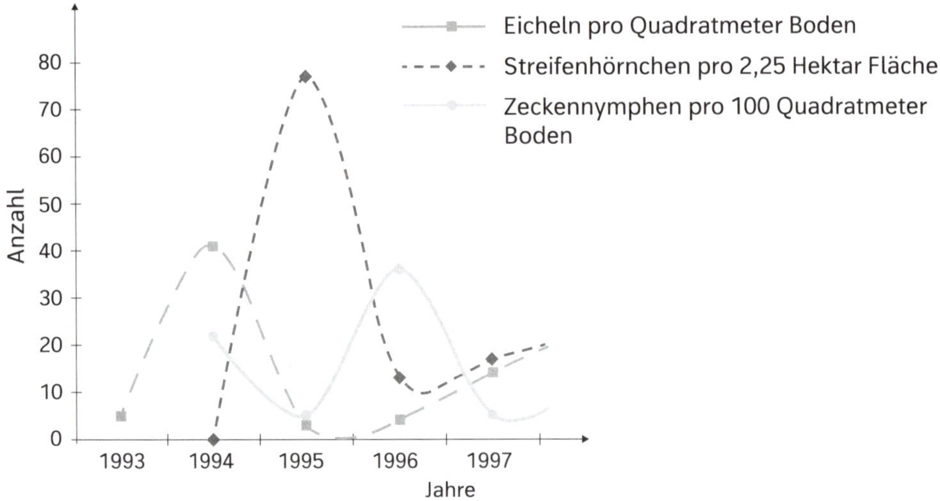

Vom Niedersächsischen Kultusministerium verändert aus: Ostfeld, R.S. et al.: Climate, Deer, Rodents, and Acorns as (...) in Lyme-Disease Risk. In PLoS Biol 4 (2006), S. 1058 – 1068.

M4 c Die Lyme-Borreliose und das Komplement-System

Informationen zur Borreliose

Die Lyme-Borreliose ist eine Krankheit, die von Bakterien der Art *Borrelia burgdorferi* verursacht und von Zecken übertragen wird. Wenn ein Mensch von einer infizierten Zecke gebissen wird, kann sich um den Biss herum eine Hautrötung bilden, die sich kreisförmig ausbreitet. Nach einiger Zeit verschwindet diese Hautrötung auch ohne Behandlung wieder. In sehr schweren Fällen kann es ohne Behandlung zu Lähmungen und dauerhaften Schädigungen des Zentralnervensystems kommen.

Informationen zum Komplement-System

Fresszellen nehmen körperfremde Stoffe auf und schließen diese in membranumschlossene Vesikel ein. Nach Verschmelzung dieser Vesikel mit Lysosomen bauen die Verdauungsenzyme der Lysosomen das körperfremde Material ab. Die Aufnahme der körperfremden Stoffe in die Fresszellen wird durch spezielle Proteine verstärkt, die sich in den verschiedenen Körperflüssigkeiten von Säugetieren befinden. Diese speziellen Proteine werden in ihrer Gesamtheit als Komplement-System bezeichnet. Ihre Konzentration verändert sich nach dem Eindringen von körperfremden Stoffen. Die Proteine des Komplement-Systems lagern sich an die körperfremden Stoffe an und markieren sie. Dadurch werden sie von den Fresszellen mit Hilfe spezifischer Rezeptormoleküle leichter erkannt. Dieser Abbauprozess, z. B. von Borreliose-Erregern, wird somit deutlich verstärkt und die Vermehrung dieser Bakterien wird verringert.

Vom Niedersächsischen Kultusministerium zusammengestellt und verändert aus:

Jaenicke, J. (Hrsg.): Materialien zum Kursunterricht, Angewandte Biologie. Aulis Verlag, Köln 2005, S. 258.

Murphy, K. et al.: Janeway Immunbiologie. Spektrum Akademischer Verlag, Heidelberg 2009, S. 81 – 85.

Hilfsmittel

Taschenrechner

Lösungen

1.1 *Beschreiben Sie die Schichtungsdiagramme eines Eichenmischwaldes und eines reinen Fichtenforsts in M1 a vergleichend.*
Erklären Sie anhand von M1 a und M1 b die unterschiedliche Ausprägung der unteren Schichten im Eichenmischwald und im reinen Fichtenforst. (10 Punkte AFB I, 6 Punkte AFB II)

Allgemeine Lösungshinweise: Die Komplexität dieser Aufgabe ergibt sich dadurch, dass in ihr drei verschiedene Operatoren enthalten sind. So soll zunächst beschrieben und gleichzeitig verglichen werden, im zweiten Aufgabenteil wird eine Erklärung gefordert. Bei der Bearbeitung ist es also wichtig, sich über die Bedeutung der Operatoren im Klaren zu sein und strukturiert vorzugehen.
Vergleichende Beschreibung:
Hinsichtlich der Baumschicht in den beiden Waldtypen lassen sich deutliche Unterschiede feststellen. Während die Baumschicht B1 im Fichtenforst einen Deckungsgrad von 100 % aufweist, ist der Deckungsgrad in der Baumschicht B1 im Eichenmischwald mit ca. 65 % wesentlich geringer. Im Fichtenforst fehlt die Baumschicht B2, im Eichenmischwald ist in dieser Schicht ein Deckungsgrad von ca. 48 % vorhanden. Ähnlich verhält es sich mit der Strauchschicht. Sie fehlt im Fichtenforst, im Eichenmischwald lässt sich ein Deckungsgrad von ca. 45 % ermitteln. Die Krautschicht fällt bei den verschiedenen Waldtypen sehr unterschiedlich aus. Sie ist im Eichenmischwald mit ca. 82 % deutlich stärker ausgeprägt als im Fichtenforst (hier ca. 13 %). Einen kleineren Unterschied findet man in der Moosschicht mit einem Deckungsgrad von ca. 15 % im Eichenmischwald und einem Deckungsgrad von ca. 5 % im Fichtenforst.
Erklärung:
Die Baumschicht im Eichenmischwald ist im Vergleich zum Fichtenforst relativ lichtdurchlässig. Es erreichen noch 7 % der Lichtmenge die Strauchschicht, jeweils 2 % die Kraut- und Moosschicht. Diese Lichtmengen reichen den Pflanzen der unteren Schichten anscheinend aus, um Fotosynthese zu betreiben.
Im Fichtenforst führt die stark ausgeprägte Baumschicht B1 dazu, dass nur sehr wenig Licht durchkommt. Dies bewirkt, dass die Strauchschicht fehlt und Kraut- und Moosschicht kaum vorhanden sind. Das Licht spielt hier somit eine wichtige Rolle als begrenzender Faktor für das Pflanzenwachstum in den unteren Schichten.

1.2 *Vergleichen Sie die Ökogramme von Stieleiche und Traubeneiche in M2 a. Begründen Sie anhand von M2 a und M2 b die Verbreitung der beiden Eichenarten. (12 Punkte AFB II, 6 Punkte AFB III).*

Allgemeine Lösungshinweise: Grundsätzlich ist es sinnvoll, die Aspekte eines Vergleichs nach Gemeinsamkeiten und Unterschieden zu ordnen. Eine größere inhalt-

liche Stringenz lässt sich bei dieser Aufgabe jedoch erreichen, wenn man anhand der verschiedenen im Material dargestellten Wuchsbereiche vorgeht und hieran jeweils Unterschiede und Gemeinsamkeiten ausmacht.
Vergleich:
Vergleicht man die in M2 a vorliegenden Ökogramme, so lassen sich folgende Gemeinsamkeiten und Unterschiede feststellen: In künstlichen Reinbeständen, also ohne Konkurrenz, zeigen beide Eichenarten beim gleichen Säuregrad (sauer bis alkalisch) ein sehr gutes Wachstum. Jedoch unterscheidet sich das Wachstum in Abhängigkeit von der Bodenfeuchte. Die Stieleiche braucht eine Bodenfeuchte im Bereich frisch bis mäßig nass, die Traubeneiche weist ein sehr gutes Wachstum bei einer Bodenfeuchte zwischen mäßig frisch und feucht auf. Die bevorzugten Bereiche sind somit unterschiedlich, überschneiden sich aber.
Im Hinblick auf ein weniger gutes Wachstum in künstlichen Reinbeständen erkennt man anhand von M2 a, dass beide Eichenarten jeden Säuregrad zwischen stark sauer und alkalisch tolerieren. Hier liegt also eine weitere Gemeinsamkeit. Jedoch sind die beiden Arten auch hier unterschiedlich tolerant in Bezug auf die Bodenfeuchte. Während die Traubeneiche lediglich im Bereich zwischen trocken und mäßig nass wächst, wächst die Stieleiche im Bereich zwischen sehr trocken und nass, ihr Toleranzbereich ist also größer. Die Wuchsbereiche bei natürlicher Konkurrenz durch andere Baumarten unterscheiden sich weitgehend. Beide Eichenarten wachsen in diesem Fall nur bei stark saurem Boden bei einer Bodenfeuchte zischen mäßig trocken und feucht. Der Wuchsbereich der Stieleiche geht darüber hinaus. Während die Traubeneiche weitere Säuregrade (bis pH 6) bei einem mäßig trockenen Boden toleriert, wächst die Stieleiche auf einem trockenen Boden bei allen Säuregraden zwischen stark sauer und alkalisch. Bei stark saurem Boden reicht ihre Toleranz hinsichtlich der Bodenfeuchte bis mäßig nass, bei mäßig nassem Boden wiederum wächst die Stieleiche bei allen Säuregraden zwischen stark sauer und schwach sauer.
Begründung:
Die Verbreitung der beiden Eichenarten ergibt sich durch das eher ozeanische bzw. eher kontinentale Klima und die jeweilige Empfindlichkeit gegenüber Trockenheit und Kälte. Die Stieleiche kommt auf nahezu dem kompletten im Material dargestellten Ausschnitt von Europa vor, also von Frankreich über Deutschland bis hin nach Osteuropa. Das Verbreitungsgebiet der Traubeneiche hingegen erstreckt sich wesentlich weniger weit nach Osten. Durch die geringere Niederschlagsmenge in Osteuropa sind hier trockenere Böden zu finden. Auf trockenem Boden kann die Stieleiche wachsen, die Traubeneiche jedoch nicht. Zudem ist die Stieleiche weniger empfindlich bei Winterkälte und Spätfrösten, die in Osteuropa aufgrund des kontinentalen Klimas eher zu erwarten sind.

2.1 Beschreiben Sie den typischen Bau eines Sonnenblattes sowie anhand von M 3a die Unterschiede zu dem Blatt des Wald-Sauerklees. (9 Punkte AFB I, 5 Punkte AFB II).

Allgemeine Lösungshinweise: Bei dieser Aufgabe geht es zum einen darum, Grundkenntnisse zum Bau von Sonnenblättern widerzugeben. Für die erfolgreiche Bearbeitung des zweiten Aufgabenteils ist es vor allem wichtig, genau hinzuschauen.

Beschreibung des Baus eines Sonnenblattes:
Ein Sonnenblatt besteht aus einem mehrschichtigen Palisadengewebe mit vielen Chloroplasten und kleinen Interzellularräumen und einem darunter liegenden mehrschichtigen Schwammgewebe mit geringerer Chloroplastenanzahl und großen Interzellularräumen. Es wird nach oben und unten hin durch eine einschichtige Epidermis begrenzt, jeweils bedeckt durch eine Cuticula. In der unteren Epidermis befinden sich Spaltöffnungen.
Unterschiede zwischen dem Bau eines Sonnenblattes und dem Blattbau bei *Oxalis acetosella*:
In M3a ist im Gegensatz zum Sonnenblatt keine Cuticula erkennbar, sie ist nur sehr schwach ausgeprägt. Bei *Oxalis acetosella* sind die Zellen der oberen Epidermis größer als die der unteren Epidermis. Dieser Größenunterschied ist beim Sonnenblatt nicht vorhanden. Das Palisadengewebe der Schattenpflanze ist einschichtig, sowohl Palisaden- als auch Schwammgewebe sind im Gegensatz zum Sonnenblatt nur schwach ausgeprägt.

2.2 *Erläutern Sie den Mechanismus der Blattkissenbewegungen beim Wald-Sauerklee anhand von M3b. (6 Punkte AFB II, 5 Punkte AFB III).*

Allgemeine Lösungshinweise: Diese Aufgabe erfordert Grundkenntnisse zur Funktion von Biomembranen. Die im Material vermerkten Zahlen helfen dabei, eine strukturierte Lösung zu formulieren.

Der Fotorezeptor (1) nimmt Licht auf und aktiviert dadurch die ATPase (2). Unter Energieaufwand ($ATP \rightarrow ADP + P_i$) werden Protonen entgegen dem Ladungsgefälle aus der Zelle heraus transportiert. Hierdurch entsteht ein Überschuss an positiv geladenen Ionen außerhalb der Zelle und somit ein negativeres Membranpotenzial. Nun öffnen sich spannungsgesteuerte K^+-Ionenkanäle (3). Da die K^+-Ionenkonzentration außerhalb der Blattkissenzelle höher ist als innerhalb der Zelle, strömen K^+-Ionen entlang des Konzentrationsgefälles in die Zelle hinein. So entsteht eine relativ hohe Konzentration an K^+-Ionen im Zellinnenraum, wodurch wiederum Wasser in die Zelle diffundiert (4). Hierdurch steigt der Innendruck der Blattkissenzelle, sie wird dicker und die Blätter klappen aus.

2.3 *Begründen Sie die unterschiedlichen Kohlenstoffdioxid-Aufnahmen von Wald-Sauerklee und Brunnenkresse bei verschiedenen Lichtintensitäten anhand von M 3c. (13 Punkte AFB II)*

Allgemeine Lösungshinweise: Obwohl es in den Aufgabenstellung nicht explizit formuliert wird, geht es bei dieser Aufgabe darum, die in M3c dargestellte Grafik anhand von Grundkenntnissen über den Bau von Sonnen- und Schattenblättern zu begründen. Um strukturiert vorzugehen, bietet es sich an, entlang der Achse, auf der die Lichtintensität abgetragen ist, wesentliche Punkte herauszustellen und zu begründen.

Bei einer Lichtintensität von 0 relativen Einheiten können beide Pflanzenarten keine Fotosynthese betreiben, Zellatmung findet jedoch statt. Somit wird CO_2 abgegeben. Die Brunnenkresse gibt bei dieser Lichtintensität mehr CO_2 ab als der Waldsauerklee, da sie im Verhältnis zur Blattoberfläche mehr Zellen aufweist. Der Kompensationspunkt, bei dem die CO_2-Abgabe der CO_2-Aufnahme entspricht, liegt beim Waldsauerklee bei einer Lichtintensität von ca. 0,2 relativen Einheiten, bei der Brunnenkresse bei einer Lichtintensität von ca. 0,5 relativen Einheiten. Auch dieser Unterschied ist mit der verhältnismäßig höheren Anzahl an Zellen bei der Brunnenkresse zu begründen. Der Waldsauerklee erreicht bei einer Lichtintensität von ca. 3 relativen Einheiten seine maximale Fotosyntheseleistung, das heißt, alle Reaktionen der Fotosynthese laufen mit höchster Intensität. Die Kohlenstoffaufnahme und somit die Fotosyntheseleistung der Brunnenkresse steigen bis zu einer Lichtintensität von 14 relativen Einheiten. Möglicherweise ist auch bei dieser Lichtintensität noch nicht die maximale Fotosyntheseleistung erreicht, im Material ist keine Sättigung erkennbar. Die hohe Fotosyntheseleistung der Brunnenkresse wird durch das mehrschichte Palisaden- und Schwammgewebe und somit durch die große Zahl an Chloroplasten ermöglicht. Insgesamt ist die Fotosyntheseleistung von Sonnenpflanzen, für die die Brunnenkresse hier beispielhaft steht, aufgrund des Blattaufbaus also wesentlich höher als die Fotosyntheseleistung von Schattenpflanzen, hier repräsentiert durch den Sauerklee.

3.1 Erläutern Sie M4 a im Hinblick auf die typischen Vorgänge bei der spezifischen Immunabwehr des Menschen. (15 Punkte AFB I).

Allgemeine Lösungshinweise: Diese Aufgabe baut auf Grundwissen zur spezifischen Immunreaktion auf, welches mit den in M4 a dargestellten Sachverhalten verknüpft werden soll.

Der Zeitpunkt 0 stellt in der Grafik den ersten Kontakt des Menschen mit Antigen A dar. Fresszellen nehmen die Antigene A auf, präsentieren Bruchstücke auf der Zelloberfläche, wodurch spezifische t-Helferzellen aktiviert werden. Diese regen nun spezifische B-Zellen zur Antikörperproduktion an, sodass die Antikörperproduktion nach ca. 6 Tagen anfängt, zu steigen. An Tag 12 nach dem ersten Kontakt mit dem Antigen bleibt die Antikörperkonzentration für ca. 6 Tage gleich und somit die Immunreaktion auf konstantem Niveau. Durch die Bildung von Antigen-Antikörperkomplexen wird nun die Antikörperkonzentration geringer. Die geringere Antigenkonzentration nimmt wiederum die Produktion von Antikörpern ab. Gerät der Körper erneut in Kontakt mit Antigen A, erfolgt eine wesentliche schnellere Immunreaktion. Da während der ersten Immunreaktion gegen Antigen A Gedächtniszellen gebildet wurden, können schneller als zurvor B-Zellen aktiviert, Antikörper in höherer Konzentration produziert und die Antigene gebunden werden. Hinsichtlich des Antigens B geht aus der Grafik hervor, dass es sich auch um einen Erstkontakt handelt, da die Immunreaktion ähnlich schnell und ähnlich stark verläuft wie beim Erstkontakt mit Antigen A.

3.2 Erklären Sie die in M4 b dargestellten Schwankungen der Individuenzahlen von Streifenhörnchen und Zeckennymphen. (10 Punkte AFB II).

Allgemeine Lösungshinweise: Bei der Bearbeitung der Aufgabe 3.2 aus dem Bereich der Ökologie bedarf es nur weniger Grundkenntnisse. Die Lösung basiert vor allem auf der genauen Auswertung des Materials.

Die in M4 b dargestellten Populationsschwankungen von Streifenhörnchen und Zecken hängen vom Angebot an Eicheln ab. Streifenhörnchen nutzen Eicheln als Hauptnahrung und bieten Nahrung für Zeckennymphen, die als Parasiten auf Streifenhörnchen leben. Die Grafik zeigt, dass es im Jahr 1994 besonders viele Eicheln gab, es war somit ein so genanntes Mastjahr. Dies bedingte im nachfolgenden Winter eine höhere Überlebensrate der Streifenhörnchen. Als Folge wuchs die Population im Jahr 1995 an, wodurch sich die Bedingungen für Zecken verbesserten. Die Anzahl der Zeckennymphen erreichte entsprechend ihrer Entwicklung 1996 ihren Höhepunkt. Bereits 1995 war die Menge der vorhandenen Eicheln wieder gesunken, was ein zeitversetztes Absinken der Streifenhörnchen- und der Zeckenpopulation bewirkte.

3.3 Entwickeln Sie eine Hypothese hinsichtlich des Verlaufs der relativen Komplementkonzentration (M 4c) nach Erst- und Zweitinfektion. (6 Punkte AFB III).

Allgemeine Lösungshinweise: Um eine sinnvolle Hypothese aufzustellen, ist es wichtig zu wissen, wie das Komplementsystem funktioniert. Hierzu gibt es im Material zwar Informationen, den ausschlaggebenden Punkt, nämlich das Fehlen von Gedächtniszellen, müssen Sie jedoch selbst erarbeiten. Somit lässt sich die Aufgabe dem Anforderungsbereich III zuordnen.

Nach Erst- und Zweitkontakt mit dem Borreliose-Erreger ist mit einem ähnlich starken Anstieg der Komplementkonzentration zu rechnen, da für die Proteine des Komplement-Systems keine Gedächtniszellen gebildet werden. Die Moleküle des Komplement-Systems binden an die Borreliose-Erreger und markieren sie so für die Fresszellen des Immunsystems. Nach der Immunreaktion werden die Proteine des Komplementsystems abgebaut, ihre Konzentration sinkt wieder auf den Ausgangszustand.

Hinweise zu den Aufgaben und nicht amtlichen Lösungen

Die Original-Abituraufgaben wurden mit freundlicher Genehmigung des Niedersächsischen Kultusministeriums veröffentlicht. Die Musterlösungen entstammen der Feder der Autoren.

Stichwortverzeichnis